LEHRBUCH DER CHEMIE
FÜR MEDIZINER UND BIOLOGEN

I. TEIL: ANORGANISCHE CHEMIE

MIT EINEM ANHANG: ANLEITUNG ZUR AUSFÜHRUNG
EINFACHER VERSUCHE IM CHEMISCHEN PRAKTIKUM

VON

PROF. DR. H. P. KAUFMANN
VORSTAND DER ANORGANISCHEN ABTEILUNG DES
CHEMISCHEN INSTITUTS DER UNIVERSITÄT JENA

MIT 21 FIGUREN IM TEXT

SPRINGER FACHMEDIEN WIESBADEN GMBH 1921

DEM ANDENKEN MEINES LEHRERS

LUDWIG KNORR

IN TREUE GEWIDMET

ISBN 978-3-663-15323-8   ISBN 978-3-663-15891-2 (eBook)
DOI 10.1007/978-3-663-15891-2

Vorwort.

Das vorliegende Buch, dessen ersten Teil ich hiermit der Öffentlich-
keit übergebe, verdankt seine Entstehung einer freundlichen Aufforde-
rung des B. G. Teubnerschen Verlages, die in langjährigem Unterricht
der Studierenden der Medizin und eigener wissenschaftlicher Tätigkeit
auf medizinisch-chemischem Gebiet gewonnenen Erfahrungen in Buch-
form niederzulegen.

Für die moderne Medizin ist die Chemie eine der wichtigsten Hilfs-
wissenschaften. Auf Schritt und Tritt begegnet der Arzt Dingen, die
chemische Kenntnisse erfordern: in der Physiologie, Pharmakologie,
Hygiene, bei den klinischen Untersuchungsmethoden. Der Lehrplan
für die Medizinstudierenden sucht dieser Tatsache wohl Rechnung zu
tragen, ist aber durch die Mannigfaltigkeit und den Umfang des Ge-
samtpensums darin stark gehemmt. In den vorklinischen Semestern
wird dem jungen Studenten aus den verschiedensten Wissenszweigen
eine Fülle von Material geboten, die eine wirklich intensive Beschäftigung mit den „Nebenfächern" sehr schwer macht. Die dadurch beding-
ten Folgen zeigen sich am deutlichsten bei der Chemie, zumal die chemischen Kenntnisse, die von den höheren Schulen auf die Universität mit-
gegeben werden, oft recht geringe sind. Besonders auf dem humanisti-
schen Gymnasium ist die Chemie bis zum heutigen Tage ein rechtes
Stiefkind des Unterrichts geblieben.

Wie hat sich nun die chemische Ausbildung der Studierenden der
Medizin auf der Universität zu gestalten?

Die Grundlage des Unterrichts ist in dem anorganischen und organischen Experimentalkolleg zu erblicken, das, dem verschiedenen Grad
der Vorbildung Rechnung tragend, möglichst wenig voraussetzen soll,
wenn man nicht vorzieht, für die Studierenden der Medizin besondere
Einführungskollegs zu lesen. Die fundamentalen theoretischen Grund-
begriffe, erläutert an Hand leicht faßbarer Experimente, müssen in
erster Linie klar verständlich gemacht werden. Findet der Studierende
Gelegenheit zur Durcharbeitung des Gelernten, so stehen ihm eine Reihe
vorzüglicher Lehrbücher zur Verfügung. Allein in den weitaus meisten
Fällen fehlt auch hier die nötige Zeit und überdies die Fähigkeit, das
Wichtige vom Nebensächlichen zu trennen.

Vorliegendes Buch versucht, das für den Medizinstudierenden Wis-
senswerte in knappster Form zu bringen. Es umfaßt das Gebiet der
allgemeinen, anorganischen und organischen Chemie in zwei Teilen und

greift aus der Fülle des Materials nur das Wichtigste heraus, denn ich wollte keine Zusammenstellung von Tatsachen geben, sondern ließ mich in erster Linie von didaktischen Gesichtspunkten leiten. Als Gerüst ist in der anorganischen Chemie die Besprechung der Elemente gewählt, die theoretischen Begriffe sind an passenden Stellen eingestreut. Sollte in einem oder dem anderen Falle Interesse für Einzelheiten und weniger wichtige Verbindungen vorhanden sein, so muß auf die größeren Lehrbücher verwiesen werden, so für den anorganischen Teil besonders auf das moderne Lehrbuch von K. A. Hofmann.

Dem Experimentalkolleg ist in der Ausbildung das chemische Praktikum ebenbürtig an die Seite zu stellen, das eine Brücke bilden soll zwischen theoretischer Anschauung und praktischer Ausführung. Dieser Unterricht des Medizinstudierenden bringt für den leitenden Dozenten wohl die schwierigste Aufgabe und die größte Mühe mit sich, denn er steht in dem chemischen Praktikum nicht nur vor der Aufgabe der experimentellen Ausbildung seiner Schüler, sondern auch vor der viel schwierigeren, die theoretischen Kenntnisse zu ergänzen und unklare Vorstellungen durch Frage und Antwort zu klären. Das chemische Praktikum ist infolgedessen der Hauptort des Unterrichts. Das Buch, das dabei benutzt wird, soll also nicht nur eine Aufstellung von Experimenten oder Analysenvorschriften enthalten, sondern gleichzeitig das Studium der theoretischen Grundlagen ermöglichen. Aus diesem Gedankengang heraus ist vorliegendes Lehrbuch durch einen Anhang: „Anleitung zur Ausführung einfacher Versuche im chemischen Praktikum" ergänzt. Es ist infolgedessen den Studierenden ein Leichtes, sich über die theoretischen Grundlagen der angegebenen Experimente vorher zu orientieren.

Meinem Freunde, Herrn Studienrat W. Bindseil, bin ich für freundliche Unterstützung zu Dank verpflichtet. Auch meines Bruders Dr. W. Kaufmann, der mir bei der Durchsicht der Korrekturen half, und meines Assistenten, des Herrn Dr. M. Schneider, der die Zeichnungen ausführte, möchte ich an dieser Stelle gedenken.

Jena, September 1921. **H. P. Kaufmann.**

Inhaltsverzeichnis.

Anhang: Anleitung zur Ausführung einfacher Versuche im chemischen Praktikum.

Die Chemie ist keine abstrakte Wissenschaft wie die Mathematik. Letztere geht von wenigen, uns selbstverständlich erscheinenden Grundsätzen aus und schichtet, systematisch vom Einfacheren zum Verwickelteren fortschreitend, Baustein auf Baustein, bis schließlich das ganze Gebäude in durchsichtiger, fast künstlerisch schöner Weise vor dem geistigen Auge dasteht. Anders liegen die Dinge bei den Naturwissenschaften und vor allem bei der Chemie. Sie ist eine Erfahrungswissenschaft. Hier wird zunächst das rein Tatsächliche festgestellt, ohne daß dessen innerer Zusammenhang von vornherein ersichtlich ist. Erst später, bei fortschreitenden Kenntnissen, lüftet sich der Schleier und Ordnung und Gesetzmäßigkeit kommt in die Fülle der regellos anmutenden Vorgänge.

Deshalb verzichte der Anfänger darauf, gleich nach dem „Warum" zu fragen! Wenn später der innere Zusammenhang erfaßt ist, möge er jedoch die Arbeit nicht scheuen, das Lehrbuch noch einmal von Anfang durchzulesen; sie wird sich reichlich bezahlt machen.

Das Wasser.

Das Wasser tritt uns in der Natur in reinem Zustande nicht entgegen. Als Flußwasser führt es vielerlei mechanische Verunreinigungen, Schlamm usw., mit sich, im Meerwasser sind eine ganze Reihe verschiedener Salze gelöst, und auch im Brunnen- und Quellwasser, das zu Trinkzwecken dient, finden sich einige Salze des Bodens, wenn auch nur in geringer Menge. Allgemein bekannt ist, daß Heilquellen mancherlei gelösten Bestandteilen ihre Wirkung verdanken. Gase, wie Kohlensäure, verleihen dem Trinkwasser einen angenehmen, erfrischenden Geschmack und auch das verhältnismäßig reinste Wasser, das Regenwasser. hat neben gelösten Gasen noch Staub und Ruß und andere Verunreinigungen auf seinem Wege durch die Luft mitgerissen.

Von den mechanisch aufgeschwemmten Bestandteilen reinigen wir das Wasser durch Filtrieren. Im Laboratorium verwenden wir zu diesem Zweck einen Trichter (Fig. 1), in dessen Kegel ein Stück zusammengefalteten ungeleimten Papiers, sog. Filtrierpapier, gelegt wird. Dieses wirkt wie ein sehr feines Sieb, denn seine Poren haben einen Durchmesser von nur einigen Tausendstel Millimetern (2—$3\,\mu$). In der Natur findet eine Reinigung durch Filtration statt, wenn Wasser durch den Erdboden hindurchsickert. In ähnlicher Weise arbeitet die Technik im Großen, indem sie Wasser durch Sandschichten hindurchleitet. Neuerdings wird

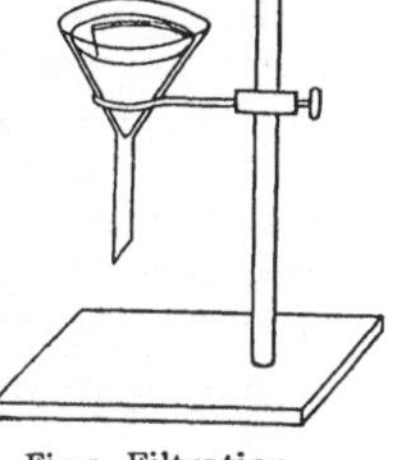

Fig. 1. Filtration.

zu diesem Zweck vielfach Kieselgur (Infusorienerde) angewandt, die aus den Skeletten ehemaliger Diatomeen besteht (Berkefeldfilter).

Sind im Wasser Gase, wie Luft, Kohlensäure usw. gelöst, so genügt ein einfaches Aufkochen, um es von diesen Bestandteilen zu befreien, denn sie entweichen mit den ersten Dampfblasen.

Zur Beseitigung der gelösten Salze müssen wir zum Destillieren schreiten. Zu diesem Zweck wird das Wasser durch Erhitzen in Dampfform übergeführt und der Dampf durch Abkühlen wieder verflüssigt. Die gelösten Salze bleiben dabei zurück. Ein solcher Rückstand ist der sich in Dampfkesseln absetzende Kesselstein.

Zum Destillieren im Arbeitssaal wird gewöhnlich der Liebigsche Kühler angewandt (Fig. 2). In einem Kolben wird Wasser zum Sieden erhitzt, seine Dämpfe entweichen durch das Rohr R, wo sie abgekühlt werden und sich verflüssigen, sich „kondensieren". Letzteres ist mit

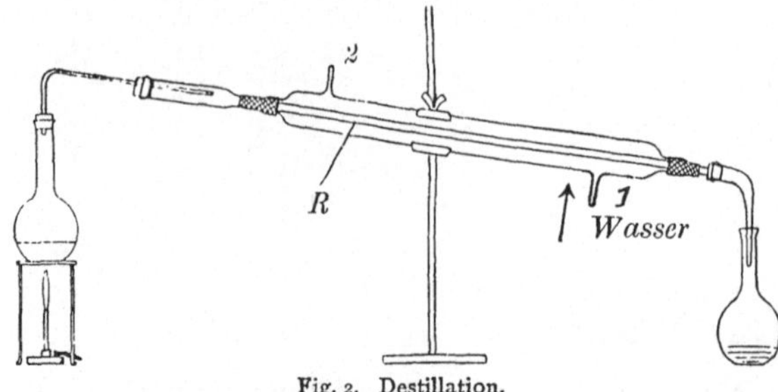

Fig. 2. Destillation.

einem Mantel umgeben, durch den ein dauernder Strom von Kühlwasser fließt, der bei 1 zutritt und bei 2 abfließt; Dampf- und Kühlwasserstrom fließen also in entgegengesetzter Richtung aneinander vorüber. Der Vorteil dieses Prinzips des Gegenstromes liegt darin, daß bei 1 das kalte Kühlwasser mit noch warmem Kondenswasser in Berührung kommt und diesem weiterhin Wärme entzieht. Bei 2 trifft das nunmehr schon angewärmte Kühlwasser mit Dampf zusammen, der jedoch noch wärmer ist und demzufolge seine Wärme an das Kühlwasser abzugeben vermag. Das durch den Kühler geleitete Wasser wird also in seiner Wärme entziehenden Wirkung in vorteilhaftester Weise ausgenutzt.

In der Natur findet ein Destillationsvorgang in großem Maßstabe statt. Das Wasser auf der Erdoberfläche verdampft durch die Wirkung der wärmenden Strahlen der Sonne. Bei Abkühlung in den höheren Luftschichten wird der Wasserdampf verflüssigt und fällt als Regen nieder. Im Winter, wenn die Temperatur unter dem Gefrierpunkt des Wassers liegt, wandelt sich der Wasserdampf um in den kristallisierten Schnee. Es ist also in diesem Falle die Abkühlung so groß, daß der flüssige Zustand übersprungen wird und gleich der feste erscheint. Einen solchen Vorgang nennt man Sublimation.

Sehr schön kann man die Sublimation an der Benzoesäure sehen. Dieser Körper schmilzt bei 121^0 und verdampft bei weiterem Erhitzen. Führt man den Versuch in einem Reagenzglas aus, so scheiden sich an den kalten Stellen des Rohres glitzernde Kristallflitterchen der Benzoesäure ab. Bei näherer Beobachtung zeigt sich ein wahres Schneetreiben von Kriställchen.

Reines Wasser leitet den elektrischen Strom so gut wie gar nicht. Wird es jedoch mit etwas Schwefelsäure versetzt, so wird es leitend. Gleichzeitig entwickeln sich an den beiden Zuführungsstellen des elektrischen Stromes, den Elektroden, Gasperlen. Benutzen wir einen Apparat, wie er in Fig. 3 abgebildet ist, so können wir feststellen, daß sich an der negativen Elektrode das doppelte Volumen Gas als an der positiven entwickelt. Ersteres nennen wir Wasserstoff, letzteres Sauerstoff. Es drängt sich nun die Frage auf: Stammen diese beiden Gase aus dem Wasser oder aus der Schwefelsäure?

Folgender Versuch gibt uns sofort Aufschluß. Wir vermischen die beiden Gase in Volumenverhältnisse 2:1 in einer Röhre, durch deren

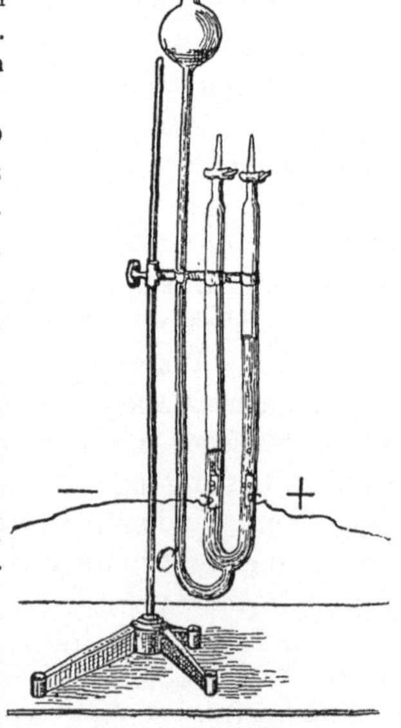

Fig. 3. Elektrolyse des Wassers.

oben zugeschmolzenes Ende ein Platindraht geht (Hofmannscher Apparat, Fig. 4), das andere offene Ende versperren wir mit Quecksilber. Bringen wir nun den Platindraht durch einen elektrischen Strom zum Glühen, so beobachten wir eine Verpuffung und das Gasgemisch verschwindet. An der Gefäßwand schlagen sich Tropfen nieder, die das aus Wasserstoff und Sauerstoff entstandene Produkt darstellen und deren genauere Untersuchung (auf Dichte, Brechungsindex usw.) ergibt, daß es sich um Wasser handelt.

Dieses Ergebnis vermittelt uns eine Fülle neuer Erkenntnis:

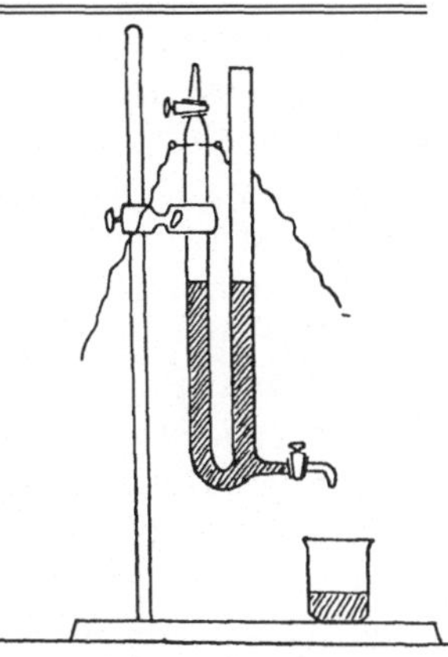

Fig. 4. Hofmannscher Apparat.

1. Durch den elektrischen Strom wird das Wasser zersetzt; die Schwefelsäure bleibt in der wäßrigen Lösung und spielt eine Zwischenrolle, auf die erst später näher eingegangen werden soll.

2. Die Zersetzungsprodukte des Wassers sind Wasserstoff und Sauerstoff, ein drittes Produkt tritt nicht auf.

3. Durch Vereinigung, Verbrennung oder Verbindung, wie wir es nennen wollen, dieser beiden Gase entsteht Wasser. Dieses besteht also nur aus Wasserstoff und Sauerstoff.

4. Die beiden Gase sind im Wasser im Gewichtsverhältnis $1:8$ enthalten, wie wir aus dem Volumenverhältnis $2:1$ und ihren spezifischen Gewichten leicht ausrechnen können. Werden sie in einem anderen Verhältnis als $2:1$ in dem beschriebenen Apparat (Fig. 4) miteinander in Verbindung gebracht, so bleibt der jeweils das genannte Verhältnis übersteigende Teil ungebunden als Gas zurück.

Die Tatsache, daß sich Wasserstoff und Sauerstoff nur in einem bestimmten Volumen- und Gewichtsverhältnis miteinander verbinden, wird uns später noch beschäftigen.

In dem Gemisch der beiden Gase liegt ein Gemenge vor, das noch die Eigenschaften der Bestandteile hat. Spezifisches Gewicht und andere physikalische Eigenschaften sind das entsprechende algebraische Mittel der Ausgangsstoffe. Ein Gemenge läßt sich auf mechanischem Wege zerlegen; so könnten wir in unserem Beispiel den schwereren Sauerstoff durch eine geeignete Zentrifuge von dem leichteren Wasserstoff abschleudern. Ganz anders bei dem Produkt der Vereinigung von Wasserstoff und Sauerstoff. Hier liegt eine Verbindung vor, in der sich die ursprünglichen Bestandteile nicht mehr erkennen oder mechanisch trennen lassen. Sie erscheint völlig gleichmäßig (homogen) und ihre physikalischen und chemischen Eigenschaften sind ganz andere als die der Ausgangsstoffe.

Die Zersetzung durch den elektrischen Strom stellt eine Trennung des Wassers in seine Bestandteile, eine Analyse vor. Weil diese durch den elektrischen Strom erzeugt wird, so spricht man von einer Elektrolyse. Der umgekehrte Vorgang der Bildung eines Stoffes aus seinen Bestandteilen, hier also des Wassers aus Wasserstoff und Sauerstoff, wird Synthese genannt.

Die Chemie hat nun alle Stoffe, die sich ihr boten, analysiert, sie also auf die zusammensetzenden Bestandteile untersucht. Dabei ist sie auf ungefähr 90 Stoffe gestoßen, die einer weiteren Analyse widerstanden. Solche Substanzen, die sich nicht weiter auf chemischem Wege in ungleichartige Bestandteile zerlegen lassen, werden Grundstoffe oder Elemente genannt. Zur kürzeren Bezeichnung werden sie mit Symbolen versehen, die meistens aus den Buchstaben der lateinischen oder griechischen Bezeichnung des Elementes gewählt sind, z. B. Wasserstoff H (Hydrogenium), Sauerstoff O (Oxygenium), Schwefel S (Sulfur) usw.

Tabelle der Elemente

mit Angabe des Zeichens, des Atomgewichtes und der Ordnungszahl.[1]

Zeichen	Element und Ordnungszahl	Atomgewicht	Zeichen	Element und Ordnungszahl	Atomgewicht
Ac	Aktinium 89	226	Eu	Europium 63	152,0
Ag	Silber 47	107,88	F	Fluor 9	19,0
Al	Aluminium 13	27,1	Fe	Eisen 26	55,84
Ar	Argon 18	39,88	Ga	Gallium 31	69,9
As	Arsen 33	74,96	Gd	Gadolinium 64	157,3
Au	Gold 79	197,2	Ge	Germanium 32	72,5
B	Bor 5	11,0	H	Wasserstoff 1	1,008
Ba	Barium 56	137,37	He	Helium 2	4,00
Be	Beryllium 4	9,1	Hg	Quecksilber 80	200,6
Bi	Wismut 83	208,0	Ho	Holmium 67	163,5
Br	Brom 35	79,92			
C	Kohlenstoff 6	12,005	In	Indium 49	114,8
Ca	Calcium 20	40,07	Ir	Iridium 77	193,1
Cd	Cadmium 48	112,40	J	Jod 53	126,92
Ce	Cerium 58	140,25	K	Kalium 19	39,10
Cl	Chlor 17	35,46	Kr	Krypton 36	82,92
Co	Kobalt 27	58,97	La	Lanthan 57	139,0
Cr	Chrom 24	52,0	Li	Lithium 3	6,94
Cs	Cäsium 55	132,81	Lu	Lutetium 71	175,00
Cu	Kupfer 29	63,57	Mg	Magnesium 12	24,32
Dy	Dysprosium 66	162,5	Ma	Mangan 25	54,93
Er	Erbium 68	167,7	Mo	Molybdän 42	96,0

[1] Über den Begriff der Ordnungszahl siehe später (S. 146)

Zeichen	Element und Ordnungszahl	Atom-gewicht	Zeichen	Element und Ordnungszahl	Atom-gewicht
N	Stickstoff 7	14,01	Sc	Scandium 21	44,1
Na	Natrium 11	23,00	Se	Selen 34	79,2
Nb	Niobium 41	93,5	Si	Silicium 14	28,3
Nd	Neodymium 60	144,3	Sm	Samarium 62	150,4
Ne	Neon 10	20,2	Sn	Zinn 50	118,7
Ni	Nickel 28	58,68	Sr	Strontium 38	87,63
Nt	Niton 86	222,0	Ta	Tantal 73	181,5
O	Sauerstoff 8	16,000	Tb	Terbium 65	159,2
Os	Osmium 76	190,9	Te	Tellur 52	127,5
P	Phosphor 15	31,04	Th	Thorium 90	232,4
Pa	Protaktinium 91	230	Ti	Titan 22	48,1
Pb	Blei 82	207,20	Tl	Thallium 81	204,0
Pd	Palladium 46	106,7	Tu I	Thulium 69	168,5
Po	Polonium 84	210	Tu II	Thulium 72	178
Pr	Praseodymium 59	140,9	U	Uran 92	238,2
Pt	Platin 78	195,2	V	Vanadium 23	51,0
Ra	Radium 88	226,0	W	Wolfram 74	184,0
Rb	Rubidium 37	85,45	X	Xenon 54	130,2
Rh	Rhodium 45	102,9	Y	Yttrium 39	88,7
Ru	Ruthenium 44	101,7	Yb	Ytterbium 70	173,5
S	Schwefel 16	32,06	Zn	Zink 30	65,37
Sb	Antimon 51	120,2	Zr	Zirkonium 40	90,6

Metalloide.

Die Einteilung der Elemente geschieht aus praktischen Gründen seit langer Zeit in Metalle und Nichtmetalle oder Metalloide. Eine Besprechung der Gruppierung nach wissenschaftlichen Gesichtspunkten wird später gebracht. (Periodisches System der Elemente, S. 146.)

Sauerstoff (Oxygenium).

Zeichen O, Atomgewicht 16.

Das Element Sauerstoff haben wir bereits bei der elektrolytischen Zersetzung des Wassers kennen gelernt. Außer dieser Herstellungsweise gibt es jedoch noch eine Reihe anderer Methoden, nach denen man in einfachster Weise reinen Sauerstoff gewinnen kann. Erhitzt man z. B. chlorsaures Kali in einem Reagenzrohr aus schwer schmelzbarem Glase, so steigen aus der geschmolzenen Masse Gasperlen auf, doch macht sich das gasförmige Produkt weder durch Farbe noch Geruch bemerkbar. Hält man einen glimmenden Holzspan in das Reagenzrohr, so entflammt und brennt er mit leuchtender Flamme. In dieser Weise erkennt man allgemein den Sauerstoff. Auch andere Stoffe, wie

Schwefel oder gewalzter Stahl (Uhrfeder), verbrennen in reinem Sauerstoff mit prachtvoller Lichterscheinung.

In unserer Atmosphäre gehen die Verbrennungserscheinungen weit weniger stürmisch vor sich. Das liegt daran, daß die uns umgebende Luft nur zu $\frac{1}{5}$ aus Sauerstoff besteht. Durch einen einfachen Versuch läßt sich ihre Zusammensetzung ermitteln. Gelber Phosphor hat die Eigentümlichkeit, sich mit Sauerstoff bei Zimmertemperatur ohne Flammenerscheinung zu verbinden. Stülpen wir nun über Phosphor, den wir in einem Schälchen auf Wasser schwimmen lassen, eine Glasglocke, so steigt nach und nach das Wasser im Innern in die Höhe, während sich der Phosphor in eine weiße zerfließliche Masse umwandelt. Aber auch wenn wir größere Mengen von Phosphor anwenden, so gelingt es nicht, das Wasser höher steigen zu lassen, als bis $\frac{1}{5}$ des abgeschlossenen Raumes von ihm eingenommen wird. Die übriggebliebenen $\frac{4}{5}$ bilden ein Gas, in welchem die weitere Verbrennung unmöglich ist, in dem auch lebende Wesen ersticken und das deshalb den Namen Stickstoff führt. Die genaue Analyse der Luft zeigt, daß sie in der Hauptsache aus 21 % Sauerstoff und 78 % Stickstoff besteht. Daneben finden sich rund 1 % sog. Edelgase, kleine Mengen Kohlendioxyd und wechselnde Mengen Wasserdampf.

Wenn wir den Sauerstoff auf sehr tiefe Temperatur abkühlen und gleichzeitig stark zusammenpressen, können wir ihn in eine Flüssigkeit umwandeln. Wir müssen dabei auf mindestens — 119 ^{0} heruntergehen und mindestens 54 Atmosphären Druck anwenden (kritische Temperatur und kritischer Druck). Der flüssige Sauerstoff sieht blau aus, siedet bei — 183 ^{0} und wird bei — 218 ^{0} fest. In gleicher Weise läßt sich auch die atmosphärische Luft bei Anwendung genügend tiefer Temperatur und genügend hohem Druck verflüssigen. Eine geeignete Apparatur hat zuerst Linde angegeben. Die flüssige Luft dient zu Kühlzwecken (Kühlhallen), auch kann man daraus durch sog. fraktionierte Destillation Stickstoff und Sauerstoff getrennt herstellen. Auf Grund des verschiedenen Siedepunktes destilliert zuerst der niedriger siedende Stickstoff ab, während der Sauerstoff zurückbleibt. Beide Gase kommen in Stahlflaschen komprimiert in den Handel . Zu Zwecken der künstlichen Atmung entnehmen wir den Sauerstoff diesen Bomben. Da aber auch komprimierter Stickstoff in Bomben in neuester Zeit viel Verwendung findet (künstlicher Pneumothorax), so sei an dieser Stelle auf die gefährlichen Folgen einer Verwechslung der Bomben hingewiesen.

Was entsteht nun bei der Verbrennung, d. h. bei der Verbindung von Sauerstoff mit anderen Stoffen?

Das uns zunächst Auffallende ist das Auftreten von Wärme. Wenn wir Holz oder Kohlen in unseren Öfen verbrennen, so tun wir es in der Absicht, Wärme zu erzeugen. Die sonst noch entstehenden gasförmigen Stoffe leiten wir als lästige Nebenprodukte zum Schornstein hinaus. Durch Verbrennung von 1 kg Kohle können wir rund 8000 Kalorien Wärme erhalten. Wenn 1 kg Phosphor mit Sauerstoff verbrennt, so entstehen 6000 Kalorien. Dieser vermag sich auch, wie schon erwähnt, langsam ohne Licht- und Flammenerscheinung mit Sauerstoff zu verbinden, ohne daß bei oberflächlicher Beobachtung Wärme wahrzunehmen ist. Die genaue Untersuchung zeigt jedoch, daß auch in diesem Falle 6000 Kalorien entwickelt werden.

Eisen „rostet" an der Luft, wie man sagt. Dieser Vorgang beruht auf einer Vereinigung von Sauerstoff mit Eisen. Das materielle Produkt ist der Rost, jene bekannte bräunliche Masse. Aber auch hier tritt Wärme auf, und zwar dieselbe Menge von 1200 Kalorien, die entsteht, wenn wir 1 kg Eisen in reinem Sauerstoff unter heller Lichterscheinung verbrennen.

Die Verbrennungen beruhen ihrem inneren Wesen nach auf der Vereinigung eines Körpers mit Sauerstoff. Diese Vereinigung vermag, wie das Beispiel von Phosphor und Eisen zeigt, auch bei niederer Temperatur ohne Licht- und Flammenerscheinung langsam vor sich zu gehen. Man spricht hier ganz allgemein von Oxydationen. Oxydation ist also der Vorgang der Verbindung eines Stoffes mit Sauerstoff; das materielle Produkt, die fertige Verbindung, wird Oxyd genannt. Der Begriff der Oxydation ist der umfassendere, der den der Verbrennung einschließt. Oxydationen können nicht nur durch Sauerstoff im Gaszustand bewirkt werden, sondern auch viele flüssige oder feste Substanzen, die imstande sind, Sauerstoff abzugeben, erzielen die gleiche Wirkung. Sie sind Oxydationsmittel.

Viele Oxydationen führt der Chemiker in wäßriger Lösung aus, ein Umstand, der dem Laien, wenn er an eine Oxydation mit Verbrennungserscheinungen denkt, im ersten Augenblick vielleicht paradox vorkommt, weil er gewohnt ist, Feuer mit Wasser zu löschen. Aber im Laufe unserer Betrachtung wird uns die Oxydation in wäßriger Lösung leicht verständlich werden.

Am fesselndsten, aber auch am unaufgeklärtesten sind die langsamen Oxydationsvorgänge im tierischen Organismus. Beim Atmen nimmt der Mensch Sauerstoff in die Lungen auf, wo dieser durch die Zellwände der Lungenbläschen in das Blut hineinwandert. Hier wird er von dem Blutfarbstoff, dem Hämoglobin, zu dem Oxyhämoglobin gebunden, wodurch die hellrote Farbe des arteriellen Blutes entsteht. Die Bindung ist eine sehr lockere und wird schon im Vakuum gelöst. Reduzierende Mittel, z. B. Schwefelammonium, binden den Sauerstoff des Blutes, was für analytische Zwecke wichtig ist. Im Organismus entziehen in den Körperkapillaren die Gewebe dem Oxyhämoglobin den Sauerstoff und die Oxydation der Säfte und Nahrungsstoffe erzeugt die

Körperwärme und Energie der Lebensvorgänge. Die Produkte dieser Oxydation werden als Abfallstoffe durch Lunge, Nieren, Darm, Haut ausgeschieden; das reduzierte Hämoglobin von mehr blauroter Farbe ist im venösen Blut erkennbar.

Wenn wir 1 kg Fett z. B. in einer Tranlampe verbrennen, so erhalten wir rund 9000 Kalorien. Nehmen wir 1 kg Fett in unseren Körper auf, so entstehen in ihm auch wiederum 9000 Kalorien, soweit diese nicht etwa teilweise in die mechanische Energie unserer Muskeln oder in die „geistige" Arbeit des Gehirns umgesetzt werden. Ein erwachsener Mensch benötigt in einer Stunde etwas mehr als $\frac{1}{2}$ cbm Luft, von deren Sauerstoffgehalt etwa $\frac{1}{5}$ zurückgehalten wird.

Nun zu den materiellen Oxydationsprodukten. Das Wasser lernten wir kennen als eine Verbindung des Wasserstoffs und des Sauerstoffs und als Verbindungen des Eisens und Phosphors mit letzterem, den Eisenrost und das Phosphorpentoxyd. Bei diesen Vorgängen und auch bei allen anderen, die später besprochen werden, läßt sich ein wichtiges Gesetz beobachten. Denken wir uns in eine stählerne Bombe 1 g Wasserstoff und 8 g Sauerstoff hineingepreßt, das Ganze gewogen und auf elektrischem Wege das Gasgemenge zur Vereinigung gebracht. Durchgreifende Veränderungen finden im Innern statt. Die zusammengepreßten Gasmassen verschwinden und verdichten sich zu kleinen Wassertröpfchen, die im Verhältnis zum Gasvolumen nur geringen Raum beanspruchen; des ferneren werden beträchtliche Wärmemengen frei, welche durch die Metallwände hindurch abwandern. Wiegen wir nun die Stahlbombe aufs neue, so finden wir genau dasselbe Gewicht wie vorher.

Das gleiche gilt auch für die Umkehrung. Denken wir uns den Hofmannschen Apparat gewogen, sodann einen Teil des Wassers durch den elektrischen Strom zersetzt, so werden wir bei einem abermaligen Wiegen keine Gewichtsveränderung feststellen können. Die bei dem Vorgange gebildeten Stoffe wiegen gerade so viel wie die Ausgangsstoffe. Diese Gesetzmäßigkeit gilt für alle Stoffe und chemischen Vorgänge überhaupt, eine Tatsache, die durch eine große Anzahl peinlich genauer Versuche unzweideutig festgestellt wurde und zu dem Gesetz von der Erhaltung des Stoffes, das zuerst von dem französischen Forscher Lavoisier ausgesprochen wurde, führte.

Eine weitere Gesetzmäßigkeit kann bei den Oxydationsvorgängen beobachtet werden. Wie erinnerlich, verbinden sich Wasser- und Sauerstoff nicht in wechselnden Gewichtsmengen, sondern das Verhältnis (Proportion) der Verbindungsgewichte war konstant, nämlich 1:8; 1 g Wasserstoff benötigt zur restlosen Bindung 8 g Sauerstoff. Des weiteren läßt sich feststellen, daß 1 g Magnesium zur völligen Umwandlung in Magnesiumoxyd genau 0,658 g Sauerstoff benötigt. Diese Erfahrung machen wir nicht nur bei sämtlichen Oxyden, sondern überhaupt bei allen chemischen Umsetzungen. Elemente und Stoffe verbinden sich nach ganz bestimmten Gewichtsverhältnissen (Gesetz der konstanten Proportionen). Dieses ist so allgemein gültig, daß man bei Abweichungen den Schluß ziehen kann, daß keine Verbindungen, sondern Gemenge vorliegen.

Diejenige Menge eines Elementes oder einer Verbindung, die 1 g Wasserstoff zu binden oder zu ersetzen vermag, nennt man Äquivalentgewicht.

Dieses beträgt z. B. für Sauerstoff $^{16}/_2 = 8$, für Chlor 35,5, für Schwefelsäure $^{98}/_2 = 49$. Bei den Elementen ist es gleich dem Quotienten aus Atomgewicht und Wertigkeit. Die Erläuterung dieser Begriffe siehe später.

Das genannte Gesetz erfährt durch eine Reihe von Reaktionen eine Erweiterung. Wie das Wasser, so setzt sich auch das sog. Wasserstoff-superoxyd nur aus Wasserstoff und Sauerstoff zusammen. Bei Feststellung der genauen Gewichtsmengen ergibt sich, daß in letzterem sich 1 g Wasserstoff mit 16 g Sauerstoff, also mit der doppelten Menge wie im Wasser, verbunden hat. Beim Stickstoff kennen wir fünf Verbindungen mit Sauerstoff, und zwar kommt in ihnen auf 1 g Stickstoff entweder 0,57143 oder 1,14286 oder 1,71429 oder 2,28572 oder 2,85715 g Sauerstoff. Die Gesetzmäßigkeit springt hier sofort ins Auge. Bilden wir nämlich die vielfache (multiple) Proportion 0,5714 : 1,14286 : 1,71429 : 2,28572 : 2,85715, so erkennen wir leicht ein einfaches Zahlenverhältnis 1 : 2 : 3 : 4 : 5.

Die hier vorliegende Gesetzmäßigkeit wird das Gesetz der multiplen Proportionen genannt. Es besagt: Wenn ein Element sich in verschiedenen Mengen mit einem anderen verbindet, so stehen deren Gewichte in einem einfachen Zahlenverhältnis zueinander.

Wasserstoff (Hydrogenium).

Zeichen H, Atomgewicht 1,008.

Zu Anfang unserer Betrachtungen lernten wir Wasserstoff als einen Bestandteil des Wassers kennen. Zur Herstellung kleiner Mengen eignen sich andere Darstellungsweisen besser. Wird ein Metall, z. B. Zink, mit Schwefelsäure oder Salzsäure übergossen, so entwickelt sich ein Gas, das sich als Wasserstoff erweist. Dazu benutzt der Chemiker den Kippschen Apparat, dessen Einrichtung aus Fig. 5 zu ersehen ist. Wie Sauerstoff, so ist auch Wasserstoff geruchlos und farblos.

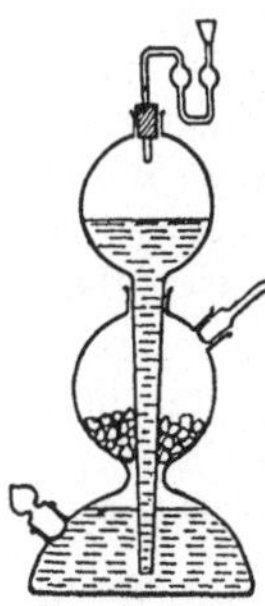

Auch Wasser wird durch Metalle zersetzt. Schwermetalle, z. B. Eisen, reagieren mit ihm erst bei hoher Temperatur, die Leichtmetalle, z. B. das Natrium, jedoch schon bei

Fig. 5. Kippscher Apparat.

Zimmertemperatur in heftiger Weise. Wirft man ein Stückchen Natrium auf Wasser, so wird es durch den sich stürmisch entwickelnden Wasserstoff auf dem Wasser umhergetrieben, bis es verbraucht ist. Ersterer entweicht und kann aufgefangen werden, während die zurückbleibende Lösung einen laugenartigen Geschmack besitzt und sich als Natronlauge (s. S. 91) erweist.

Die hervorstechendste physikalische Eigenschaft des Wasserstoffs ist sein außerordentlich geringes Gewicht; er ist 14,4 mal leichter als Luft. Deshalb wird er zum Füllen von Luftballons und Luftschiffen verwandt. Praktisch erreicht man einen Auftrieb von 1 kg pro cbm Wasserstoff. Zu den genannten Zwecken stellt man das Gas auch dar durch Zerlegung von Azetylen in Kohle und Wasserstoff oder Zersetzung des Wassers mit Silizium.

Für die Gewinnung von Wasserstoff in großen Mengen zu technischen Zwecken gibt es eine ganze Anzahl von anderen Methoden. Neben der elektrolytischen Darstellung spielt in neuester Zeit die Abscheidung des Wasserstoffs aus dem sog „Wassergas" (siehe S. 75) eine große Rolle.

Bei der Verbrennung des Wasserstoffs werden erhebliche Wärmemengen frei, nämlich auf 1 g Wasserstoff 34,5 Kalorien. Die Heizkraft des Leuchtgases beruht zum großen Teil auf seinem hohen Gehalt an Wasserstoff.

Mischen wir 1 Volumenteil Wasserstoff mit dem zur vollständigen Verbrennung nötigen $\frac{1}{2}$ Volumenteil Sauerstoff und entzünden die Mischung, so verbrennt sie mit explosionsartigem Knall (s. Versuch S. 3); die Mischung führt daher den Namen Knallgas. Verwenden wir an Stelle von reinem Sauerstoff Luft zur Mischung, so müssen auf 1 Raumteil Wasserstoff 2,5 Raumteile Luft genommen werden. Wenn auch in diesem Falle die Detonation nicht so heftig ist wie bei Verwendung von reinem Sauerstoff, so können gleichwohl Glasgefäße zertrümmert werden und Splitterschaden anrichten. Daher ist beim Arbeiten mit Wasserstoff stets Vorsicht geboten.

Die hohe Temperatur des in reinem Sauerstoff verbrennenden Wasserstoffs macht man sich im Knallgasgebläse zunutze. Wegen der Explosionsgefahr werden die beiden Gase erst unmittelbar vor der Verbrennung im Daniellschen Hahn (s. Fig. 6) gemengt. Die Temperatur des Knallgasgebläses (ca. 3000⁰) gestattet die Verarbeitung schwer schmelzbarer Körper, z. B. Platin oder Quarz.

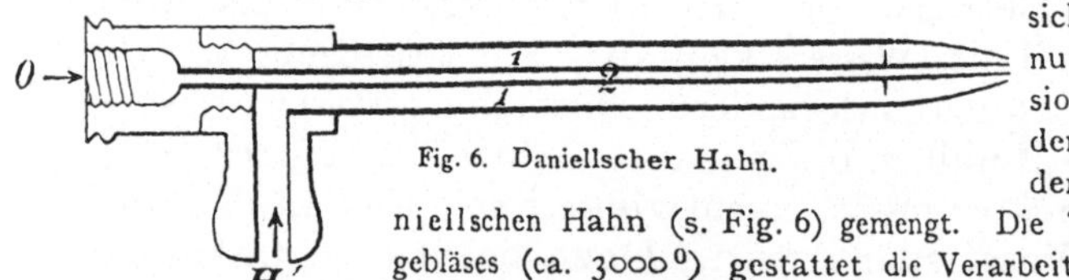

Fig. 6. Daniellscher Hahn.

Bei gewöhnlicher Temperatur ist das Knallgasgemenge ungefährlich; man kann es jahrelang aufbewahren, ohne eine Veränderung wahrzunehmen. Erst von 500⁰ ab läßt sich eine merkliche Wasserbildung feststellen, und es bedarf einer Temperatursteigerung auf 700⁰, um die beschriebene explosionsartige Vereinigung herbeizuführen. Es ist aber anzunehmen, daß schon bei gewöhnlicher Temperatur die Wasserbildung vor sich geht, doch mit solch geringer Geschwindigkeit, daß wir in meßbaren Zeiten die Reaktionsprodukte überhaupt nicht erkennen. Bringen wir aber fein verteiltes Platin, sog. Platinschwamm, in das Knallgas, so tritt eine sofort erkennbare Reaktion ein. Das gleiche läßt sich beobachten, wenn wir Wasserstoff gegen Platinschwamm strömen lassen, wobei der Sauerstoff der umgebenden Luft zur Reaktion herangezogen wird. Das Platin erhitzt sich und ruft eine Entzündung hervor, ohne selbst an der Reaktion beteiligt zu sein. Es wirkt, wie man sagt, als Katalysator. Solche katalytischen Prozesse werden uns noch häufig begegnen. Es handelt sich also bei der Wirkung des Katalysators lediglich um eine Beeinflussung der Reaktionsgeschwindigkeit, nicht der Reaktion als solcher. Nach der genaueren Definition von Ostwald ist also der Katalysator eine Substanz, die, ohne in dem Endprodukt der Reaktion in Erscheinung zu treten, deren Geschwindigkeit verändert. Meist handelt es sich um eine Beschleunigung der Reaktion (positive Katalyse), seltener um eine Verzögerung (negative Katalyse). Für biologische Vorgänge hochbedeutsame Katalysatoren sind die Fermente.

Die oben beschriebene Entzündung des Wasserstoffs unter dem Einfluß fein verteilten Platins hat Döbereiner zur Konstruktion einer Zündmaschine benutzt, bei der Wasserstoff durch Eintauchen eines Stückes metallischen Zinks in Schwefelsäure erzeugt und durch eine enge Öffnung gegen Platin geleitet wird.

Das Bestreben des Wasserstoffs, sich mit Sauerstoff zu verbinden, seine Affinität oder chemische Verwandtschaft zum Sauerstoff, ist so groß, daß er vielen Oxyden den gebundenen Sauerstoff zu entreißen vermag. Füllen wir z. B. schwarzes Kupferoxyd in eine Röhre und leiten unter Erhitzen Wasserstoff hindurch, so schlägt die schwarze Farbe in das Rot des metallischen Kupfers um, während sich an den kälteren Teilen des Rohres Wassertröpfchen sammeln. Auch Eisenoxyd können wir auf gleiche Weise in metallisches Eisen umwandeln, es reduzieren. Reduktion ist also die Entziehung von Sauerstoff oder in weiterem Sinne die Zufuhr von Wasserstoff.

Außer mit Sauerstoff verbindet sich der Wasserstoff mit vielen anderen Gasen, z. B. Chlor und Stickstoff. Zersetzt man Salzsäure durch den elektrischen Strom, so erhält man bei geeigneter Versuchsanordnung am negativen Pol einen Raumteil Wasserstoff, am positiven Pol einen Raumteil Chlor. Umgekehrt vereinigt sich ein Raumteil Wasserstoff restlos mit einem Raumteil Chlor zu zwei Volumen Chlorwasserstoff, der in Wasser gelöst die uns bekannte Salzsäure ergibt. Auch diese Vereinigung kann unter Explosion vor sich gehen, z. B. bei Belichtung mit kurzwelligem Licht, weshalb das Gemisch von Wasserstoff und Chlor den Namen Chlor-Knallgas führt.

Ammoniak, das in Wasser gelöst den im täglichen Leben bekannten „Salmiakgeist" ergibt, kann in einen Raumteil Stickstoff und drei Raumteile Wasserstoff zerlegt werden. Die Umkehrung, nämlich einen Raumteil Stickstoff mit drei Raumteilen Wasserstoff zu zwei Raumteilen Ammoniakgas zu verbinden, ist gleichfalls möglich. Bei allen Gasreaktionen tritt, wie noch an vielen anderen Beispielen gezeigt werden könnte, eine durchgehende Gesetzmäßigkeit auf: wenn Gase miteinander in Reaktion treten, so stehen die reagierenden Raumteile und diejenigen der Reaktionsprodukte in Gasform in einem einfachen Zahlenverhältnis zueinander. (Volumgesetz von Gay-Lussac.)

Zur Erklärung der besprochenen Gesetze dient die von Dalton (1805) aufgestellte Atomhypothese, die Avogadro (1811) durch die Unterscheidung zwischen Atomen und Molekülen ergänzt hat. Im Laufe fortschreitender wissenschaftlicher Erkenntnis hat sie immer mehr an Wahrscheinlichkeit gewonnen und bildet heute noch die theoretische Grundlage chemischer Forschung.

Wir können uns, mathematisch gedacht, die Materie bis ins Unendliche zerkleinert vorstellen. Physikalisch gedacht ist eine unendliche Zerteilung nicht möglich, denn irgendwo muß diese eine Grenze erreichen. Die kleinsten Teile, in die wir uns ein Element aufgeteilt denken können, die also einer weiteren Zerteilung widerstreben, sind seine Atome (griechisch atomos unteilbar). Die Atome eines Elementes sind unter sich vollkommen gleich hinsichtlich Gewicht und anderer Eigenschaften. Dagegen sind die Atome verschiedener Elemente untereinander verschieden. Verbinden sich nun zwei Atome, z. B. ein Atom eines Elementes mit einem zweiten des gleichen Elementes oder Atome verschiedener Elemente miteinander, so kommen wir zu einem neuen Massenteilchen, das wir Molekül nennen.

Aus dieser Vorstellung erklärt sich sofort das Gesetz der konstanten und multiplen Proportionen. Denn hat das eine Atom das Gewicht 1 und das andere das Gewicht 8, so können sich die beiden Elemente nur im Gewichtsverhältnis 1 : 8 miteinander verbinden. Des ferneren ist denkbar, daß sich ein Atom eines Elementes nicht nur mit einem, sondern mit mehreren Atomen eines anderen Elementes verbindet, womit die Verhältnisse des Gesetzes der multiplen Proportionen geschaffen sind.

Alle Gase, soweit sie von ihrem Kondensationspunkt hinreichend entfernt sind, zeigen ein gleiches physikalisches Verhalten. Sie gehorchen gegenüber einer Änderung von Druck und Temperatur dem aus der Physik bekannten Gesetz von Boyle-Mariotte-Gay-Lussac, das in seiner allgemeinsten Form lautet

$$pv = R \cdot T.$$

Auf Grund dieses gleichen physikalischen Verhaltens schloß Avogadro auf eine gleiche innere Bauart der Gase und stellte die Regel auf: Alle Gase enthalten bei gleichem Druck und gleicher Temperatur die gleiche Anzahl Moleküle. Dieser Regel liegt die Annahme zugrunde, daß die Gase nicht stetig den Raum erfüllen, sondern in kleinste Teilchen aufgelöst sich in ihm bewegen. Zwischen ihnen befindet sich das „Nichts", das wir mit dem hypothetischen „Äther" identifizieren.

Wir stehen nun vor der Tatsache: ein Raumteil Wasserstoff verbindet sich mit einem Raumteil Chlor zu zwei Raumteilen Chlorwasserstoff oder nach dem oben besprochenen Avogadroschen Gesetz entstehen aus einem Molekül Wasserstoff und einem Molekül Chlor zwei Moleküle Chlorwasserstoff. Dieser Vorgang ist nur möglich, wenn sich der Wasserstoff und das Chlormolekül bei der Reaktion in zwei gleiche Teile aufspalten. In analoger Weise verbindet sich ein Raumteil Sauerstoff mit zwei Raumteilen Wasserstoff zu zwei Raumteilen Wasserdampf. Der Sauerstoff muß also ein zweiatomiges Molekül besitzen, das sich bei der Vereinigung mit Wasserstoff aufspaltet, und das Wassermolekül besteht aus zwei Atomen Wasserstoff und einem Atom Sauerstoff. Bei Ammoniak schließen wir in gleicher Weise auf ein Molekül, das aus drei Atomen Wasserstoff und einem Atom Stickstoff aufgebaut ist.

Das absolute Gewicht der Atome, das sich mit geeigneten Methoden ermitteln läßt, ist ein außerordentlich geringes. Es hat praktisch keinerlei Bedeutung, denn man rechnet nur mit relativen Atomgewichten, indem man als Einheit den Wasserstoff als das leichteste Element mit 1 ansetzte. Das Atomgewicht gibt an, wievielmal schwerer das betreffende Atom ist als ein Atom Wasserstoff. Der Sauerstoff bestimmt sich danach zu 15,88. Da jedoch die meisten Elemente in ihrer Sauerstoffverbindung der quantitativen Analyse leichter zugänglich sind, so nimmt man in neuerer Zeit den Sauerstoff mit 16,00 als Grundlage an. Durch einfachen Vergleich der Litergewichte verschiedener Gase mit dem eines bekannten Gases können wir nach obigen Betrachtungen das Molekulargewicht und damit das Atomgewicht nunmehr feststellen.

Die Anzahl der Atome Wasserstoff, mit denen sich ein Element verbinden kann, nennen wir seine Wertigkeit (Valenz). Ein Atom Chlor verbindet sich mit einem Atom Wasserstoff, es ist also einwertig. Um ein Atom Sauerstoff zu binden, sind zwei Atome Wasserstoff nötig; der Sauerstoff ist ein zweiwertiges Element. Stickstoff verbindet sich mit drei Atomen Wasserstoff, er ist dreiwertig.

Zur Ergänzung seien folgende nähere Angaben hier eingefügt.

In einem mm^3 eines Gases befinden sich nach physikalischen Berechnungen bei 0^0 und 760 mm Quecksilberdruck 4,5 10^{16} Moleküle (Loschmidtsche Zahl). Da ein mm^3 Wasserstoff

0,00009 mg wiegt, so hat demnach 1 **Molekül Wasserstoff das Gewicht** $2 \cdot 10^{-21}$ mg. Stickstoff ist 14 mal, Sauerstoff 16 mal so schwer.

Der Durchmesser der Moleküle ist natürlich dem geringen Gewicht entsprechend auch sehr klein, nämlich ungefähr $5 \cdot 10^{-7}$ mm.

Der Abstand der Moleküle voneinander beträgt $4 \cdot 10^{-6}$ mm, ist also wesentlich größer als der Durchmesser der Moleküle. Von dem Raum, den ein Gas einnimmt, ist also nur ein sehr kleiner Teil mit dem, was man „Materie" nennt, angefüllt. Hieraus erklärt sich die leichte Zusammenpreßbarkeit der Gase, die allerdings dann ihre Grenze hat, wenn die Moleküle sich stark genähert haben. Dies tritt ein bei starker Abkühlung und starkem Druck. Bei solchen Verhältnissen verliert das Gesetz von Boyle-Mariotte $p \cdot v = p_0 \cdot v_0$ seine Gültigkeit.

Die Gasmoleküle befinden sich nicht im Zustand der Ruhe, sie bewegen sich vielmehr mit großer Geschwindigkeit, das eine langsamer, das andere schneller. Die durchschnittliche Geschwindigkeit der Luftmoleküle beträgt 500 m/sec. die der Wasserstoffmoleküle 2000 m/sec.

Die Wegstrecken, welche die Gasmoleküle zurücklegen, sind nicht geradlinig. Auf ihrer Bahn stoßen sie an andere Moleküle, an die Gefäßwand an, prallen ab usf. Der Druck, den ein Gasteilchen auf die Wände des einschließenden Gefäßes ausübt, ist kein statischer wie etwa der Druck eines Gewichtes auf die Tischplatte, sondern ein dynamischer. Wie ein Wasserstrahl einen Druck ausübt auf ein Brett, das in seinen Weg gehalten wird, so drückt das Trommelfeuer von Gasmolekülen auf die Gefäßwand.

Trifft ein Gasteilchen auf eine Öffnung in der Wand — und diese braucht entsprechend dem geringen Durchmesser der Moleküle nur klein zu sein —, so dringt 'es hindurch. Solche Öffnungen haben alle dünne Häutchen wie Gummimembranen, Goldschlägerhaut usw. Ein Ballon, der mit Wasserstoff gefüllt ist, verliert mit der Zeit sein Gas. Man sagt, der Wasserstoff **diffundiert** durch die Hülle. Je leichter ein Gas, desto größer die Geschwindigkeit der Bewegung seiner Teilchen, desto größer auch seine Diffusionsgeschwindigkeit.

Soweit die „kinetische Gastheorie". Sie wurde erwähnt, weil wir später an anderer Stelle, nämlich bei den Lösungen, in denselben Vorstellungskreis eintreten werden.

Zur Bezeichnung der Elemente und ihrer Verbindungen sind, wie eingangs schon bemerkt wurde, geeignete Symbole eingeführt worden. Diese haben aber nicht nur eine Bedeutung der Art nach, sondern auch der Menge nach. So ist durch das Zeichen H nicht nur angedeutet, daß es sich um Wasserstoff handelt, sondern auch um ein Atom Wasserstoff. Die Formel H_2O sagt: 1. daß in der Verbindung Wasserstoff und Sauerstoff vorliegen; 2. daß 2 g Wasserstoff mit 16 g Sauerstoff zu Wasser gebunden sind.

Um die Bildung der Verbindungen und den Reaktionsverlauf kurz zu charakterisieren, greifen wir zu chemischen Gleichungen, z. B.:

$$2H_2 + O_2 = 2H_2O$$

$$H_2 + Cl_2 = 2HCl$$

$$2NH_3 = N_2 + 3H_2.$$

Aus diesen Formeln lassen sich auf Grund der Atom- und Molekulargewichte rechnerisch jeweils gesuchte Größen ermitteln. Wir nennen dieses Verfahren **Stöchiometrie**.

Um die Anwendbarkeit der bisher besprochenen Gesetzmäßigkeiten und Schreibweisen darzutun, sollen folgende Übungsbeispiele dienen.

Frage: Wie groß ist der Raum von 1 l Wasser als Wasserdampf?

Auflösung: Nach dem Gesetz von Avogadro enthalten sämtliche Gase bei gleichem Druck und gleicher Temperatur die nämliche Anzahl von Molekülen, oder umgekehrt, habe ich ein

Grammolekül eines beliebigen Gases, z. B. 32 g Sauerstoff, so nimmt dieses Gas den nämlichen Raum ein wie das Grammolekül irgend eines anderen Gases, z. B. wie 2 g Wasserstoff oder 28 g Stickstoff. Wir rechnen aus, wie groß der Raumteil eines solchen Grammoleküls ist. 1,429 g Sauerstoff haben einen Raum von 1 l, 32 g Sauerstoff demnach einen Raum von 32 : 1,429 = 22,4 l. Wären wir vom Wasserstoff oder Stickstoff ausgegangen, so hätten wir das Molekularvolumen eines Gases auch zu 22,4 l gefunden. Diese Zahl gilt für 0° und 760 mm Druck.

Das Grammol (= Molekulargewicht in Grammen) irgend einer Substanz nimmt im Gaszustand bei 0° und 760 mm Druck den Raum von 22,4 l ein.

Für eine Temperatur von 100° käme nach dem Gesetz von Gay-Lussac noch die Wärmeausdehnung in der Größe von $\dfrac{22,4 \cdot 100}{273}$ hinzu, so daß das Molekularvolumen bei 100° rund 30,3 l beträgt.

Wieviel Grammoleküle stecken nun in 1 l Wasser? Ein Molekül Wasser wiegt der Formel H_2O entsprechend 18 g, in 1 l = 1000 g Wasser sind also 1000 : 18 = 55,55 … Grammoleküle Wasser enthalten. Diese nehmen bei 100° einen Raum von 55,55 · 30,3 = 1673 l ein. Wasser dehnt sich also beim Übergang in den gasförmigen Zustand rund um das 1600fache seines Raumes aus, eine Zahl, die dem Techniker ganz vertraut ist.

Halogene.

Mit dem Namen Halogene = Salzbildner bezeichnet man die einwertigen Elemente Chlor, Brom, Jod und Fluor, die infolge ihrer großen Reaktionsfähigkeit sich direkt mit Metallen zu Salzen verbinden. Sie kommen daher frei nicht in der Natur vor, sondern nur in Form von Salzen, in größter Menge das Kochsalz, Natriumchlorid.

Chlor (Chlorum).

Zeichen Cl, Atomgewicht 35,46.

Erhitzt man Salzsäure mit Sauerstoff abgebenden Substanzen, wie Braunstein, Kaliumpermanganat, Kaliumbichromat, so entwickelt sich ein Gas, das nach seiner gelblich-grünen Farbe (griechisch chloros grün) den Namen Chlor erhalten hat:

$$2\,HCl + O = H_2O + Cl_2\,.$$

Es wird also bei dieser Reaktion der Wasserstoff der Salzsäure als Wasser gebunden und dadurch das Chlor in elementarem Zustand in Freiheit gesetzt.

Bei 10—12° nimmt das Wasser etwa drei Volumina Chlorgas auf (die offizinelle Lösung, aqua chlorata, enthält 0,4—0,5 % wirksames Cl), daher kann man es nicht über Wasser auffangen. Für kleinere Versuche genügt es, das Gas in trockene Flaschen einzuleiten. Denn da es fast $2^{1}/_{2}$ mal so schwer ist als Luft, so sammelt es sich am Boden der Gefäße an. Technisch wird es in großem Maßstab meist durch Elektrolyse von Kochsalz hergestellt und in Stahlflaschen, bis zur Verflüssigung zusammengepreßt, in den Handel gebracht.

Chlor besitzt einen erstickenden, stechenden Geruch. Die Atmungsorgane werden von ihm auch in großer Verdünnung, z. B. bei einem Gehalt der Luft von 0,01 %, heftig angegriffen. Es entstehen Verätzungen und damit schwere Schädigungen der Lunge und, falls die eingeatmeten Mengen größer sind, tritt Erstickungstod ein. Als Gegenmittel wird das Einatmen von Weingeistdämpfen empfohlen, indem man z. B. ein mit Weingeist getränktes Tuch vor den Mund hält.

Wie schon früher erwähnt, verbindet sich das Chlor mit dem gleichen Raumteil Wasserstoff zu Chlorwasserstoff. In zerstreutem Tageslicht geht diese Reaktion allmählich vor sich, unter dem Einfluß kurzwelligen Lichtes, wie es in direktem Sonnenlicht oder in dem von brennendem Magnesium ausgestrahlten Licht enthalten ist, jedoch mit explosionsartiger Heftigkeit (Chlorknallgas). Die Affinität des Chlors zum Wasserstoff ist so groß, daß es ihn schon bei gewöhnlicher Temperatur auch aus wasserstoffhaltigen Verbindungen, wie Schwefelwasserstoff, Terpentin usw. herauszuholen vermag. Selbst dem Wasser entzieht Chlor unter Mitwirkung des Lichtes den Wasserstoff, während der Sauerstoff entweicht und Chlorwasserstoff in Lösung bleibt:

$$H_2O + Cl_2 = 2\,HCl + O.$$

Im Dunklen geht dieser Prozeß sehr langsam vor sich und wird durch einen entgegengesetzten Vorgang gehemmt. Es wirkt nämlich der entstehende Sauerstoff — entsprechend der eingangs des Kapitels gegebenen Formel — seinerseits auf die entstandene Salzsäure unter Rückbildung von Chlor und Wasser ein:

$$2\,HCl + O = H_2O + Cl_2.$$

Für derartige umkehrbare Prozesse, die in vielen Fällen von großer Bedeutung sind, hat man gewöhnlich folgende Schreibweise:

$$H_2O + Cl_2 \rightleftharpoons 2\,HCl + O.$$

Wie die Gleichung zeigt, entsteht zunächst ein einzelnes Sauerstoffatom, dieses vereinigt sich mit einem zweiten zu einem Molekül. Sind aber andere Stoffe zugegen, so kann es mit ihnen Reaktionen eingehen und Oxydationsprodukte liefern. Darauf beruht die bleichende Wirkung des Chlors, denn die Oxydationsprodukte von gefärbten Stoffen sind häufig farblos. Bringen wir Blumen oder gefärbtes Gewebe in eine Chlorgasatmosphäre, so verlieren sie unwiederbringlich ihre Farbe. Bedingung dafür ist, daß Wasser, also genügend Feuchtigkeit, zugegen ist, damit der Sauerstoff in Freiheit gesetzt werden kann. Er ist im Augenblick seines Entstehens — im „status nascendi" — besonders reaktionsfähig, was schon daraus zu ersehen ist, daß die gleichen Blumen und Farbstoffe durch den Sauerstoff der Luft keine Veränderung ihrer Farbe erleiden. Die farbstoffzerstörende Wirkung des Chlors wird in der

Technik zum Bleichen von Leinen, Papierstoffen usw. benutzt. Überschüssige Chlorreste werden durch Natriumthiosulfat (daher Antichlor genannt) unschädlich gemacht. Organische Farbstoffe, wie auch komplizertere organische Stoffe des lebenden Organismus werden durch den naszierenden Sauerstoff bei Einwirkung von feuchtem Chlor schnell zerstört. So kann man durch Ausräuchern mit Chlor Räume von Bakterien befreien. Meist wendet man Chlor in Form des leicht zersetzlichen Chlorkalks zu diesem Zwecke an, z. B. zur Desinfektion von Abortgruben, infektiösem Material usw. Dem Gebrauch des Chlors zu Desinfektionszwecken wird durch seine zerstörende Wirkung gegenüber anderen in den fraglichen Räumen befindlichen Gegenständen eine gewisse Grenze gesetzt.

Mit Metallen verbindet sich das Chlor zu Chloriden. Sogar das sonst so beständige Gold wird von Chlorwasser zu Goldchlorid gelöst. Mit weniger edlen Metallen, wie Antimon und Wismut, vereinigt sich Chlor so energisch, daß diese unter Feuererscheinung erglühen. Auch viele Nichtmetalle verbinden sich mit Chlor. Phosphor z. B. liefert Verbindungen von der Formel PCl_3 und PCl_5.

Chlorwasserstoff und Salzsäure. Die Darstellung des Chlorwasserstoffs aus seinen Elementen ist möglich, praktisch aber nicht von Bedeutung. Die Technik stellt ihn her durch Erhitzen von Kochsalz, Natriumchlorid, mit konzentrierter Schwefelsäure:

$$2\,NaCl + H_2SO_4 = Na_2SO_4 + 2\,HCl.$$

Da der Chlorwasserstoff ein flüchtiges Gas ist, während die konzentrierte Schwefelsäure erst bei höherer Temperatur siedet, läßt sich durch Erwärmen der gebildete Chlorwasserstoff leicht in eine Vorlage übertreiben, bis schließlich alles Kochsalz in Natriumsulfat umgewandelt ist.

Bei genauerer Beobachtung lassen sich zwei Phasen dieser Reaktion feststellen:

1. bei mäßigem Erwärmen bis 130^0:

$$NaCl + H_2SO_4 = HCl + NaHSO_4 \text{ (Natriumbisulfat)};$$

2. bei stärkerem Erhitzen:

$$NaCl + NaHSO_4 = HCl + Na_2SO_4.$$

Chlorwasserstoff ist ein farbloses Gas, das sich durch Abkühlung und starken Druck verflüssigen läßt. Der trockene Chlorwasserstoff wirkt nicht auf Metalle ein, verändert die Farbe von blauem Lackmuspapier nicht, desgleichen der flüssige nicht, der auch den elektrischen Strom nicht leitet. An der Luft raucht er stark, indem er mit den stets vorhandenen Wasserdämpfen Nebel bildet. In Wasser ist er sehr leicht löslich, und zwar vermag ein Raumteil Wasser bei Zimmertemperatur 450 Raumteile Chlorwasserstoff aufzunehmen. Hierbei tritt eine ganz erhebliche

Wärmeentwicklung auf, ein Zeichen, daß es sich nicht allein um einen reinen Lösungsvorgang, sondern auch um eine chemische Reaktion handelt. Die entstandene Lösung heißt Salzsäure, sie schmeckt sauer, leitet den elektrischen Strom, rötet blaues Lackmuspapier, löst Metalle auf unter Wasserstoffentwicklung, kurz zeigt alle Eigenschaften einer Säure. Seit alters her kennt man verschiedenartige Säuren, wie Schwefelsäure, Essigsäure, Zitronensäure usw., die alle in Wasser gelöst die erwähnten Eigenschaften haben. Worauf beruht nun diese Gleichartigkeit sonst ganz verschiedener Stoffe?

Früher glaubte man dieses gemeinsame Prinzip in dem Gehalt an Sauerstoff gefunden zu haben, den man dieser Anschauungsweise zufolge Oxygenium (Säureerzeuger) nannte. Nachdem sich aber herausgestellt hatte, daß viele Säuren, z. B. Salzsäure, keinen Sauerstoff enthalten, mußte diese vor allem von Lavoisier vertretene Vorstellung fallen gelassen werden. Nun enthalten aber alle Säuren Wasserstoff, der durch Metall ersetzbar ist und dabei Verbindungen liefert, welche als „Salze" bezeichnet werden. Mit diesen Tatsachen ist aber das Problem noch keineswegs gelöst, denn, wie oben erwähnt, zeigt trockener Chlorwasserstoff keine Säurereaktion; auch gibt es viele Wasserstoffverbindungen, deren Wasserstoff durch Metalle ersetzbar ist, die aber keineswegs saure Eigenschaften haben.

Im Jahre 1887 stellte der schwedische Forscher Arrhenius, auf eigenen und vorhergehenden Arbeiten anderer Forscher fußend, die sog. Ionentheorie auf, die eine einwandfreie Erklärung ermöglicht.

Ionentheorie.

Zum Verständnis der Ionentheorie müssen einige andere Erörterungen mehr physikalischer Natur vorausgeschickt werden.

Wirft man einen Kristall Kupfersulfat in einen mit Wasser gefüllten Glaszylinder, so kann man an der blauen Farbe erkennen, wie es sich löst und schließlich das ganze Wasser durchdringt, ohne daß das Gefäß geschüttelt wird. Das Kupfersulfat spaltet sich in seine kleinsten Teile, die Moleküle, und wie die Moleküle eines Gases herumschwirren und den ganzen verfügbaren Raum gleichmäßig einzunehmen trachten, so verteilen sich die Kupfersulfatmoleküle durch das Wasser und erzeugen eine Lösung gleichmäßiger Konzentration. Diesen Vorgang nennt man Diffusion. Beim Anprallen gegen die Glaswand des Gefäßes üben die gelösten Moleküle einen kinetischen Druck aus, der allerdings unter gewöhnlichen Verhältnissen nicht zu bemerken ist. Er wird der osmotische Druck genannt. Durch geeignete Apparaturen läßt er sich aber feststellen und messen. Pergamentpapier oder tierische Blase vermag die Diffusion wohl zu verzögern, doch nicht zu verhindern. Es gibt aber Scheidewände, die nur halbdurchlässig sind (semipermeabel), die den Wassermolekülen den Durchtritt gestatten, nicht aber den in Wasser gelösten Stoffen. Solche für bestimmte Stoffe halbdurchlässige Membranen schafft die Natur in Form der Zellwände, und die ersten genaueren Studien der Osmose hatten die Erklärung eines Naturphänomens, nämlich des Aufsteigens des Wassers in den Pflanzen, zum Zweck. Künstlich lassen sich solche halbdurchlässigen Membranen z. B. in der Weise erzeugen, daß man eine poröse Tonzelle mit einer Lösung von gelbem Blutlaugensalz füllt und in eine solche von Kupfersulfat einstellt. Beide Lösungen dringen in den Ton ein. Dort, wo sie sich begegnen, entsteht aus ihnen eine Verbindung (Cupriferrocyanid, S. 110), welche die Zwischenräume des porösen Tons verstopft und eine Membran bildet, die zwar den Wassermolekülen den Durchtritt gestattet, nicht aber größeren Molekülen.

Mit einer so hergestellten semipermeablen Membran läßt sich der osmotische Druck in bequemer Weise beobachten. Füllt man z. B. den beschriebenen Tonzylinder mit einer verdünnten Zuckerlösung, schließt das offene Ende und setzt ein Steigrohr auf, so dringt beim Einstellen in ein Gefäß mit reinem Wasser dieses in den Zylinder ein und treibt die Zuckerlösung im Steigrohr in die Höhe. Der höchste Stand wird dann erreicht sein, wenn der hydrostatische Druck der Wassersäule dem osmotischen Druck das Gleichgewicht hält. Auch durch Aufsetzen eines mit Quecksilber gefüllten U-Rohres kann man den osmotischen Druck messen (Osmometer Fig. 7). Als man die Abhängigkeit des osmotischen Drucks von Konzentration und Temperatur untersuchte, fand man die merkwürdige Tatsache, daß er völlig den Gasgesetzen gehorcht. Wählt man den halbdurchlässigen Tonzylinder so

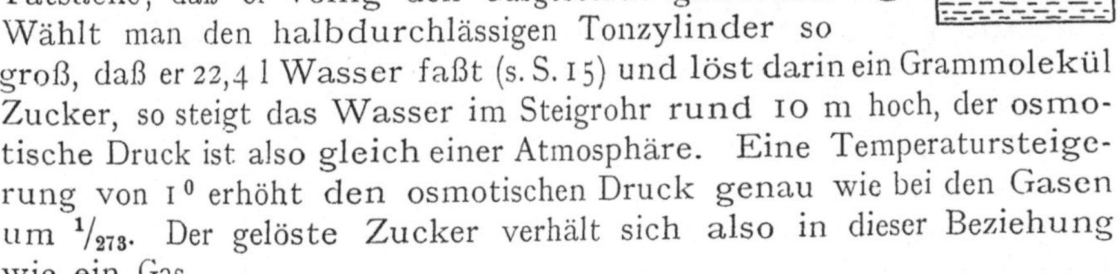

groß, daß er 22,4 l Wasser faßt (s. S. 15) und löst darin ein Grammolekül Zucker, so steigt das Wasser im Steigrohr rund 10 m hoch, der osmotische Druck ist also gleich einer Atmosphäre. Eine Temperatursteigerung von 1° erhöht den osmotischen Druck genau wie bei den Gasen um $1/_{273}$. Der gelöste Zucker verhält sich also in dieser Beziehung wie ein Gas.

Löst man ein Grammolekül eines anderen Stoffes in 22,4 l Wasser auf und stellt in eine Zuckerlösung von gleichfalls molekularer Konzentration ein, so findet kein Wasseraustausch zwischen den beiden Lösungen statt. Der osmotische Druck ist auf beiden Seiten gleich, die Lösungen sind „isotonisch" (gr. isos gleich, gr. tonos Spannung).

Von dem osmotischen Druck abhängig ist die Erniedrigung des Gefrierpunktes der Lösungen und die Erhöhung des Siedepunktes. Nennen wir die Lösungen, die die gleiche Anzahl Moleküle enthalten,

äquimolekulare Lösungen. so können wir mit van't Hoff die Gesetzmäßigkeit folgendermaßen formulieren: Äquimolekulare Lösungen
verschiedener Stoffe in dem gleichen Lösungsmittel zeigen
den gleichen osmotischen Druck, die gleiche Gefrierpunktserniedrigung und Siedepunktserhöhung.

Wichtig ist der osmotische Druck des Blutes. Derselbe beträgt ca. 5 Atmosphären und
ist damit gleich einer Kochsalzlösung, die 9,5 g Kochsalz im Liter enthält. Diese physio-
logische Kochsalzlösung wird daher vom Arzt zum Ersatz verlorenen Blutes viel angewandt.

Die osmotischen Erscheinungen spielen in der Biochemie bei den Vorgängen in der Zelle
eine große Rolle. Ist diese von reinem Wasser umgeben, so quillt sie auf, in konzentrierten
Lösungen schrumpft sie zusammen und bewirkt so die Aufnahme von Nährstoffen. Es ist
bekannt, daß durch destilliertes Wasser infolge Diffusion in den Zellen der Magen- und Darm-
wand starke osmotische Drucke entstehen können, die unter Umständen zum Zerreißen
der Zellen und damit zu Blutungen führen können. Die roten Blutkörperchen haben keine
eigentliche Membran, wohl aber eine dichtere peripherische Schicht, die ähnliche osmotische
Wirkungen wie die Plasmahaut der Pflanzenzelle erzeugt.

Die völlige Analogie der gelösten Stoffe mit den Gasen hat also van't
Hoff durch seine „Theorie der Lösungen" festgestellt. Damit waren
neue Methoden zur Bestimmung des Molekulargewichtes, vor allem
mit Hilfe der Siedepunktserhöhung und Gefrierpunktserniedrigung in
geeigneten Apparaten (Beckmann), gegeben, während man bis dahin
nur die Möglichkeit der Ermittlung desselben an Hand der Dampfdichte
hatte. Sie führten in sehr vielen Fällen zu den Molekulargewichten, die
man auf anderem Wege ermittelt hatte, versagten aber bei höheren Konzentrationen und den wäßrigen Lösungen der Säuren, Basen und Salze,
die man ihrer Leitfähigkeit für Elektrizität halber als „Elektrolyte"
bezeichnet. Die hier gefundenen Werte sind zu klein und passen
nicht auf die durch die Analyse ermittelten Prozentzahlen. In einer
Kochsalzlösung müßte sich das Molekulargewicht 58,5 finden lassen,
man fand aber in verdünnten Lösungen nur nahezu die Hälfte, bei
Schwefelsäure z. B. nur ein Drittel.

Es liegt nahe, diese abnormen Verhältnisse der Lösungen wieder mit
den Gasen in Analogie zu bringen. Und in der Tat teilen beide nicht
nur die Gesetzmäßigkeiten, sondern auch die Abweichungen davon.
Wie die Gasgesetze bei stark komprimierten Gasen ihre Gültigkeit verlieren (s. S. 14) und eine Erweiterung (van der Waals) erfahren, so
stimmt auch das van't Hoffsche Gesetz für konzentrierte Lösungen
nicht mehr. Weiterhin stieß man auch bei den Gasen bei Bestimmung
des Molekulargewichts mit Hilfe der Dampfdichte auf abnorme Werte,
deren Erklärungsweise man nun auf die Verhältnisse in Lösungen zu
übertragen versuchen kann. Bei vielen Gasen lassen sich abnorme Molekulargewichte auf eine experimentell genau festzustellende Spaltung —
eine „Dissoziation" — zurückführen. So führt die Dampfdichtebestimmung des Phosphorpentachlorids PCl_5, dessen Dampf bei niederer

Temperatur farblos ist, bei höherer Temperatur zu abnormen Werten, da
eine an der grünen Farbe des Chlors leicht erkennbare Dissoziation in
Phosphortrichlorid PCl_3 und Chlor eintritt:

$$PCl_5 \longrightarrow PCl_3 + Cl_2.$$

Welcher Art soll nun eine solche Dissoziation der gelösten Stoffe
sein?

Wir erkennen die Dissoziation gelöster Stoffe leicht mit Hilfe der Prüfung auf die Leitfähigkeit für den elektrischen Strom, womit sich wichtige Zusammenhänge eröffnen. Es ist ja schon von vornherein auffallend,
daß gerade die Stoffe, deren Lösungen wir als Elektrolyte zu bezeichnen
pflegen, die Säuren, Basen und Salze, abnorme Molekulargewichte in
wäßriger Lösung finden lassen!

Seit man die Elektrolyse kannte, hat es nicht an Bemühungen ge-
fehlt, Erklärungen für deren mannigfaltige Erscheinungen zu finden.
Die wichtigste Gesetzmäßigkeit erkannte Faraday bereits 1834 in der
Tatsache, daß in verschiedenen Lösungen der gleiche Strom chemisch
äquivalente Mengen ausscheidet. Die Metalle und der Wasserstoff
treten stets am negativen Pol, der Kathode, auf, die Säurereste und
Hydroxylgruppen am positiven Pol, der Anode. Man nahm an, daß
durch den elektrischen Strom eine Zerreißung der Moleküle statt-
fand, worauf deren Spaltstücke nach dem Gesetz der Coulombschen
Anziehung nach den entgegengesetzt geladenen Elektroden wanderten.
Faraday nannte sie daher Ionen (gr. ion wandernd). Den Metallen
und dem Wasserstoff gab er den Namen „Kationen", dem übrig ge-
bliebenen Bestandteil denjenigen der „Anionen" War die Auffassung,
daß der eingeleitete elektrische Strom die Sprengung der Elektrolyte
und Aufladung der Spaltstücke übernimmt, richtig, so mußte naturgemäß zunächst ein Teil desselben verbraucht werden, ehe die Abscheidung an der Elektrode begann. Nun setzt diese aber sofort ein, und die
Menge der an den Elektroden abgeschiedenen Stoffe entspricht genau
der angewandten elektrischen Energie. Es kann also kein Strom zu
einer Spaltung der gelösten Moleküle verbraucht worden sein!

Mit dieser Betrachtung ist die Brücke geschlagen zu der oben fest-
gestellten Tatsache, daß in den Lösungen der Elektrolyte eine „Dissoziation" eingetreten ist, daß darin Spaltstücke vorhanden sind. Diese
sind elektrisch geladen, es liegt also eine „elektrolytische Dissoziation" vor. Diese Erkenntnis, die gewöhnlich kurz als „Ionentheorie"
bezeichnet wird, verdanken wir Arrhenius (1887); selten hat eine Theorie
zu schöneren Erfolgen geführt und nach anfänglichem Widerstand einen
glänzenderen Siegeslauf angetreten!

Mit Arrhenius nehmen wir jetzt an, daß schon durch die Auflösung
der Elektrolyte in Wasser deren Spaltung in Ionen eintritt. Lösen wir
z. B. Kochsalz in Wasser, so enthält die Lösung eine gleiche Menge

positiv geladener Natrium-Ionen und negativ geladener Chlor-Ionen. Unterwerfen wir sie der Elektrolyse, so spielt der eingeleitete elektrische Strom lediglich die Rolle eines Ordners. Er lenkt die positiv geladenen Na-Ionen nach dem negativen Pol, die negativ geladenen Cl-Ionen nach dem positiven Pol. Damit ist natürlich ein vorheriger Verbrauch von elektrischer Ladung nicht verknüpft, denn die Spaltung in Ionen ist schon durch den Prozeß der Auflösung in Wasser vor sich gegangen.

Daß nach außen die elektrische Ladung der Ionen in den Lösungen der Elektrolyte nicht in Erscheinung tritt (Elektroneutralität), erklärt sich ohne Schwierigkeiten daraus, daß stets die gleiche Anzahl entgegengesetzt geladener Ionen vorhanden ist. Ein Ion ist durch seine Verbindung mit Elektrizität ein völlig anderer Körper als ein Atom. Das Jodatom ist violett, das Jodion ist farblos. Das kleine Elektrizitätsquantum, das sich mit dem Atom oder der Atomgruppe verbunden hat, spielt gewissermaßen die Rolle des Atoms eines einwertigen Elementes. Wie Chlor nach der Verbindung mit Wasserstoff kein Chlor mehr ist, sondern den neuen Körper Chlorwasserstoff ergibt, so ist das Chlorion, die Verbindung von Chlor mit Elektrizität, durch ganz besondere Eigenschaften ausgezeichnet. Man könnte zur Versinnbildlichung auch für die elektrolytische Dissoziation Formeln schreiben, z. B.:

$$H \quad + \quad \oplus \quad = H \oplus \quad (H\dot{\;})$$

Wasserstoffatom   positives Elektrizitätsquantum   H-Ion

$$Cl \quad + \quad \ominus \quad = Cl \ominus \quad (Cl')$$

Chloratom   negatives Elektrizitätsquantum   Cl-Ion

Die Kationen pflegt man durch Anbringung eines Punktes, die Anionen durch einen Strich zu kennzeichnen, wie aus der in Klammer gesetzten Schreibweise ersichtlich.

Woher kommt nun die elektrische Energie, mit der sich die Spaltstücke der Elektrolyte aufladen? Woher nimmt beim Lösen des HCl in Wasser der Wasserstoff die positive, das Chlor die negative Elektrizität? Wie wir wissen, vereinigen sich Chlor und Wasserstoff im Gaszustand leicht zu HCl. Ein Teil der Energie der Elemente wird frei, mit einem großen Teil jedoch auch verketten sie sich gegenseitig im Molekül. Die moderne Elektrochemie hat nun mit großer Wahrscheinlichkeit die Ansicht begründet, daß die Verkettung der Atome innerhalb der Moleküle überhaupt elektrischer Natur ist. Wir erkennen die Elektrizität bei dem nicht ionisierten Molekül naturgemäß nicht, denn in ihm sind die entgegengesetzten Ladungen abgesättigt, zumal sie die beste Möglichkeit dazu finden. Sie sind ja nur getrennt durch das Medium, das wir hypothetisch als Äther bezeichnen und das ein absolutes Vakuum vorstellt, womit der günstigste Fall der Anziehung gegeben ist. Lösen wir aber das Molekül eines Elektrolyten in Wasser, so schieben sich die Wassermoleküle zwischen die Atome des ersteren und erschweren durch ihre hohe Dielektrizitätskonstante die gegenseitige Bindung. Damit werden

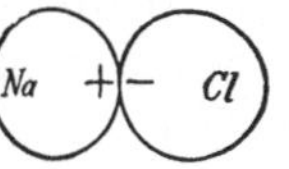

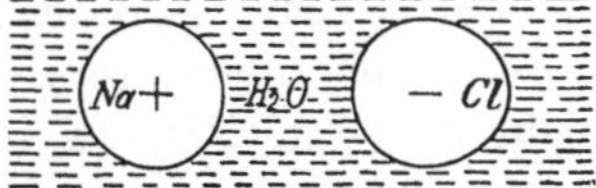

Fig. 8. Elektrolytische Dissoziation.

die Atome beweglich, zu selbständigen Individuen, die wir Ionen nennen, und die durch besondere Eigenschaften und Reaktionen charakterisiert sind. Obige Zeichnung (Fig. 8) versucht den Zustand im nichtdissoziierten und dem ionisierten Molekül in einfacher Weise zu versinnbildlichen.

Der Übergang vom nichtdissoziierten zum dissoziierten Zustand oder auch umgekehrt (wenn das Wasser z. B. durch Abdampfen entfernt wird) geht ganz zwanglos und ohne Energieänderung vor sich, womit eine weitere Stütze für die Annahme der gleichen Energieart im molekularen und dissoziierten Zustand gegeben ist. Mit wachsender Verdünnung steigt die elektrolytische Dissoziation, mit der Konzentrierung fällt sie. Den jeweils in einer Lösung vorhandenen Grad derselben kann man, wie bei den Gasen, durch Messung der Abweichungen des osmotischen Druckes, der Siedepunktserhöhung oder Gefrierpunktserniedrigung oder durch Messung der elektrischen Leitfähigkeit, da nur die freien Ionen die Leitung des Stromes bewirken, erkennen. Beide Methoden führen, wie Arrhenius nachwies, zu den gleichen Ergebnissen.

Fassen wir das grundsätzlich Neue der Auffassung von Arrhenius nochmals kurz zusammen: Gelöste Stoffe gehorchen normalerweise, genügende Verdünnung vorausgesetzt, den Gasgesetzen, nur Säuren, Basen und Salze zeigen in wäßriger Lösung Abweichungen in der Weise, daß eine größere Anzahl freier Teilchen vorhanden ist, als zu erwarten wäre. Die Größe der vorhandenen Abweichungen entspricht dem Wert der elektrischen Leitfähigkeit. Dieses Verhalten erklärt sich in zwangloser Weise dadurch, daß die gelösten Stoffe nicht mehr ausschließlich in molekularer Form, sondern mehr oder weniger weitgehend in elektrisch geladenen Spaltstücken, Ionen genannt, vorhanden sind. Die Spaltung wird hervorgerufen durch den Prozeß des Lösens in Wasser, dessen hohe Dielektrizitätskonstante (80) die elektrostatischen Anziehungskräfte im Molekül an der gegenseitigen Bindung hindert.

In anderen Lösungsmitteln, z. B. organischen Stoffen (Alkohol), sind die Erscheinungen der elektrolytischen Dissoziation entsprechend der wesentlich kleineren Dielektrizitätskonstante sehr gering.

Wir kommen nun auf die Ausgangsfrage zurück, worauf die gemeinsamen Eigenschaften der sonst so verschiedenen Säuren beruhen. Die saure Reaktion und die Ersetzbarkeit des Wasserstoffs durch Metalle genügte zu einer eindeutigen Erklärung der Säure nicht, an der Hand der Ionentheorie ist sie nunmehr leicht zu erbringen: Säuren sind Substanzen, die beim Lösen in Wasser Wasserstoffkationen in

Lösung schicken. Es wird damit sofort klar, warum flüssiger Chlorwasserstoff oder wasserfreie Schwefelsäure die Reaktionen einer Säure nicht zeigen. Erst das Lösen in Wasser läßt Wasserstoffkationen entstehen und auf diese gründen sich die allen Säuren gemeinsamen Eigenschaften. Durch vergleichende Messung der Anzahl der Wasserstoffkationen verschiedener Säuren in der gleichen Verdünnung läßt sich nunmehr auch der Grad der Säurenatur, die sog. „Stärke" der Säure, ermitteln. Die starke Salzsäure hat bei der gleichen molekularen Konzentration mehr Wasserstoffionen als die schwächere Schwefelsäure und beide haben mehr als die sehr schwache Kohlensäure

Wir nehmen jetzt die Besprechung der Salzsäure wieder auf.

Die technische rohe Salzsäure ist häufig durch Eisenchlorid gelblich gefärbt und enthält Arsen. Wird sie zum Beizen von Metallen verwandt, so entwickelt sich der sehr giftige Arsenwasserstoff und gefährdet die Gesundheit der dabei beschäftigten Arbeiter.

Salzsäure gehört zu den stark wirkenden Desinfektionsmitteln. Sie kann daher auch in der starken Verdünnung des Magensaftes, in dem sie zu 0,3 % enthalten ist, gegenüber pathogenen Erregern (Typhus, Cholera) eine gewisse Schutzwirkung gegen Infektion des Darmes ausüben.

Analytisches. Man erkennt die Salzsäure oder Chlorionen daran, daß sie mit Silbernitrat einen käsigen, flockigen Niederschlag von AgCl bilden, der unlöslich in Salpetersäure und löslich in Ammoniak ist.
Sauerstoffverbindungen des Chlors. Die Sauerstoffverbindungen der Elemente, die bisher als Beispiele angeführt wurden (Wasserstoff — Wasser, Kohlenstoff — Kohlendioxyd, Eisen — Eisenoxyd usw.) haben die Eigenschaft gemeinsam, daß sie sich bilden unter Abgabe von mehr oder weniger erheblichen Mengen Wärme; es sind, wie man sagt, „exotherme" Verbindungen. Mit dieser Eigenschaft hängt eine zweite ursächlich zusammen: Es sind sehr beständige Verbindungen, deren Bindung nur durch erheblichen Energieaufwand zu lösen ist. Die Energie, die man bei der Bildung der Oxyde erhalten hat, muß man eben wieder zuführen, wenn man sie wieder in ihre Bestandteile zerlegen will, eine Operation, die sehr häufig nur auf Umwegen auszuführen ist.

$2 Fe + 3 O = Fe_2O_3 + 195$ Kal (geht unmittelbar vor sich)

$Fe_2O_3 + 195$ Kal $= 2 Fe + 3 O$ (wird im Hochofenprozeß ausgeführt, wobei der freiwerdende Sauerstoff durch Kohle zu Kohlenoxyd gebunden werden muß).

Das entgegengesetzte Verhalten zeigen die Sauerstoffverbindungen des Chlors. Diese bilden sich unter Aufnahme von Energie; es sind „endotherme" Verbindungen. Sie lassen sich nicht aus den Elementen herstellen und zerfallen mitunter leicht in ihre Bestandteile unter Abgabe von Wärme. Manchmal geht dieser Zerfall derartig rasch vor sich, daß man ihn als eine Explosion bezeichnet. Die meisten Sprengstoffe sind endotherme Verbindungen. Wir haben hier den oben angeführten Gleichungen entsprechend

$Cl_2 + O + 18$ Kal $= Cl_2O$ (nur auf Umwegen erhältlich)

$Cl_2O = Cl_2 + O + 18$ Kal (geht beim Erwärmen unter Explosion vor sich).

Das Chlor bildet drei Sauerstoffverbindungen und vier Sauerstoffsäuren:

Cl_2O Chlormonoxyd $\quad$ HClO $\quad$ unterchlorige Säure

$\qquad\qquad\qquad\qquad\qquad$ $HClO_2$ chlorige Säure

ClO_2 oder Cl_2O_4 Chlordioxyd

$\qquad\qquad\qquad\qquad\qquad$ $HClO_3$ Chlorsäure

$\qquad Cl_2O_7$ Chlorheptoxyd $\quad$ $HClO_4$ Überchlorsäure.

Die Sauerstoffverbindungen des Chlors beanspruchen außer ihrer oben genannten Eigentümlichkeit kaum weiteres Interesse. Dagegen haben ihre Verbindungen mit Wasser eine gewisse Bedeutung.

$Cl_2O + H_2O = 2$ H (ClO) unterchlorige Säure

$2 ClO_2 + H_2O = HClO_2 + HClO_3$ chlorige Säure und Chlorsäure

$Cl_2O_7 + H_2O = 2 HClO_4$ Überchlorsäure.

Solche Oxyde, welche mit Wasser Säure bilden, nennt man „Säureanhydride" (gr. an-hydor ohne Wasser). Entzieht man umgekehrt sauerstoffhaltigen Säuren Wasser, d. h. H_2 und O, welche zu H_2O zusammentreten — bei Salzsäure ist die Anhydridbildung nicht möglich, weil der Sauerstoff fehlt —, so erhält man Säureanhydride.

Unterchlorige Säure HClO. Chlorwasser unterliegt allmählich folgender umkehrbaren Reaktion:

$$Cl_2 + H_2O \;\rightleftarrows\; HOCl \quad + \quad HCl$$
$$\text{unterchlorige Säure} \qquad \text{Salzsäure}$$

Die unterchlorige Säure vermag leicht an oxydable Stoffe ihren Sauerstoff abzugeben, indem sie selbst in Salzsäure übergeht:

$$HOCl = HCl + O.$$

Die oxydierende Wirkung von feuchtem Chlor hatten wir auf S. 16 nach der Gleichung $Cl_2 + H_2O = 2 HCl + O$ erklärt. In Wirklichkeit wird aber die Zwischenstufe über die unterchlorige Säure durchschritten.

Leiten wir Chlor in kalte Natronlauge (NaOH), so bilden sich die Natriumsalze der Salzsäure und der unterchlorigen Säure, Kochsalz und Natriumhypochlorit (Eau de Javelle):

$$Cl_2 + 2 NaOH = NaCl + NaOCl + H_2O,$$

Aus einer Lösung von Natriumhypochlorit läßt sich mit Hilfe einer Säure (es genügt schon die Kohlensäure der Luft) die unterchlorige

Säure in Freiheit setzen, welche oxydierende, bleichende und desinfizierende Wirkungen ausübt. Eine Säure ist nach dem Typus $H \cdot R'$ gebaut, wobei R' der das Anion bildende Säurerest ist (s. S. 23). Die unterchlorige Säure wird nach der Gleichung in Freiheit gesetzt:

$$NaOCl + HR = NaR + HOCl.$$

Die Ionentheorie erklärt den Vorgang in folgender Weise: $H \cdot R'$ sei eine starke Säure, die also in verdünnter wäßriger Lösung fast vollständig in ihre Ionen $H \cdot + R'$ aufgespalten ist. $HOCl$ ist eine sehr schwache Säure, von der nur ein geringer Teil in $H \cdot$ und $(OCl)'$ Ionen dissoziiert ist. Gibt man eine Lösung von Natriumhypochlorit und der Säure HR zusammen, so sind in der Lösung vertreten: 1) $NaOCl$ Moleküle, 2) $Na \cdot$, 3) $(OCl)'$, 4) $H \cdot$, 5) R'. Diese Teilchen schwirren, getragen vom Wasser, wie die Gasmoleküle durcheinander. Trifft hierbei $H \cdot$ mit $(OCl)'$ zusammen, so vereinigen sich diese entgegengesetzt geladenen Ionen zu den elektrisch neutralen Molekülen der unterchlorigen Säure $HOCl$, die ihrerseits, wie eingangs erwähnt, nicht wieder dissoziiert bzw. in nur sehr geringem Grade. Auf diese Weise werden die H-Ionen der zugegebenen starken Säure verbraucht. Das Kation R' derselben bildet nunmehr das Gegengewicht zu den Na-Anionen. Ist die ursprüngliche Säure flüchtiger als die zugesetzte, so kann sie durch Erhitzen aus der Lösung ausgetrieben werden.

Technisch in großem Maßstabe wird das Calciumsalz der unterchlorigen Säure dargestellt, ein Bestandteil des Chlorkalks, worüber wir genaueres auf S. 99 erfahren werden.

Chlorige Säure HClO₂ ist in reinem Zustand nicht bekannt. Ihre Salze nennt man Chlorite.

Chlorsäure HClO₃. Läßt man in der Wärme Chlor auf Natronlauge wirken, so erhält man das Natriumsalz der Chlorsäure (Natriumchlorat $NaClO_3$). Von Zwischenreaktionen abgesehen, verläuft der Vorgang nach der Formel:

$$6\,NaOH + 3\,Cl_2 = NaClO_3 + 5\,NaCl + 3\,H_2O.$$

Versetzt man eine konzentrierte Lösung von chlorsaurem Natrium mit konzentrierter Salzsäure, so erhält man freie Chlorsäure, außerdem aber durch weitergehende Prozesse Chlor und Chlordioxyd in der Lösung. Das Gemisch, wegen seiner gelben Farbe **Euchlorin** genannt, wirkt sehr stark oxydierend und wird daher zur Zerstörung organischer Stoffe, besonders in der Analyse (Giftanalyse), benutzt.

Überchlorsäure HClO₄. Erhitzen wir vorsichtig Kaliumchlorat, so entweicht Sauerstoff, und es entsteht neben Kaliumchlorid Kaliumperchlorat:

$$2\,KClO_3 = O_2 + KCl + KClO_4$$

Kaliumchlorat   Kaliumchlorid   Kaliumperchlorat

Es ist das Kaliumsalz der Perchlorsäure oder Überchlorsäure $HClO_4$, die man aus ihren Salzen durch Zusatz von Schwefelsäure erhalten kann. Diese Säure ist beständiger als die anderen Sauerstoffsäuren des Chlors — sie läßt sich unter vermindertem Druck sogar destillieren —, während man bei ihr die höchste Zersetzlichkeit erwarten sollte, entsprechend ihrem hohen Gehalte an Sauerstoff. Das Kaliumperchlorat ist relativ schwer löslich in Wasser und wird daher zum Nachweis des Kaliums in der Analyse benutzt.

Brom (Bromum).

Zeichen Br, Atomgewicht 80.

Ein Element, das in seinen Eigenschaften vieles mit dem Chlor gemeinsam hat, ist das Brom. Es kommt frei nicht in der Natur vor, ist jedoch gebunden an Kalium, Natrium und Magnesium in kleinen Mengen ein Bestandteil des Meerwassers, vieler Salzquellen und der Kalisalzlager. Man kann es, entsprechend der Cl-Darstellung, erhalten, indem man Bromnatrium (Natriumbromid $NaBr$) mit Braunstein mengt und mit Schwefelsäure übergießt. Beim Erwärmen entwickeln sich braune Dämpfe, welche so schwer sind, daß sie sich von einem Gefäß in ein anderes übergießen lassen. Ihre Einwirkung auf die Atmungsorgane ist noch viel stärker als die des Chlors; sie verursachen starke Verätzungen. Der Name Brom kommt von dem griechischen Wort bromos Gestank. Neben Quecksilber ist Brom das einzige Element, das bei gewöhnlicher Temperatur flüssig ist.

Eine andere Darstellungsweise des Broms besteht darin, daß man Bromsalze mit Chlor behandelt, also z. B. eine Lösung von Bromnatrium mit Chlorwasser versetzt. Das Chlor verdrängt hierbei das Brom aus seiner Verbindung mit Natrium:

$$NaBr + Cl = NaCl + Br.$$

In Wasser ist Brom verhältnismäßig wenig löslich (Bromwasser der Analyse enthält 3,5 %), dagegen sehr leicht in Schwefelkohlenstoff und Chloroform. Aus wäßriger Lösung läßt sich daher das Br mit geringen Mengen eines dieser Stoffe leicht ausschütteln.

Bromwasserstoff H Br ist wie Chlorwasserstoff durch die direkte Vereinigung der Elemente zu erhalten, nicht aber in reinem Zustand aus Bromnatrium und Schwefelsäure, da diese ihn teilweise zu Brom oxydiert. Von seinen Salzen, den Bromiden, sind einige von Bedeutung.

Bromwasserstoff kann durch Einwirkung von Wasser auf Phosphorpentabromid PBr_5 gewonnen werden:

$$PBr_5 + 4H_2O = H_3PO_4 + 5HBr.$$

Die Sauerstoffverbindungen des Broms und die Salze ihrer Säuren sind denen des Chlors sehr ähnlich. Sie sind jedoch von untergeordneter

Bedeutung. Erwähnt sei, daß auch Verbindungen mit Chlor, z. B. Chlor-brom Cl Br, existieren.

Bromverbindungen finden ihrer nervenberuhigenden und schlafbrin-genden Wirkung wegen therapeutische Anwendung.

Analytisches. Brom macht Jod aus KJ frei und wird selbst durch Chlor aus Bromiden in Freiheit gesetzt. Bromwasserstoff und allgemein Br-Ionen geben mit $AgNO_3$ einen in Salpetersäure unlöslichen gelblichen Niederschlag von AgBr, der viel schwerer löslich in Ammoniak ist als AgCl.

Jod (Jodum).
Zeichen J, Atomgewicht 127.

Ein drittes Element, das Verbindungen von demselben Typus wie Chlor und Brom ergibt, ist das Jod. In festem Zustand bildet es schwarze Schuppen von Metallglanz, bei gewöhnlicher Temperatur verdampft es schon merklich und siedet bei 184°. Der Dampf ist von schöner veilchenblauer Farbe, auf die der Name des Elementes (vom griechischen iodes veilchenfarbig) zurückgeht. Wenn auch Joddämpfe lange nicht die starke Wirkung des Chlors oder Bromgases haben, so sind sie dennoch giftig und erzeugen oft beim Einatmen katarrhalische Entzündungen (Jodschnupfen).

Die Hauptmenge des verbrauchten Jods wird in Chile gewonnen. Die dortigen Salpeterlager enthalten bis zu 0,1 % Jod in Form von jod-sauren Salzen, z. B. $NaJO_3$ (entsprechend $NaClO_3$). Außerdem kom-men im Meerwasser Jodverbindungen in sehr geringer Konzentration vor, doch häufen sie sich in den Meerespflanzen an. Daher lassen sie sich aus der Asche dieser Pflanzen (in England Kelp, in Frankreich Varech genannt) gewinnen, was noch jetzt teilweise geschieht. Spuren von Jod sind auch in der atmosphärischen Luft vorhanden, die möglicher-weise für Stoffwechselvorgänge von Bedeutung sind. Aus der Schild-drüse wurde ein Eiweißstoff isoliert, das Thyrojodin, das ca. 9 % Jod enthält. Mangel an Jod verursacht die Bildung des Kropfes; die Entfernung der Schilddrüse führt zu schweren Schädigungen des Organismus (Kretinismus). Es ist demnach nicht zu verwundern, daß viele Jodpräparate mit gutem Erfolg bei mannigfaltigen Erkran-kungen angewandt werden. Auch Quellen verdanken ihre Heilkraft dem Gehalt an Jodverbindungen. In Wasser gelöstes Jod zeigt schwä-chere Desinfektionswirkungen als Brom. Da es darin sehr schwer lös-lich ist, wendet man als Lösungsmittel oft Jodkalium an (Lugolsche Jodlösung). Die weiteste Verbreitung gefunden hat die braune Lösung des Jods in Alkohol, meist 10prozentig, Jodtinktur (Tinctura jodi) genannt, der zwar keine absolut sichere Desinfektionswirkung zukommt, die aber speziell in der Dermatologie (Desinfektion der Haut bei Operationen, Be-seitigung von Entzündungen und Wucherungen) eine große Rolle spielt.

Die Wasserstoffverbindung des Jods, der **Jodwasserstoff H J,** ist eine starke Säure, jedoch durch Oxydationsmittel sehr leicht angreifbar unter Abscheidung von freiem Jod. Während zur Darstellung des Chlors aus Salzsäure ein Oxydationsmittel, wie Braunstein, nötig ist, genügt hier schon der Luftsauerstoff. Die chemische Affinität des Jods zum Wasserstoff ist weit kleiner als die des Chlors und des Broms. Das Kaliumsalz des Jodwasserstoffs ist von Bedeutung (s. S. 96).

Die Sauerstoffverbindungen des Jods sind ähnlich denen des Chlors, doch von geringerer Wichtigkeit. Das Natriumjodat, das Salz der Jodsäure $H J O_3$, wurde bereits als Beimengung des Chilesalpeters erwähnt.

Auch Jod gibt mit anderen Halogenen Verbindungen, z. B. Chlorjod Cl J oder Jodtrichlorid JCl_3.

Analytisches. Jod löst sich in Chloroform und Schwefelkohlenstoff mit der violetten Farbe seines Dampfes, kann daher mit diesen Lösungsmitteln ausgeschüttelt werden. Mit Stärkelösung erzeugt es eine Adsorptionsverbindung von charakteristischer blauer Farbe, die in der Hitze verschwindet, in der Kälte wiederkehrt. Aus jodwasserstoffsauren Salzen scheiden Chlor, Brom oder Eisenoxydverbindungen elementares Jod ab. Silbernitrat gibt mit löslichen Jodiden in salpetersaurer Lösung einen gelben Niederschlag von AgJ, der unlöslich in Ammoniak ist.

Fluor (Fluorum).

Zeichen F, Atomgewicht 19,0.

Seinem Atomgewicht und seinen chemischen Eigenschaften nach steht Fluor unter den Halogenen an erster Stelle. In der Natur nur gebunden vorkommend, z. B. als Flußspat CaF_2, Apatit (Calciumfluorid mit Calciumphosphat) und Kryolith $Na_3Al F_6$ (Natriumaluminiumfluorid), finden sich kleine Mengen auch im Organismus, z. B. im Blut, in den Knochen, vor allem aber als CaF_2 im Zahnschmelz. Während die chemische Verwandtschaft zum Wasserstoff in der Reihe Cl — Br — J abnimmt, ist diese des Fluors so groß, daß kein Oxydationsmittel imstande ist, das Fluor aus seiner Verbindung mit Wasserstoff zu verdrängen. Erst im Jahre 1886 gelang es Moissan durch Elektrolyse wasserfreier Flußsäure (unter Zusatz von saurem Kaliumfluorid) es in Freiheit zu setzen. Fluor ist ein schwach gelbgrünes Gas von stechendem Geruch, das äußerst reaktionsfähig ist. Mit Wasserstoff verbindet es sich selbst bei tiefsten Temperaturen noch mit explosionsartiger Heftigkeit zu H F, wogegen eine Mischung von Chlor mit Wasserstoff erst einer Einleitung der Reaktion bedarf. Aus Wasser verdrängt das Fluor den Sauerstoff; es bleibt Fluorwasserstoff zurück:

$$H_2O + F_2 = 2 HF + O.$$

Fluorwasserstoff H F, dessen wäßrige Lösung Flußsäure oder Fluorwasserstoffsäure heißt, wird leicht gewonnen, wenn man Flußspat mit konzentrierter Schwefelsäure erwärmt:

$$CaF_2 + H_2SO_4 = CaSO_4 + 2\,HF$$

Man muß allerdings Gefäße aus Platin oder Blei verwenden, weil Glas von Fluorwasserstoff angegriffen wird (s. S. 83).

Die Flußsäure ruft auf der Haut starke Verätzungen, schmerzhafte Geschwüre und eiternde Wunden hervor. Bei ihrer Verwendung ist daher größte Vorsicht geboten (Schutz der Augen!). Da die Säuren im allgemeinen in der Reihenfolge ihrer Dissoziation bakterizid wirken, so steht die Flußsäure mit an erster Stelle. Eine 2 prozentige Lösung tötet die sehr widerstandsfähigen Milzbrandsporen in 2 Stunden.

Analytisches. Freie Flußsäure oder Fluoride, erhitzt mit konzentrierter Schwefelsäure, erzeugen Ätzung des Glases, die an dem Mattwerden desselben zu erkennen ist. Das dabei entweichende Gas trübt einen an einem Glasstab hineingehaltenen Wassertropfen (Wassertropfenprobe). Näheres über die chemische Natur dieser Reaktion s. S. 83.

Ozon (aktiver Sauerstoff).

Formel O_3, Molekulargewicht 48.

Sehr viele Elemente treten in zwei oder mehreren Formen auf, die unter Umständen außerordentliche Verschiedenheiten zeigen, z. B. in bezug auf spezifisches Gewicht, Kristallform, Farbe, Löslichkeit. Die Unterschiede können aber nicht nur im physikalischen, sondern auch im chemischen Verhalten sich äußern. Diese Erscheinung, die zurückzuführen ist auf eine verschiedene Anordnung der Atome, nennt man **Allotropie**. Allotrope Modifikationen eines Stoffes haben also gleiche chemische Zusammensetzung, aber verschiedene physikalische und chemische Eigenschaften. Sind sie an bestimmte Temperaturgebiete, innerhalb deren sie stabil sind, geknüpft, so nennt man sie **enantiotrope** Modifikationen (z. B. Schwefel); ist die eine Modifikation stets unbeständig (z. B. farbloser Phosphor), so spricht man von **Monotropie**.

Die Umwandlung der einen in die andere allotrope Form wird ermöglicht durch Energiezufuhr bzw. Energieentziehung. Energie kann angewandt werden als Wärme, Licht, Elektrizität. So z. B. beim Sauerstoff. Wird Sauerstoff hoch erhitzt und dann rasch abgekühlt, wird er mit kurzwelligem Licht bestrahlt oder der elektrischen Entladung ausgesetzt, so wandelt er sich zu einem mehr oder weniger großen Teil in eine allotrope Modifikation um, die man **Ozon** nennt. Der Name (gr. ozein riechen) geht zurück auf die auffallendste Eigenschaft des Gases, nämlich seinen Geruch, der mit dem des Knoblauchs eine entfernte Ähnlichkeit hat. Die Geruchswirkung führte zu der ersten Entdeckung des Gases (van Marum 1785), die Erkennung der chemischen Natur ist Schönbein (1848) zu verdanken. Beide wandten die elektrische Entladung zur Erzeugung des Ozons an, die auch noch

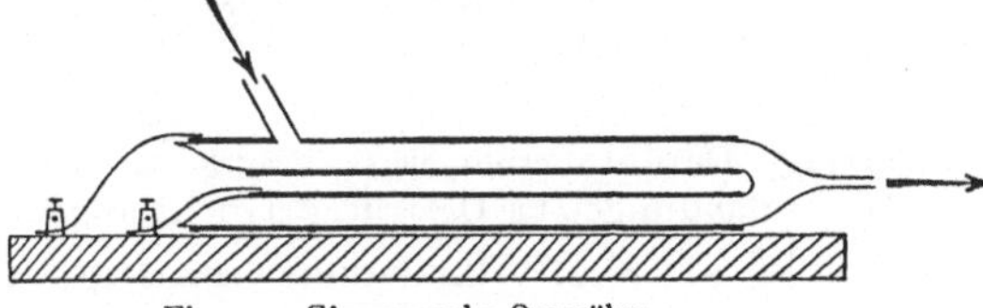
Fig. 9. Siemenssche Ozonröhre.

heute in Form der sog. stillen oder dunklen elektrischen Entladung zur Herstellung benutzt wird. In der Siemensschen Ozonröhre (Fig. 9) wird der Ausgleich hochgespannter elektrischer Ströme durch eine zwischen zwei Glasröhren befindliche Schicht von Sauerstoff von einigen Millimetern Durchmesser bewirkt. Die ineinander gesteckten Glasröhren sind durch einen Belag von Stanniol oder durch geeignete Berührung mit Flüssigkeiten mit den Polen der Stromquelle in Verbindung gebracht. Die in der Technik zur Ozonisierung angewandten stabilen Apparaturen benutzen in verschiedenen Variationen dieses Prinzip der Siemensschen Ozonröhre. Es gelingt damit Sauerstoff bis zu ca. 10 % in Ozon zu verwandeln.

Das Ozon stellt ein farbloses Gas dar von dem obenerwähnten Geruch, das in komprimiertem oder verflüssigtem Zustand blaue Farbe annimmt. Die Untersuchung auf die Molekulargröße ergab ein Molekül O_3. Die Ozonisierung folgt also der Gleichung:

$$3\,O_2 = 2\,O_3.$$

Die Struktur des Ozonmoleküls kann entweder erklärt werden durch die Annahme einer ringförmigen Verkettung

$$O\!-\!O \diagdown_{O}\diagup$$

oder durch Zugrundelegung eines 4 wertigen Sauerstoffatoms und zwei 2 wertiger Sauerstoffatome $O = O = O.$

In organischen Verbindungen ist das Auftreten 4 wertigen Sauerstoffs häufiger beobachtet worden.

Das Ozon zeigt die Eigenschaften des Sauerstoffs, besonders also Oxydationswirkung, in verstärktem Maße. Beim Zerfall des Moleküls in $O_2 + O$ wirkt der freiwerdende atomare Sauerstoff in statu nascendi besonders kräftig. So wird Silber sofort zu schwarzem Silbersuperoxyd, Bleihydroxyd zu Bleisuperoxyd oxydiert und aus einer Jodkaliumlösung Jod in Freiheit gesetzt:

$$2\,KJ + H_2O + O_3 = 2\,KOH + 2\,J + O_2.$$

Diese Reaktionen können zum Nachweis des Ozons dienen, doch gibt es noch eine Anzahl schärferer Erkennungsmethoden, die nur spezielles analytisches Interesse haben.

In der organischen Chemie wird die Anlagerung von Ozon an die sog. ungesättigte Kohlenstoffbindung, z. B. $\rangle C = C\langle$ zu besprechen sein, unter Bildung von Ozoniden

$$\begin{array}{ccc} >\!C & & C\!< \\ | & & | \\ O-O&-&O \end{array}$$

(Harries). Darauf beruht die Zerstörung von Kautschuk durch Ozon, weshalb Gummi-schlauchverbindungen bei Ozonleitungen nicht angewandt werden dürfen.

Mit der starken Oxydationswirkung, dem beim Zerfall auftretenden naszierenden Sauerstoff, hängen zwei weitere Eigenschaften zusammen, die bereits beim Chlor als Oxydationswirkungen erkannt wurden: bleichende und desinfizierende Eigenschaften. Farbstofflösungen, z. B. Indigo oder Lackmus werden rasch entfärbt. Die luftverbessernde Eigenschaft des Ozons ist schon lange bekannt, aber erst als die Technik Apparaturen zur Herstellung des Gases in großem Maßstab zur Verfügung stellte, begann seine praktische Verwertung einen bedeutenderen Umfang anzunehmen.

Ohlmüller hat bewiesen, daß eine Desinfektion von Wohnräumen mit Ozon nicht in Frage kommt, da für die Desinfektionswirkung die Anwesenheit großer Feuchtigkeitsmengen nötig ist. Es werden besonders flüssige Medien mit Ozon sterilisiert und vor allem solche, die arm an organischen Substanzen sind, da letztere zuerst von Ozon angegriffen werden. So sehen wir die wichtigste Anwendung des Ozons, bei der es unübertroffen ist, in der Sterilisierung des Trinkwassers. Ozonhaltige Luft wird mit letzterem in geeigneter Weise in Berührung gebracht, wodurch darin enthaltene Bakterien abgetötet werden, während überschüssiges Ozon durch kurze Lüftung daraus wieder entfernt werden kann.

Wasserstoffsuperoxyd H_2O_2. Als primäres Produkt der Vereinigung des Sauerstoffs mit Wasserstoff kann man die Anlagerung von zwei Atomen Wasserstoff an das Molekül Sauerstoff $O = O$ annehmen:

$$O = O + H_2 \longrightarrow H - O - O - H.$$

Gestützt wird diese Auffassung dadurch, daß bei sehr vielen Oxydationen wasserstoffhaltiger Substanzen die Verbindung H_2O_2, wenn auch nur in sehr geringen Mengen, auftritt. Als höheres Oxydationsprodukt des Wasserstoffs aufgefaßt, nennt man sie gewöhnlich Wasserstoffsuperoxyd:

$$\underset{\substack{\text{Wasser} \\ \text{(Wasserstoffoxyd)}}}{H_2O} \quad + \quad \underset{\text{Sauerstoff}}{O} \quad = \quad \underset{\text{Wasserstoffsuperoxyd.}}{H_2O_2}$$

Die Entdeckung der Verbindung geht zurück auf Thénard (1818). Die technische Darstellung geschieht meist noch in der von diesem angegebenen Weise durch Einwirkung von verdünnter Schwefelsäure auf feuchtes Bariumperoxyd BaO_2:

$$BaO_2 + H_2SO_4 = BaSO_4 + H_2O_2.$$

Durch Filtration kann das unlösliche Bariumsulfat von der wasserstoff-superoxydhaltigen Lösung getrennt werden. Die käuflichen Lösungen enthalten gewöhnlich ca. 3 % (Hydrogenium peroxydatum solutum). Durch Eindampfen im Vakuum kann eine 30 prozentige Lösung erhalten werden (Perhydrol), die früher zum Schutz gegen die Zersetzung durch Bestandteile des Glases in Flaschen aufbewahrt wurde, die innen mit Paraffin ausgegossen waren. Durch Zusatz kleiner Mengen von Säuren, z. B. Harnsäure, wird die Beständigkeit der Lösung erhöht. Reines H_2O_2 ist eine sirupartige, farb- und geruchlose Flüssigkeit, die beim Abkühlen in farblosen Kristallen vom Schmelzpunkt -2^0 erhalten werden kann. Die Zersetzung in O und H_2O tritt jedoch leicht ein, beim Erhitzen sogar unter Explosion.

Die Konstitution des H_2O_2 kann in zwei Arten aufgefaßt werden:

$$H - O - O - H \quad \text{oder} \quad O = O <^H_H$$

Durch den leichten Zerfall des H_2O_2 in $H_2O + O$ hat es zunächst stark oxydierende Eigenschaften. So werden niedere Oxyde zu höheren und sauerstoffarme Säuren in sauerstoffreichere übergeführt.

Merkwürdigerweise zeigt H_2O_2 auch gleichzeitig eine reduzierende Wirkung, die dadurch zu erklären ist, daß bei einem Zerfall im Sinne $H_2O_2 = O_2 + H_2$ der Wasserstoff in Wirksamkeit treten kann. So werden manche Metalloxyde zu Metall reduziert, z. B.:

$$Ag_2O + H_2O_2 = 2\,Ag + H_2O + O_2$$

oder die Salze von Säuren höherer Oxydationsstufe zu solchen niederer reduziert. Darauf beruht die sehr wichtige Entfärbung von Kaliumpermanganat in schwefelsaurer Lösung durch H_2O_2 (s. S. 26 des Anhangs).

H_2O_2 hat saure Eigenschaften, wenn auch nur in schwachem Maße. Seine Salze nennt man P e r o x y d e, z. B. Natriumperoxyd Na_2O_2. *Der sicherste Nachweis des H_2O_2 beruht auf der Bildung des orangerotgefärbten Titanperoxyds TiO*

Die oben erwähnte Zersetzung des H_2O_2 in H_2O und O wird durch gewisse Stoffe, z. B. Platin oder Braunstein, beschleunigt, die also dabei die Rolle von Katalysatoren spielen. Auch pflanzliche und tierische Stoffe, im Blut, im Speichel usw. sich befindend, wirken in gleicher Weise katalytisch. Diese organischen Katalysatoren gehören zur Klasse der biologisch äußerst wichtigen Fermente und werden bei der Klassifikation der letzteren unter dem Namen der P e r o x y d a s e n zusammengefaßt.

Katalasen werden leicht durch Erhitzen zerstört oder wie die anorganischen Katalysatoren durch bestimmte Stoffe in ihrer Wirksamkeit gehindert, „vergiftet". So zersetzt Platin, das mit Spuren gewisser Gase (Schwefelwasserstoff, Blausäure, Kohlenoxyd usw.) in Berührung war, H_2O_2 nicht mehr katalytisch. Bei technischen Prozessen muß auf die Abwesenheit solcher Katalysatorgifte besonderer Wert gelegt werden. Umgekehrt kann man durch andere Stoffe einen Katalysator noch wirksamer machen, „aktivieren".

Die praktische Verwendung des H_2O_2 gründet sich ähnlich wie die des Ozons auf seine starke Oxydationswirkung. Diese verursacht das Entfärben und Bleichen vieler Stoffe, z. B. von Rohseide, Elfenbein, Haaren usw. Außerdem äußert sich auch hier eine erhebliche sterilisierende und entwicklungshemmende Kraft gegenüber Bakterien. Zum Unterschied von Ozon ist dieselbe nicht nur in wäßriger, sondern auch in eiweißhaltiger Lösung vorhanden. Es wird also hier durch den naszierenden Sauerstoff zuerst die lebende Bakteriensubstanz angegriffen. Ganz neutrale Lösungen von H_2O_2 zeigen sehr geringe Desinfektionskraft, sie steigt jedoch stark an bei Zusatz von Alkali oder Säuren. Auch die Erhöhung der Temperatur steigert die bakterizide Wirkung beträchtlich. Man hat festgestellt, daß gegenüber den sehr widerstandsfähigen Milzbrandsporen das Wasserstoffsuperoxyd in der Form des Handels eine kräftigere Wirkung hat als eine o,1prozentige Sublimatlösung. Es ist infolgedessen erklärlich, daß in der Medizin das Wasserstoffsuperoxyd als Antiseptikum eine große Rolle spielt, und zwar einmal bei der Wundbehandlung, dann aber auch als bestes Mittel zur äußerlichen Behandlung infektiöser Erkrankungen der Mund- und Rachenhöhle.

Da manche Peroxyde, vor allem die der Alkalien und Erdalkalien und manche sauerstoffreiche Säuren und deren Salze (z. B. Perborate) den Sauerstoff gleichfalls leicht abgeben, so besitzen sie ähnliche Wirkungen wie H_2O_2. Sie sind teils zur äußeren Verwendung wasserlöslich (Pergenol), teils zur inneren Verabreichung unlöslich (Magnesium-Perhydrol) und finden wie das H_2O_2 medizinische Anwendung

Schwefel (Sulfur).

Zeichen S, Atomgewicht 32.

In elementarem Zustand findet sich der Schwefel in den vulkanischen Gegenden Siziliens und in Nordamerika (Louisiana). Durch Ausschmelzen, das teilweise unter Anwendung von überhitztem Wasserdampf geschieht, wird er von den anhaftenden erdigen Verunreinigungen befreit. An Metalle gebunden, ist der Schwefel Bestandteil vieler Mineralien, die als Blenden (Zinkblende ZnS), Glanze (Bleiglanz PbS) oder Kiese (Eisenkies FeS_2) bezeichnet werden. Die größten Mengen jedoch sind in den Sulfaten der Natur, den Salzen der Schwefelsäure, vorhanden, die große Lager bilden, z. B. Calciumsulfat $CaSO_4$, Gips. Schließlich enthalten organische Stoffe Schwefel in gebundener Form, z. B. Eiweißstoffe, Horn, Haare usw., desgleichen die natürlichen Kohlen. Aus letzteren wird er bei der Leuchtgasfabrikation als Nebenprodukt gewonnen. Die Reinigung des Schwefels geschieht durch Sublimation, wobei er als feines hellgelbes Pulver kristallinischer Struktur sich niederschlägt: Schwefelblumen (Sulfur sublimatum). Die weitere Reinigung, besonders zur Entfernung von Arsenverbindungen, für therapeutische Verwendung geschieht durch Waschen mit Ammoniak (Sulfur depuratum). Eine andere Handelsform ist der sog. Stangenschwefel, durch Ausgießen des geschmolzenen Schwefels in Formen gewonnen. Verwendung findet der elementare Schwefel zur Herstellung von Schwarzpulver, zur Bekämpfung von Weinschädlingen in den Weinbergen und zur Herstellung der Schwefelsäure.

Aus geeigneten Lösungsmitteln (z. B. Schwefelkohlenstoff) kristallisiert der Schwefel in Form von
doppelten Pyramiden, deren gemeinsame Basis sich
bei genauerer Betrachtung als ein Rhombus erweist
(Fig. 10). Dieser **rhombische** Schwefel wird auch
α-Schwefel genannt. Er schmilzt bei 114 ° zu einer
honiggelben, leicht beweglichen Flüssigkeit. Läßt
man diese abkühlen, so beobachtet man auf der erstarrenden Oberfläche die Bildung langgestreckter

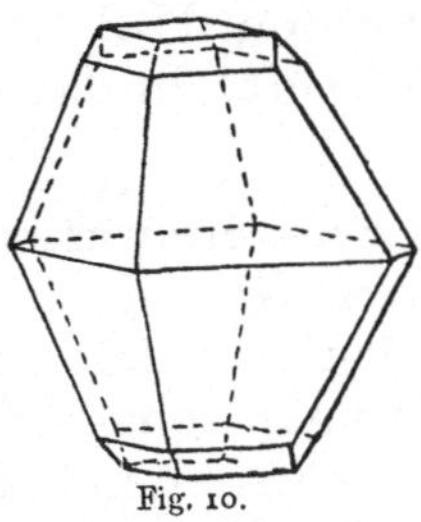

Fig. 10.
Rhombischer Schwefel.

Kristalle. Beim Durchstoßen der gebildeten Kruste
und Ausgießen des noch nicht erstarrten Inhaltes lassen sich im
Innern wiederum langgestreckte, fast farblose Kristalle erkennen, die
dem monoklinen System angehören: **monokliner** Schwefel oder
β-Schwefel. Seine Beständigkeit ist jedoch gering, denn nach
einiger Zeit verwandelt er sich wieder in die stabilere Form der
rhombisch kristallisierenden Modifikation. Es gibt noch eine dritte
Form des festen Schwefels, die beim Eingießen des flüssigen
auf ca. 400 ° erhitzten Schwefels in kaltes Wasser entsteht.
Durch die rasche Abkühlung bildet sich eine weiche plastische
Masse, **amorpher** oder γ-Schwefel. Auch diese Modifikation
wandelt sich allmählich in den rhombischen Schwefel zurück. Es
ist demnach bei gewöhnlicher Temperatur der rhombische Schwefel,
oberhalb 95 ° der monokline die Schwefel beständige Form (Enan-
tiotropie).

Erhitzt man den geschmolzenen, dünnflüssigen Schwefel stärker, so
wird er vorübergehend zähflüssig, aber bei 400 ° wieder dünnflüssig und
beginnt bei 444 ° zu sieden. Seine Dämpfe schlagen sich bei Abkühlung
auf gewöhnliche Temperatur in Form der bereits erwähnten Schwefelblumen nieder. Der flüssige Aggregatzustand (auch flüssige „Phase"
genannt) wird mithin übersprungen, es liegt also hier wie bei dem Beispiel auf S. 2 eine Sublimation vor.

Verbindung des Schwefels mit Wasserstoff. Bei höherer Temperatur
(300 °) verbindet sich Wasserstoff mit Schwefel zu **Schwefelwasserstoff H_2S** nach der Gleichung:

$$H_2 + S = H_2S.$$

Die Affinität zwischen diesen beiden Elementen ist sehr gering. In
gleicher Richtung liegt die Tatsache, daß die Wärmeentwicklung bei der
Bildung von Schwefelwasserstoff aus seinen Elementen klein ist, nur
ein Achtel von der Bildungswärme der analogen Verbindung H_2O.
Die Komponenten hängen also im Schwefelwasserstoff nur mit geringer
Kraft aneinander und können leicht getrennt werden durch stärkere
Temperatursteigerung. Der Sauerstoff der Luft vermag dem in Wasser

gelösten H_2S den Wasserstoff nach und nach zu entziehen, wobei Schwefel in elementarem Zustand sich ausscheidet:

$$H_2S + O = H_2O + S.$$

Schwefelwasserstoff ist ein farbloses Gas von dem bekannten intensiven Geruch, der beim Faulen der Eier auftritt. Er wirkt stark giftig, wenn er in konzentrierter Form eingeatmet wird. Geringe Mengen sind weniger schädlich, können aber bei häufigem Einatmen — der analytisch arbeitende Chemiker ist leicht dieser Gefahr ausgesetzt — sehr nachteilig wirken, da das Gas mit dem eisenhaltigen roten Blutfarbstoff in Reaktion tritt.

Wasser vermag bei gewöhnlicher Temperatur das Dreifache seines Volumens an H_2S zu lösen. Die Lösung, Schwefelwasserstoffwasser genannt, reagiert schwach sauer, und stellt eine Säure dar, die noch schwächer ist als die Kohlensäure. Die zu Heilzwecken verwandten Schwefelwässer der Natur sind verdünnte Lösungen von H_2S, das sich in Vulkangasen findet oder durch faulende schwefelhaltige organische Stoffe in der Natur entstanden ist. Im Laboratorium wird der Schwefelwasserstoff meist im Kippschen Apparat aus Schwefeleisen und Salzsäure entwickelt:

$$FeS + 2\,HCl = H_2S + FeCl_2.$$

Auf S. 18 ist auseinandergesetzt worden, daß Salze dadurch entstehen, daß in Säuren der Wasserstoff durch Metalle ersetzt wird. Nun enthält die Säure Schwefelwasserstoff 2 Atome Wasserstoff, sie ist, wie man sagt, „zweibasisch". Sind beide Wasserstoffatome durch Metall ersetzt, z. B. in Na_2S oder FeS, so spricht man von normalen Sulfiden. An Stelle der Bezeichnung normale Salze findet man auch den Ausdruck „neutrale" Salze. Es ist aber auch möglich, nur ein Wasserstoffatom zu ersetzen, z. B. $NaHS$. Salze von dieser Zusammensetzung nennt man saure Salze, hier saure Sulfide oder Hydrosulfide.

Die Schwermetallsalze des Schwefelwasserstoffs besitzen eine ausgeprägte Färbung, an der man das fragliche Metall oft erkennen kann:

Gelb sind: Arsen-, Zinn-, Cadmiumsulfid.

Orangerot: Antimonsulfid.

Schwarz: Blei-, Quecksilber-, Silber-, Kupfer-, Eisen-, Kobalt- und Nickelsulfid.

Fleischrot: Mangansulfid.

Weiß: Zinksulfid.

Die verschiedene Löslichkeit der Sulfide spielt in der analytischen Chemie eine große Rolle und macht Schwefelwasserstoff für deren Zwecke nahezu unentbehrlich.

In bequemer Weise kann man den Schwefelwasserstoff nachweisen durch Filtrierpapier, das man mit essigsaurem Blei getränkt hat (sog.

Bleipapier). Dieses färbt sich zunächst braun, dann schwarz unter Bildung von Bleisulfid. Auch das Schwarzwerden von Silbergegenständen beruht auf der Anwesenheit von Schwefelwasserstoff, der selbst in geringer Menge diese Wirkung noch zeigen kann. Da alle Schwefelverbindungen beim Glühen mit Soda auf Kohle Schwefelnatrium (Na_2S) bilden, so erzeugt die Schmelze nach Betupfen mit Wasser auf einer Silbermünze eine Schwarzfärbung, welche die Anwesenheit von Schwefel anzeigt (Heparreaktion).

Kocht man lösliche Sulfide, z. B. eine wäßrige Lösung von Schwefelnatrium, mit Schwefel, so entstehen die gelben bis rotgelben „Polysulfide", wie Na_2S_2, Na_2S_3 usw. Der überschüssige Schwefel ist in diesen Verbindungen außerordentlich locker gebunden. In der Analyse ist ein Polysulfid des Ammoniums, das „gelbe Schwefelammonium" von Wichtigkeit. Säuert man derartige Lösungen an, so müßte zuerst folgende Umsetzung eintreten:

$$Na_2S_x + 2\,HCl = 2\,NaCl + H_2S_x.$$

Dieser H_2S_x, ein Polyschwefelwasserstoff, zerfällt jedoch sofort in $H_2S + S_{x-1}$. Der gefällte Schwefel, milchweiß bis gelblich gefärbt (Sulfur praecipitatum), findet als Schwefelmilch oder kolloidal gelöst (Sulfidal) medizinische Anwendung besonders bei Hautkrankheiten (Krätze).

Analytisches. Heparreaktion. H_2S, aus in Salzsäure löslichen Sulfiden eventuell erst durch diese in Freiheit gesetzt, läßt sich durch seinen Geruch und die bereits erwähnte Reaktion mit Bleipapier nachweisen.

Schwefeldioxyd SO_2. Schwefel verbrennt an der Luft mit bläulicher Flamme und bildet dabei ein Gas von typischem stechenden Geruch:

$$S + O_2 = SO_2$$

Diese Bildung von Schwefeldioxyd beim Verbrennen des Schwefels wird zum Nachweis des letzteren benutzt. Die Entzündungstemperatur liegt verhältnismäßig tief ($261\,^{\circ}$), daher die Anwendung des Schwefels in der Zündholzindustrie.

Eine weitere Möglichkeit der Herstellung von SO_2 bietet das Rösten der Sulfide. Unter Rösten versteht man kurzweg das Erhitzen von Mineralien bei Luftzutritt, das bei Sulfiden eine Zerlegung in Oxyde und SO_2 bewirkt, z. B.:

$$ZnS + 3\,O = ZnO + SO_2.$$

Auch durch Reduktion der Schwefelsäure kann SO_2 gewonnen werden.

Schwefeldioxyd läßt sich bei Abkühlung oder durch Anwendung von Druck leicht verflüssigen. Die farblose Flüssigkeit entzieht der Umgebung beim Verdampfen Wärme und wurde daher früher zur Kälteerzeugung angewandt.

In Wasser ist Schwefeldioxyd leicht löslich. Eine solche Lösung enthält aber nicht nur eine molekulare Verteilung von SO_2, sondern vor allem die Verbindung dieses Gases mit Wasser:

$$SO_2 + H_2O = H_2SO_3.$$

Die Lösung schmeckt sauer, rötet blaues Lackmuspapier, leitet den elektrischen Strom, löst Metalle unter Wasserstoffentwicklung, kurz: H_2SO_3 ist eine Säure, schweflige Säure genannt. Sie ist sehr unbeständig, denn schon beim Erwärmen spaltet sie Wasser ab und zerfällt wieder in ihr Anhydrid SO_2:

$$H_2SO_3 = H_2O + SO_2.$$

Durch Kochen kann man also das Schwefeldioxyd aus seiner wäßrigen Lösung wieder austreiben.

Die schweflige Säure H_2SO_3 ist wie Schwefelwasserstoff eine zweibasische Säure und vermag zwei Reihen von Salzen zu bilden: Neutrale Sulfite vom Typus Me_2SO_3[1]) (dem Klang nach leicht zu verwechseln mit Sulfiden Me_2S) und sauren Sulfiten, Bisulfiten vom Typus $MeHSO_3$.

Die Silbe bi = 2 erklärt sich folgendermaßen: Vergleicht man die beiden Typen Me_2SO_3 und $MeHSO_3$ auf ihren Gehalt an Me und SO_3, so findet man, daß auf einen Gewichtsteil Me im Falle von $MeHSO_3$ das doppelte (bi) Gewicht von SO_3 kommt als bei Me_2SO_3. Ein Beispiel: Bei Na_2SO_3 kommen auf 46 g Na 80 g SO_3, bei $NaHSO_3$ auf 23 g Na 80 g SO_3, also die doppelte Menge.

Von technischer Wichtigkeit ist das Calciumbisulfit $Ca(HSO_3)_2$, das man durch Einleiten von SO_2 in Kalkmilch erhält. Es wird in der Zellstoffindustrie verwandt zum Befreien der Zellulose von inkrustierenden Bestandteilen. Dabei entfaltet die schweflige Säure gleichzeitig eine kräftige Bleichwirkung. Im Chlor und Wasserstoffsuperoxyd waren bereits bleichende Stoffe besprochen worden. Sie wirkten durch Oxydation zerstörend auf Farbstoffe. Anders die Wirkung der schwefligen Säure; sie wirkt reduzierend, Sauerstoff entziehend, wobei sie selbst in eine höhere Verbindung übergeht, nämlich die Schwefelsäure, die weiter unten besprochen wird.

Diese Reduktionsbleiche ist erheblich milder als die Oxydationsbleiche des Chlors. Die bleichende Wirkung der schwefligen Säure beruht auch sehr oft da auf, daß sie mit Farbstoffen ungefärbte Verbindungen eingeht. Aus letzteren kann sie wieder herausgelöst werden, worauf die ursprüngliche Farbe wieder erscheint (z. B. fuchsinschweflige Säure).

Das gasförmige Schwefeldioxyd hat in früheren Jahren als Desinfektionsmittel eine große Rolle gespielt, so auch bei der Desinfektion von Wohnungen bei Pest und Cholera (Pettenkofer). Doch ist die Tiefenwirkung eine ungenügende, denn nur an der Oberfläche befindliches infektiöses Material wird genügend sterilisiert. Dagegen ist die wachstumshemmende Wirkung, z. B. gegenüber Hefebakterien, beträchtlich.

---

1) Me = Atom eines einwertigen Metalls.

Durch Verbrennen von Schwefel erzeugt, dient SO_2 noch heute zum sog. „Schwefeln" der Fässer und des Hopfens.

Analytisches. Die schweflige Säure und ihre Salze lassen sich vor allem daran erkennen, daß beim Ansäuern mit Salzsäure der Geruch des Schwefeldioxyds auftritt. Außerdem wird ihre Reduktionswirkung gegenüber geeigneten Reagenzien zum Nachweis benutzt. So wird Jodlösung durch schweflige Säure entfärbt, Permanganate und Chromate werden in niedrigere Oxydationsstufen anderer Farbe übergeführt.

Schwefelsäure. Im Schwefelwasserstoff H_2S ist der Schwefel zweiwertig, im Schwefeldioxyd SO_2 vierwertig. Es gibt nun eine weitere Sauerstoffverbindung des Schwefels, in der dieser sechswertig auftritt: Schwefeltrioxyd SO_3, das Anhydrid der Schwefelsäure. Während die Verbindung SO_2 leicht entsteht, wenn Schwefel an der Luft verbrennt, stößt die Darstellung von SO_3 auf erhebliche Schwierigkeiten. Sie sei nur in großen Zügen dargestellt:

1. Das Bleikammerverfahren. In große Räume, die mit Blei ausgekleidet sind, sog. Bleikammern, wird SO_2, Salpetersäure, Wasserdampf und Luft eingeblasen. Das aus der Salpetersäure entstehende Stickstoffdioxyd NO_2 gibt einen Teil seines Sauerstoffs an das Schwefeldioxyd ab und verwandelt sich dabei in das Stickoxyd NO, das jedoch sofort aus der Luft wieder den Sauerstoff aufnimmt unter Rückbildung von NO_2. Der Vorgang wird durch folgende Formeln dargetan:

$$NO_2 + SO_2 = SO_3 + NO$$
$$NO + O = NO_2.$$

Schwefeldioxyd vermag also nicht unmittelbar den Sauerstoff der Luft an sich zu reißen, sondern nur durch Vermittlung der Salpetersäure, bzw. des Stickoxyds. Mit den vorhandenen Wasserdämpfen verbindet sich SO_3 zu Schwefelsäure,

$$SO_3 + H_2O = H_2SO_4,$$

die sich am Boden ansammelt (Fig. 11). Mit Blei sind die Räume deshalb ausgeschlagen, weil dieses infolge oberflächlicher Umwandlung in unlösliches Bleisulfat verhältnismäßig wenig von den anwesenden Gasen angegriffen wird.

2. Das neuere Kontaktverfahren (Knietsch-Winkler). SO_2 und Luft werden bei bestimmter Temperatur (400 °) über platinierten Asbest oder andere Kontaktsubstanzen geleitet. Schon beim Wasserstoff wurde besprochen, daß Platin imstande ist, dessen Vereinigung mit Sauerstoff als

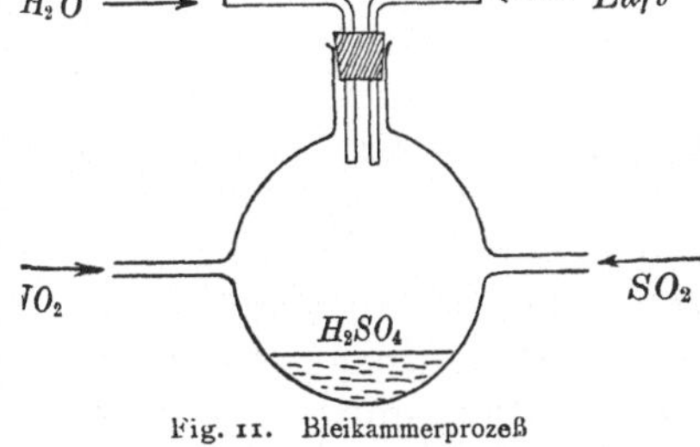

Fig. 11. Bleikammerprozeß (Laboratoriumsversuch).

Katalysator zu vermitteln; ähnlich auch hier: $SO_2 + O = SO_3$. Das gebildete SO_3 wird mit Wasser zu H_2SO_4 vereinigt.

3. Moderne Verfahren, deren Besprechung an dieser Stelle nicht angebracht erscheint, verwerten die Sulfate der Natur, z. B. Gips und Bariumsulfat zur Herstellung von Schwefelsäure.

SO_3 selbst hat keine größere Bedeutung. Um so wichtiger ist dagegen die Schwefelsäure. Sie spielt in der chemischen Technik eine überragende Rolle. Deutschland allein produzierte 1913 1,7 Millionen Tonnen im Werte von 56 Millionen Goldmark.

Nur das durch Verbrennung von S hergestellte SO_2 erzeugt reine Schwefelsäure. Werden Sulfide geröstet, so enthält die gewonnene Schwefelsäure mancherlei Verunreinigungen, vor allem Arsen, die nachträglich entfernt werden müssen.

Die reine Schwefelsäure ist eine ölige, farblose Flüssigkeit von dem hohen spezifischen Gewicht 1,84. Sie siedet bei 338° und vermag daher viele andere Säuren, welche einen niedrigeren Siedepunkt haben, auszutreiben, wie wir dies schon beim Chlorwasserstoff auf S. 17 gesehen haben. Englische Schwefelsäure ist eine nahezu 100prozentige H_2SO_4, „rauchende Schwefelsäure" oder „Nordhäuser Vitriolöl" enthält SO_3 gelöst, das an der Luft in weißen Nebeln entweicht. Sie wird meist nach dem Kontaktverfahren erzeugt. Die konzentrierte Schwefelsäure wirkt wasserentziehend und findet daher Anwendung als Trockenmittel in der Laboratoriumstechnik (in Waschflaschen, Exsikkatoren usw.). Natürlich kann man mit ihr nur neutrale oder saure Stoffe trocknen. Diese wasserentziehende Wirkung geht so weit, daß aus den organischen Stoffen, die Wasserstoff und Sauerstoff enthalten, Wasser abgespalten wird. So zerfällt Zucker oder Zellulose, in denen außer Kohlenstoff Wasserstoff und Sauerstoff im Verhältnis des Wassers chemisch gebunden sind, durch Einwirkung von konzentrierter Schwefelsäure glatt in Wasser und Kohle.

Verdünnt man Schwefelsäure mit Wasser, so werden große Mengen von Wärme entwickelt. Man merke sich: Schwefelsäure in dünnem Strahl in Wasser gießen und häufig durchrühren. Würde man umgekehrt Wasser in konzentrierte Schwefelsäure gießen, so könnte durch Dampfentwicklung Flüssigkeit herausgeschleudert werden, auch das Glasgefäß zerspringen und mancherlei Schaden angerichtet werden.

Die Schwefelsäure ist eine zweibasische Säure, ihre Struktur ist:

$$O\hspace{-0.2em}\diagdown\hspace{-0.3em}\underset{\displaystyle O}{\overset{\displaystyle }{S}}\hspace{-0.3em}\diagup\hspace{-0.2em}O-H$$
$$O = S\diagdown O-H.$$

Ihre Salze heißen Sulfate, und zwar diejenigen von der allgemeinen Formel $MeHSO_4$ primäre oder saure Sulfate oder Bisulfate, und diejenigen von der Formel Me_2SO_4 sekundäre oder neutrale Sulfate. Der Name des Metalls wird dem Wort Sulfat vorangestellt, z. B. $NaHSO_4$ Natriumbisulfat, $CaSO_4$ Calciumsulfat (Gips). Die Salze einiger zweiwertiger Metalle, wie Eisen, Zink, Kupfer, sind infolge ihres guten Kristallisationsvermögens seit alten Zeiten bekannt und tragen den Namen Vitriole, z. B. $FeSO_4 \cdot 7\,H_2O$, Eisenvitriol. Wie die Formel sagt, sind im Kristall 7 Moleküle Wasser als Kristallwasser gebunden. Körper mit gleicher Kristallform nennt man isomorph.

Analytisches. Das Bariumsalz der Schwefelsäure ist im Wasser so gut wie unlöslich: 1 g in etwa 400000 l Wasser. Die geringsten Spuren von Schwefelsäure deuten sich auf Zusatz eines löslichen Bariumsalzes (meistens wird Bariumchlorid $BaCl_2$ verwandt) als feinpulvriger Niederschlag an, wie auch umgekehrt Bariumsalze durch Fällung mit Schwefelsäure nachgewiesen werden. Die Fällung muß nach vorhergehendem Ansäuern mit Salzsäure oder Salpetersäure geschehen, da auch andere Bariumsalze, z. B. das Carbonat, weiß und in Wasser unlöslich sind. Sie lösen sich aber zum Unterschied von $BaSO_4$ in den genannten Säuren, können also nicht ausfallen, wenn diese vorher zugesetzt werden.

Der Schwefel vermag noch eine ganze Reihe anderer Säuren zu bilden, von denen jedoch nur die **Thioschwefelsäure** $H_2S_2O_3$ besprochen werden soll. Thio- oder Sulfo-Verbindungen sind solche, die durch Ersatz von Sauerstoff der ursprünglichen Verbindungen durch Schwefel entstanden gedacht werden können. Ersetzt man in der Schwefelsäure ein Atom O durch Schwefel, so ergibt sich die Thioschwefelsäure $H_2S_2O_3$. Diese Säure ist im freien Zustande nicht bekannt; sie zerfällt, z. B. aus Natriumthiosulfat durch Salzsäure in Freiheit gesetzt, alsbald in schweflige Säure und Schwefel:

$$H_2S_2O_3 = \underbrace{H_2SO_2 + S}_{SO_2 + H_2O}$$

Dagegen sind die Salze der Thioschwefelsäure haltbare Körper. Am wichtigsten ist das Natriumsalz **Natriumthiosulfat $Na_2S_2O_3$,** fälschlich auch häufig Natriumhyposulfit genannt. Es findet ausgedehnte Verwendung in der Photographie, da es die Fähigkeit hat, das unlösliche Chlorsilber oder Bromsilber, das nach dem Entwickeln noch in der Platte an den unbelichteten Stellen zurückbleibt, in Lösung zu bringen: „Fixiersalz". Auch in der Bleicherei wird es als „Antichlor" häufig gebraucht, da es das freie Chlor bindet. Den Geweben haftet nach der Chlorbleiche immer noch etwas Chlor an, das mit der Zeit die Faserstoffe zerstört. Durch die Behandlung mit Antichlor wird es in das unschädliche Kochsalz verwandelt.

Mit Jod reagiert das Natriumthiosulfat unter Bildung von **Natriumtetrathionat $Na_2S_4O_6$:**

$$2\,Na_2S_2O_3 + 2\,J = Na_2S_4O_6 + 2\,NaJ$$

Wie erwähnt, verraten sich die geringsten Spuren von Jod durch eine prächtige Blaufärbung mit Stärkekleister. Läßt man also zu einer Jodstärkelösung eine Thiosulfatlösung von bekannter Konzentration zuträufeln, so tritt ein Punkt ein, bei dem die Blaufärbung verschwindet, mithin alles Jod verbraucht ist. Aus der aufgewandten Menge Thiosulfat kann man die Menge des vorhandenen Jods berechnen, da auf 1 Atom verbrauchtes Jod 1 Molekül Thiosulfat kommt.

$Na_2S_2O_3$ kristallisiert mit $5H_2O$ Kristallwasser. Das Molekulargewicht beträgt $2 \cdot 23 + 2 \cdot 32 + 3 \cdot 16 + 5 \cdot 18 = 248$. Löse ich 248 g des Salzes in Wasser, so daß ich ein Gesamtvolumen von 1 l Lösung habe (also 248 auf 1 l Wasser, nicht $248 + 1$ l), so bezeichnet man die Lösung als „normal". Normallösungen sind Flüssigkeiten, die im Liter soviel wirksame Substanz enthalten, als 1 g Wasserstoff entspricht, d. h. diejenige Anzahl von Grammen, die 1 g Wasserstoff ersetzen, abgeben oder binden können und zwar direkt oder indirekt (Grammäquivalent). So enthält z. B. Salzsäure in 1 l Wasser 36,5 g HCl, Schwefelsäure $98 : 2 = 49$ g H_2SO_4.

Selen (Selenium).

Zeichen Se, Atomgewicht 79,2.

Dem Schwefel sehr ähnlich (und als dessen Begleiter in der Natur vorkommend) ist das Selen, das in verschiedenen Modifikationen dargestellt worden ist. Es verdient lediglich ein gewisses Interesse, weil es bei Belichtung seine Leitfähigkeit für Elektrizität ändert (Selenzelle). Die Verbindungen sind denen des Schwefels analog.

Tellur (Tellurium).

Zeichen Te, Atomgewicht 127,5.

Mit einigen Metallen (Gold, Blei, Wismut usw.) verbunden kommt Tellur (tellus Erde) in kleinen Mengen in der Natur vor. Das Element hat Metallcharakter, seine Verbindungen verdienen kein Interesse.

Stickstoff (Nitrogenium).

Zeichen N, französisch Az (Azote), Atomgewicht 14,01.

Trotzdem der Stickstoff in der Natur der Menge nach nur $0,02\%$ aller Elemente ausmacht, ist er ein sehr wichtiges Element. Die Hauptmenge finden wir in der Luft, die zu vier Fünftel ihres Volumens daraus besteht. Es gelingt leicht, ihn daraus durch Bindung des weit reaktionsfähigeren Sauerstoffs an Metalle, Phosphor, Kohle usw. zu erhalten, wie im Versuch S. 6 beschrieben. Auch durch fraktionierte Destillation der verflüssigten Luft kann man ihn ebenso wie den Sauerstoff gewinnen. Doch liefert keine dieser Methoden ein reines Gas, vielmehr enthält es noch 1% der sog. Edelgase, wie Raleigh 1894 durch genaue Messungen seines spezifischen Gewichtes im Vergleich mit dem aus chemischen Verbindungen gewonnenen Stickstoff feststellen konnte. Da die Edelgase aber keinerlei Reaktionen eingehen, so spielt ihre Beimengung bei der technischen Benutzung des Stickstoffs keine Rolle. Für wissenschaftliche Zwecke wird ein reines Gas durch Erhitzen von Ammoniumnitrit gewonnen:

$$NH_4NO_2 = N_2 + 2H_2O.$$

Eine technische Herstellung des Stickstoffs in größtem Maßstabe benutzt das sog. Generatorgas (s. S. 74), aus dem das Kohlenoxyd durch besondere Verfahren beseitigt wird.

Der Stickstoff ist ein farbloses, geruchloses und geschmackloses Gas. Er läßt sich bei — 195,7° verflüssigen und bei noch tieferer Temperatur in festem Zustand erhalten. In den Handel gelangt er in stark verdichtetem Zustand in Bomben, die eine neuzeitliche Verwendung bei der Pneumothoraxtherapie der Lungentuberkulose finden. Die Verbrennung wird durch Stickstoff nicht unterhalten, Lebewesen ersticken darin, daher sein Name.

Eine größere Bedeutung zu direkter Verwendung kommt dem Stickstoff nicht zu, wohl aber seinen Verbindungen. Die wichtigsten anorganischer Natur sind die Sauerstoffverbindungen und die daraus sich ableitenden Säuren (Salpetersäure HNO_3 und salpetrige Säure HNO_2) und die Wasserstoffverbindungen, vor allem das Ammoniak NH_3. Nicht weniger bedeutungsvoll sind aber die organischen Substanzen, die Stickstoff in gebundener Form enthalten. Die wichtigsten Nahrungsmittel für Tiere und Pflanzen sind stickstoffhaltig; ohne Stickstoff kein Eiweiß, kein Lebewesen. Der erwachsene Mensch braucht zu seiner Ernährung täglich 15 g Stickstoff. Die Pflanze nimmt ihn in Form anorganischer Verbindungen aus dem Boden auf und verarbeitet ihn zu komplizierten Eiweißstoffen. Der Tierkörper dagegen besitzt diese Fähigkeit nicht; er wirkt in entgegengesetztem Sinne, indem er die Eiweißkörper zu einfacheren Stickstoffverbindungen wieder abbaut. Diese werden vom tierischen Organismus ausgeschieden und geben beim Fäulnisprozeß Ammoniak, das im Boden durch die Tätigkeit von Bakterien zu Nitraten oxydiert wird. Bei diesem ewigen Kreislauf des Stickstoffs in der Natur sind jedoch Verluste unvermeidlich, da gebundener Stickstoff in elementarer Form frei wird. Die Natur schafft hierfür Ersatz, indem sie fortwährend freien Stickstoff der Luft in gebundene Form überführt. Einesteils ist es die Lebenstätigkeit niederer Organismen, die diese Umwandlung ermöglicht; am bekanntesten und wichtigsten sind die Bakterien, die an den Wurzeln der Schmetterlingsblütler ihren Sitz haben (Bacillus radizicola). Ihre Tätigkeit veranlaßte den Landwirt schon in alten Zeiten, zur Anreicherung der Stickstoffverbindungen im Boden zeitweilig eine Bestellung mit solchen Pflanzen, besonders Lupinen, vorzunehmen.

Außerdem entstehen aber bei elektrischen Entladungen aus dem Stickstoff und Sauerstoff der Luft nitrose Gase. Nicht nur der Blitz ist dazu befähigt. Durch die Reibung der Luft an der Erdoberfläche, durch Reibung verschiedener Luftschichten gegeneinander, haben wir stets beträchtliche Elektrizitätsmengen in der Atmosphäre, die bei ihrem Ausgleich durch stille Entladung den Stickstoff der Luft an Sauerstoff zu binden vermögen. Die entstandenen Stickstoffsauerstoffverbindungen, sog. nitrose Gase, gelangen durch den Regen in den Boden. Man hat ausgerechnet, daß auf den Quadratmeter Erdoberfläche jährlich mehrere Zehntel Gramm Stickstoff in gebundener Form niedergehen. Im ganzen übersteigt diese Menge bei weitem den Weltbedarf an gebundenem Stickstoff. Zu gewinnen sind diese Stickstoffmengen aber natürlich nicht, denn ihre Verdünnung macht eine Ausbeutung zu kostspielig.

Der durch die Natur auf diese beiden Arten bewirkte Ersatz genügte nun vollauf; doch der Mensch vergeudet die großen Mengen gebundenen Stickstoffs, die er in den Nahrungsmitteln zu sich nimmt, da seine Ausscheidungen nicht wie die der Haustiere dem Boden restlos wieder zugeführt werden. Versuche in dieser Richtung sind schon gemacht worden (Rieselfelder), die aber nicht zu einem befriedigenden Ergebnis gelangten. Man hat festgestellt, daß der Mensch jährlich 50 kg Stickstoff in gebundener Form ausscheidet. Insgesamt übersteigt diese Menge den ganzen Weltbedarf an Stickstoffverbindungen um das Zehnfache. Je stärker nun ein Land bevölkert ist, um so weniger erhält der Acker von diesem gebundenen Stickstoff zurück. Hier muß die Düngung eingreifen, auf deren besondere Bedeutung der Altmeister der Chemie, Justus von Liebig, zuerst hinwies und die hier ganz kurz erörtert werden soll. Die Rolle, die die stickstoffhaltigen Düngemittel im Gesamtverbrauch künstlicher Düngemittel in Deutschland überhaupt spielen, läßt folgende Tabelle klar erkennen:

	1900 t	1905 t	1909 t	Wert im Jahre 1909 Mill. Mk.
1. Knochenmehl	63 462	66 000	90 000	8,5
2. Guano	37 000	71 000	45 000	5,25
3. Superphosphat	755 000	994 000	1 212 000	85
4. Thomasmehl	879 000	1 128 000	1 218 000	55
5. Chilesalpeter	353 000	395 000	470 000	95,5
6. Schwefelsaures Ammoniak	118 000	205 000	299 000	72
7. Kalisalze	832 000	1 437 000	1 024 000	41,5
8. Verschiedenes	50 000	50 000	50 000	10
Summe	3 089 000	4 346 000	5 408 000	372,5

Es sind besonders Phosphorverbindungen (in der Tabelle 1—4) und Kaliumverbindungen (7), die neben Stickstoff die Pflanze benötigt. Man erkennt jedoch leicht, daß die Stickstoffdünger bei weitem die teuersten sind. Im ganzen betrug vor dem Kriege der Verbrauch Deutschlands an Handelsdünger annähernd 400 Millionen Mark. Den Erfolg dieser rationellen Düngung sieht man aus nachstehender Tabelle:

Es wurden geerntet auf 1 ha in Doppelzentnern:

	1893—1900	1900	1905	1909	1913
Roggen	14,0	14,4	15,6	18,6	19,2
Weizen	17,5	18,7	19,2	20,0	23,5
Hafer	17,5	17,2	15,7	21,0	21,9
Gerste	17,0	18,0	17,9	21,0	22,2
Kartoffeln	119,0	126	145,7	140,5	158,6

Die ständige Zunahme der Bevölkerung drängt zu immer intensiverer Bodenwirtschaft, und da wir danach trachten müssen, mit dem Ertrag unseres deutschen Bodens auszukommen, so muß die Beschaffung genügender Mengen von Stickstoffverbindungen zum Zweck der künstlichen Düngung eine ernst zu nehmende Aufgabe sein.

Im Jahre 1913 wurden der Landwirtschaft etwa vier Fünftel der Gesamterzeugung an gebundenem Stickstoff zugeführt. Nur ein Fünftel wurde von der chemischen Industrie verbraucht. Diese benötigt sie, besonders in Form von Salpetersäure, zur Herstellung von Anilinfarbstoffen, von Arzneimitteln, in der Schwefelsäureindustrie und schließlich in großen Mengen zur Schießpulver- und Sprengstoffabrikation. Die meisten Sprengstoffe sind Stickstoffverbindungen, so das rauchlose Pulver (Nitrozellulose), der Dynamit (Nitroglyzerin), die Pikrinsäure, die Nitrotoluole und das Knallquecksilber. Auch das Ammoniumnitrat spielt als Sprengstoffbestandteil eine hervorragende Rolle.

Das Verhältnis $^4/_5 : ^1/_5$ für den Bedarf an Stickstoffverbindungen in Landwirtschaft und chemischer Industrie hatte sich während des Krieges sehr geändert, und zwar besonders infolge der erhöhten Erzeugung von Sprengstoffen.

In welcher Form gibt uns nun die Natur Stickstoffverbindungen und welche davon sind uns jetzt zugänglich? Zwei Quellen sind es, aus denen wir früher unseren Bedarf an gebundenem Stickstoff deckten: der Chilesalpeter und die Steinkohle, die bis 2 % Stickstoff enthält. Der Salpeter, das Natriumsalz der Salpetersäure, kommt in großen Mengen ausschließlich in Chile vor. Er ist ein wertvolles Düngemittel, das eine in kurzer Frist eintretende Düngewirkung besitzt und schnelle Kräftigung der im Wachstum zurückgebliebenen Pflanzen ermöglicht. Für die chemische Industrie ist er ein bequemes Ausgangsmaterial zur Herstellung sämtlicher Stickstoffverbindungen. Infolgedessen ist er ein Welthandelsartikel im wahrsten Sinne des Wortes. Im Jahre 1913 führte Deutschland rund 800 000 t Chilesalpeter ein im Werte von über 160 Millionen Mark.

Nun sind die Salpeterlager in Chile nicht unerschöpflich, und die Sorge, daß eines Tages durch ihr Versagen Landwirtschaft und Industrie in eine kritische Lage geraten könnten, ließ die Bedeutung des Problems der Stickstoffversorgung auf anderen Wegen schon früher klar erkennen.

Ein weiterer großer Vorrat an gebundenem Stickstoff steht uns, wie erwähnt, in der Kohle zur Verfügung. Er geht bei ihrer Verbrennung verloren, bei ihrer Destillation können jedoch 13—20 % des Stickstoffs als Ammoniak gewonnen werden. So gewinnen wir letzteres als Nebenprodukt bei der Kokerei und der Gasfabrikation. Die Kohlenförderung der Welt beträgt mehr als eine Milliarde Tonnen jährlich; aus dieser Menge ließe sich bei vollständiger Verkokung der Weltbedarf an gebundenem Stickstoff vollkommen decken. Jedoch richtet sich der Umfang der Verkokung nach dem Bedarf an Koks und Leuchtgas. Daher erreicht die Erzeugung von Ammoniak nur ungefähr ein Zehntel der Menge, die erreicht werden könnte. Es wird in den Kokereien und Gasfabriken mit Schwefelsäure in Ammoniumsulfat umgewandelt, das ein brauchbares Düngemittel ist und den Salpeter ersetzen kann. Deshalb ist seine Gewinnung stetig gewachsen, ohne jedoch den Bedarf an gebundenem Stickstoff decken zu können.

Durch die Einfuhr von Chilesalpeter sind Landwirtschaft und Industrie vor dem Kriege vor einem Mangel an gebundenem Stickstoff bewahrt worden. Als aber bei Kriegsausbruch durch die Blockade der Chilesalpeter uns unerreichbar wurde, trat die Bedeutung des Problems mit greller Deutlichkeit zutage und nur den schon gesammelten Erfahrungen unserer deutschen Chemiker verdanken wir es, daß wir zur rechten Zeit die Mittel hatten, Stickstoffverbindungen herzustellen, deren Besitz uns im Interesse unserer Landwirtschaft, in weit höherem Maße aber zur Herstellung von Munition, zu einer Frage des Seins oder Nichtseins wurde. Die restlose Lösung des Problems der Beschaffung von Stickstoffverbindungen aus Rohstoffen des eigenen Landes ist der größte Erfolg der deutschen Kriegschemie.

Wenn wir uns nach einem Ausgangsmaterial zur technischen Gewinnung von Stickstoffverbindungen umsehen, so liegt der Gedanke sehr nahe, den elementaren Stickstoff der Luft zu verwerten. Dieser steht uns in unermeßlichen Mengen zur Verfügung. Über jedem Quadratkilometer der Erde ruht eine Stickstoffmenge von etwa 8 Millionen Tonnen, die den Stickstoffbedarf der ganzen Welt auf etwa 10 Jahre decken könnte. Die Schwierigkeit liegt nur darin, daß der Stickstoff ein außerordentlich träges Element ist, das sich unter normalen Verhältnissen nur äußerst schwer mit anderen Elementen verbindet. Trotzdem ist es der Chemie gelungen, ihn auf geeignete Weise in Verbindungen überzuführen.

Es sind besonders drei Verfahren, die sich in der technischen Ausnützung bewährt haben. Die Bindung des Stickstoffs an Calciumkarbid zu dem sog. Kalkstickstoff, die Vereinigung des Stickstoffs und Sauerstoffs der Luft zu Salpetersäure und die Synthese des Ammoniaks aus Stickstoff und Wasserstoff.

Die älteste dieser Industrien ist die des Kalkstickstoffs, die ihre Entstehung den Arbeiten von Adolf Frank und N. Caro verdankt. Sie fanden, daß Erdalkalikarbide oberhalb 1000° Stickstoff absorbieren und in salzartige Verbindungen des sog. Cyanamids übergehen. Der durch Einwirkung von Stickstoff auf Calciumkarbid gewonnenen unreinen Kalkverbindung hat man den Namen Kalkstickstoff gegeben. Der Reaktionsverlauf läßt sich durch folgende Gleichung ausdrücken:

$$CaC_2 + N_2 = CaCN_2 + C.$$

Der so hergestellte Kalkstickstoff ist ein schwarzes, luftbeständiges Pulver, dessen Stickstoffgehalt rund 20% beträgt. Er kann unmittelbar als Düngemittel verwendet werden; auf 1 ha Boden sind je nach dessen Beschaffenheit 150—300 kg nötig. Seine Wirkung beruht darauf, daß nach Mischung mit der Ackererde unter Einwirkung der Bodenfeuchtigkeit und der Kohlensäure ein Zerfall in kohlensauren Kalk und Harnstoff stattfindet, aus dem Ammoniak und zuletzt Salpetersäure gebildet wird.

Die Einwirkung von Wasser auf Kalkstickstoff geht bei gewöhnlicher Temperatur langsam vor sich, dagegen in der Hitze rasch im Sinne folgender Gleichung:

$$CaCN_2 + 3 H_2O = CaCO_3 + 2 NH_3.$$

Die Herstellung von Kalkstickstoff wird dort die größte Aussicht auf Erfolg haben, wo billige Wasserkräfte sind, die in elektrische Energie umgesetzt werden können.

Das zweite Verfahren macht es sich zur Aufgabe, den Stickstoff und den Sauerstoff der Luft in Reaktion zu bringen durch Zufuhr elektri-

scher Energie. Es ahmt also die Verhältnisse nach, die in der Atmo
sphäre durch elektrische Entladung zu nitrosen Gasen führen.

Die Reaktion geht vor sich im Sinne folgender Gleichung:

$$N_2 + O_2 \rightleftarrows 2\,NO$$

Wie aus der Schreibweise ersichtlich, kann sie von links nach rechts und
umgekehrt verlaufen. Wir haben damit ein Beispiel des bereits erwähnten „umkehrbaren Prozesses", der zu einem „Gleichgewicht" führt,
dessen Beeinflussung im Sinne eines eindeutigen Verlaufs häufig wün-
schenswert ist. Was lehrt die physikalisch-chemische Forschung darüber?

Gleichgewichtszustände werden dann nach einer Richtung stark verschoben, wenn ein
Reaktionsprodukt unlöslich ist und ausfällt. Wird $AgNO_3$ mit $NaCl$ versetzt, so kann das
ausfallende $AgCl$ mit dem gleichzeitig entstehenden $NaNO_3$ nicht reagieren, der Verlauf der
Umsetzung ist also eindeutig:

$$AgNO_3 + NaCl \longrightarrow AgCl + NaNO_3\,.$$

Das gleiche gilt für die Entstehung eines gasförmigen Produktes, das entweichen kann. Wird
Kreide, $CaCO_3$, stark erhitzt, so entsteht neben dem Oxyd das flüchtige Kohlendioxyd CO_2.
Kann dieses entweichen, so ist die Reaktion eindeutig im Sinne von:

$$CaCO_3 \longrightarrow CaO + CO_2\,.$$

Manchmal tritt jedoch ein Niederschlag mit der Lösung wieder in Reaktion, wie es z. B.
beim Kochen des unlöslichen Bariumsulfates mit Sodalösung (Na_2CO_3) der Fall ist:

$$BaSO_4 + Na_2CO_3 \rightleftarrows BaCO_3 + Na_2SO_4$$

Hier kann durch Entfernen des gebildeten Na_2SO_4 und Zusatz neuer Sodalösung das Gleichgewicht im Sinne der Reaktion von rechts nach links verschoben werden.

In sehr vielen Fällen wird der gleiche Erfolg durch Bindung einer der entstehenden Komponenten erreicht. Das hat besondere Bedeutung bei der sog. Veresterung, über die später
ausführlich zu sprechen ist, wobei das entstehende Wasser durch conc. H_2SO_4 oder HCl gebunden wird.

Ein sehr wichtiger Gleichgewichtszustand herrscht in dissoziierten Lösungen. Wie schon
früher auseinandergesetzt, ist der Grad der Spaltung eines Elektrolyten in Ionen von der
Menge des Wassers abhängig. Lösen wir Kochsalz in wenig Wasser, so enthält die Lösung
neben $Na^{\cdot}$ und Cl' Ionen reichlich molekular gelöstes $NaCl$. Das elektrolytische Massenwirkungsgesetz gibt hierfür eine Regel: In Lösungen der Elektrolyten ist das Verhältnis der dissozierten Anteile zu den nichtdissoziierten für jede Verdünnung und Temperatur konstant. Sind a und b die ionisierten Anteile, c die gelösten
Moleküle, so ist:

$$\frac{a \cdot b}{c} = K.$$

$a \cdot b$ nennt man das „Löslichkeitsprodukt". Wird einer der beiden Faktoren erhöht —
bei einer Kochsalzlösung z. B. durch Anreicherung der Cl'-Ionen infolge Zusatzes von HCl —,
so wird der Zähler $a \cdot b$ größer, es muß also zur Erhaltung der Konstanz auch der Nenner
c größer werden, d. h. die Menge des molekular gelösten Anteiles. Ist die Lösung daran gesättigt, so wird eine Fällung die Folge sein. So fällt auf Zusatz von conc. HCl zu einer gesättigten $NaCl$-Lösung Kochsalz aus durch „Überschreiten" des Löslichkeitsproduktes. Wird
umgekehrt letzteres nach Verdünnung nicht erreicht, so ist die Möglichkeit einer Auflösung
geschaffen. Die Anwendung dieser Gesetzmäßigkeit ist vor allem in der analytischen Chemie
sehr wichtig.

Der Einfluß der Temperatur auf Gleichgewichtszustände wurde gesetzmäßig festgelegt
von van't Hoff: Durch Erwärmen wird das Gleichgewicht in der Richtung derjenigen Umsetzung verschoben, welche Wärme braucht (endothermer Prozeß); Abkühlung befördert

diejenigen Reaktionen, bei denen Wärme frei wird (exotherme Reaktion); Gesetz vom „beweglichen Gleichgewicht".

Der Einfluß des Druckes ist für Reaktionen in Lösung von geringer Bedeutung, wichtig aber für Gasreaktionen in allen Fällen, wo eine Änderung der Anzahl der Moleküle nach der Reaktion eintritt. Entstehen z. B. aus vorher vorhandenen vier Molekülen nach der Reaktion zwei Moleküle, so wird eine Druckerhöhung die Ausbeute steigern. Im umgekehrten Fall gilt das Gegenteil.

Zurückkehrend zu dem für die Bindung des Luftstickstoffs wichtigen Gleichgewicht $N_2 + O_2 \rightleftarrows 2\,NO$, wollen wir diese Gesetze zur Anwendung bringen. Da wir zu beiden Seiten der Gleichung zwei Moleküle haben, so wird eine Druckänderung auf die Ausbeute ohne Einfluß sein. Anders aber bei der Temperatur, deren Berücksichtigung zu der Formulierung führt: $N_2 + O_2 \rightleftarrows 2\,NO \mp 43200$ cal.

In dem erstrebten Verlauf der Reaktion von links nach rechts sehen wir also einen endothermen Prozeß, deshalb wird die Anwendung hoher Temperaturen zu besseren Ausbeuten an NO führen, worüber Nernst genaue Messungen angestellt hat. Es handelt sich weiter darum, das bei hoher Temperatur erhaltene Gleichgewicht mit seiner günstigen Ausbeute an Stickoxyd bei gewöhnlicher Temperatur festzuhalten. Ließe man die Temperatur langsam auf den früheren Stand zurücksinken, so stellte sich für jede Temperatur das vorher vorhandene Gleichgewicht wieder ein. Um die hohe Konzentration zu erhalten, muß die Abkühlung also sehr rasch erfolgen. Man redet von einem „Abschrecken" der Gase. Ist einmal die Abkühlung erfolgt, so ist die Geschwindigkeit der Reaktion von rechts nach links praktisch gleich null.

Das Mittel zur Erzeugung einer hohen Temperatur (von ca. 3000^0) bietet der elektrische Flammenbogen. Das gebildete Stickoxyd (NO) geht bei der Abkühlung mit dem im Überschuß vorhandenen Sauerstoff in Stickstoffdioxyd (NO_2) über. Im Großbetrieb werden diese nitrosen Gase, nachdem sie zuvor zur Heizung von Dampfkesseln gedient und sich hierbei abgekühlt haben, durch Rieseltürme mit Wasser geschickt, wo sie sich in Salpetersäure umwandeln, die zur Auflösung von Kalkstein dient. Der so gebildete Kalksalpeter ist als Düngemittel dem Chilesalpeter ebenbürtig. Da er besonders in Norwegen hergestellt wird, hat er den Namen „Norgesalpeter" erhalten.

Die Anwendung der elektrischen Entladung geschieht entweder in Form eines im Magnetfeld brennenden Wechselstromlichtbogens, der sog. elektrischen Sonne (Birkeland und Eyde) oder als Lichtbogen großer Stromstärke und Länge, um den zur Vermeidung der schädlichen Zwischentemperaturen die Luft herumwirbelt (Schönherr) oder schließlich in der Art des Hörnerblitzableiters (Pauling). Eine eingehendere Besprechung der Verfahren an dieser Stelle würde zu weit führen; infolge des hohen Verbrauches an elektrischer Energie sind sie für Deutschland von geringer Wichtigkeit.

Das dritte Verfahren stellt Ammoniak aus seinen Elementen, Stickstoff und Wasserstoff, her. Versuche dieser Art sind schon recht alt, hatten aber bisher lediglich wissenschaftliches Interesse. An eine praktische Verwendung wagte niemand zu denken. Und doch mußte die Lösung dieses Problems eine lockende Aufgabe sein, denn Stickstoff und Wasserstoff stellt die chemische Industrie nach den bereits beschriebenen Methoden sehr billig dar. Es ist das große Verdienst von Haber, auf Grund streng wissenschaftlicher Untersuchungen diese Ammoniaksynthese aus den Elementen zu einer Herstellung im großen ausgebaut zu haben.

Bei der Vereinigung von Stickstoff und Wasserstoff zu Ammoniak tritt wieder ein Gleichgewichtszustand ein, dargestellt durch folgende Gleichung:

$$N_2 + 3\,H_2 \rightleftharpoons 2\,NH_3 \pm 2 \times 11950 \text{ cal.}$$

Da bei der Vereinigung von Stickstoff und Wasserstoff Wärme frei wird, also ein exothermer Prozeß vorliegt, so sinkt mit wachsender Temperatur die Ammoniakausbeute:

Temp. in C	Vol. NH_3
30^0	$98\,\%$
300^0	$9\,\%$
1000^0	$0,02\,\%$.

Bei 1000^0 ist, wie Haber zeigte, Ammoniak nahezu in seine Elemente zerfallen. Leider besteht bei niederer Temperatur eine äußerst geringe Affinität zwischen Stickstoff und Wasserstoff, oder besser gesagt: die Reaktionsgeschwindigkeit dieses Prozesses ist außerordentlich klein. Mit wachsender Temperatur wird sie beträchtlich größer, die Ausbeute an Ammoniak aber in gleichem Maße geringer. Was den Druck anlangt, so wird eine Druckerhöhung auf die Bildung von Ammoniak nur günstig wirken können, denn 2 Mol. NH_3 entsprechen 4 Mol. H_2 und N_2. Das gebildete Ammoniak nimmt also die Hälfte des Raumes ein als das Gemisch von Wasserstoff und Stickstoff. Über die Abhängigkeit von Druck und Temperatur hat Haber folgende Tabelle aufgestellt:

	$\%\,N\,H_3$	
t	1 at	100 at Druck
800^0	$0,011\,\%$	ca. $1,1\,\%$
700^0	$0,021\,\%$	,, $2,1\,\%$
600^0	$0,048\,\%$	,, $4,5\,\%$
500^0	$0,48\ \%$	,, $10,8\,\%$.

Diesen Verhältnissen Rechnung tragend, wendet die Technik Temperaturen von ca. 500^0 und Drucke von ca. 200 Atm. an. Wesentlich befördert wird die Vereinigung von Stickstoff und Wasserstoff durch Katalysatoren, z. B. kohlenstoffhaltiges Uran oder Eisenpulver, deren Wichtigkeit ein besonderes Studium notwendig machte. So wird ein ca. $8\,\%$ Ammoniak enthaltendes Gasgemisch erhalten, aus dem dieses durch Waschen mit Wasser in Zentrifugalwäschern abgeschieden wird, während nicht verbrauchter Stickstoff und Wasserstoff in die Apparatur zurückkehren.

Die technische Nutzbarmachung des Verfahrens von Haber ist den Badischen Anilin- und Sodafabriken gelungen. Die zu lösenden Aufgaben waren teils ganz neuartig, besonders in apparativer Hinsicht. Es galt Apparate zu bauen, die in bezug auf Druckfestigkeit und Betriebssicherheit den höchsten Anforderungen genügen mußten. Besondere Schwierigkeiten bereitete der Umstand, daß das Eisen, das zum Bau gegebene Material, bei hohen Temperaturen und Drucken von den Reaktionsgasen chemisch angegriffen wird und für Wasserstoff stark durchlässig ist. Es ist jedoch gelungen, aller Schwierigkeiten Herr zu werden und Apparate herzustellen, die der technischen Herstellung gerecht wurden. Die großzügig erbauten Leuna-Werke bei Merseburg und die Anlagen bei Oppau zeigen, welch großartiges Problem hier durch die enge Zusammenarbeit von Wissenschaft und Technik zur Lösung gelangte.

Das nachstehende Schema soll die technische Ammoniaksynthese zusammenfassend kurz erläutern. Als billige Quelle für den Wasserstoff dient das Wassergas (s. S. 75), für den Stickstoff das Generatorgas (s. S. 74). In geeigneten Mengenverhältnissen gemischt, werden sie zunächst mit Wasser gewaschen, dann, mit Wasserdampf gesättigt, bei 500° über Katalysatoren (FeO und Cr_2O_3) geleitet. Dabei wird CO nach der Gleichung

$$CO + H_2O = CO_2 + H_2$$

zu CO_2 oxydiert, das durch Waschen mit Wasser unter Druck gelöst wird. Nachdem Reste von CO aus dem Gasgemisch durch Absorption in ammoniakalischen Lösungen von Kupferformiat (ameisensaurem Kupfer) beseitigt sind, wird reiner Stickstoff — aus flüssiger Luft — bis zur Erreichung der stöchiometrischen Mengenverhältnisse $N_2 + 3H_2$ hinzugeleitet. Die Gase gelangen darauf in die Katalysieranlagen und vereinigen sich bei 200 at Druck und 500° zu ca. 8 % zu Ammoniak, das in Wasser absorbiert wird.

Technische Ammoniaksynthese (Haber-Bosch).

1 Teil Wassergas   2 Teile Generatorgas
$(CO + H_2)$ $(CO + N_2)$

mit H_2O gesättigt,
bei Gegenwart von
$FeO + Cr_2O_3$
auf 500°
erhitzt

CO_2, H_2, N_2

CO_2 durch Waschen | mit H_2O
Reste von CO mit ammoniak. | Kupferformiat beseitigt

$H_2 + N_2$

N_2 aus | flüssiger Luft

$3H_2 + N_2$

bei 500° und | 200 at katalysiert

$3H_2 + N_2 \;\rightarrow\; 2NH_3$ (8 %)

Aus der wäßrigen Lösung wird das Ammoniak durch Erwärmen wieder in Freiheit gesetzt und in verschiedener Weise weiter verarbeitet. Teils führt man es durch katalytische Oxydation unter Verwendung geeigneter Kontaktmassen in Salpetersäure über (s. S. 54), die zur Darstellung von Ammoniumnitrat dienen kann, teils wird es durch Umsetzung mit aufgeschlämmtem Gips und Einleiten von CO_2 in Ammoniumsulfat umgesetzt, das von dem sich bildenden unlöslichen Calciumkarbonat durch Filtration zu trennen ist:

$$2 NH_3 + H_2O + CO_2 + CaSO_4 = (NH_4)_2SO_4 + CaCO_3.$$

Eine weitere Verwendung findet Ammoniak bei dem Ammoniaksoda-Verfahren (s. S. 93), wobei Ammoniumchlorid entsteht. Mischungen von Ammoniumsulfat und Ammoniumnitrat mit Kaliumchlorid und Kaliumnitrat sind wertvolle Düngemittel.

Verwendung von Ammoniak.

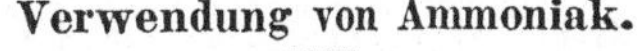

Verbindungen des Stickstoffs mit Sauerstoff.

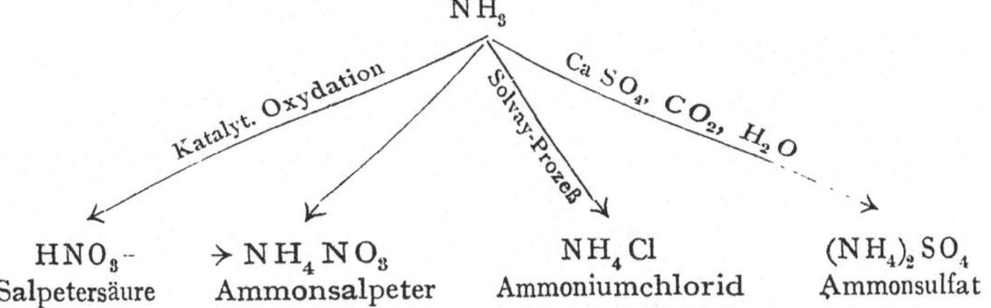

Es sind hier fünf Oxyde des Stickstoffs zusammengestellt. Die obere Formel gibt die zusammengezogene Schreibweise, die sog. summarische oder empirische Formel, darunter ist die „Strukturformel" gesetzt, aus der die Bindungsweise der Atome im Molekül durch die Verwendung von Strichen leicht kenntlich gemacht ist.

Das **Stickoxydul N_2O** erhält man durch Erhitzen von Ammonium-nitrat:

$$(NH_4)NO_3 = N_2O + 2 H_2O.$$

Es ist ein farbloses Gas, das durch seinen hohen Sauerstoffgehalt die Verbrennung unterhält und beim Einatmen eine anästhesierende und berauschende Wirkung hat (Lach- oder Lustgas).

Stickoxyd NO läßt sich aus den Elementen erhalten, wie bei der technischen Gewinnung aus der atmosphärischen Luft bereits besprochen wurde. Außerdem entsteht es leicht bei Einwirkung reduzierender Substanzen, z. B. Metallen, auf Salpetersäure. Die Reduktionsgleichung der Salpetersäure ist:

$$2 HNO_3 = H_2O + 2 NO + 3 O.$$

NO ist ein farbloses Gas, das aber sehr leicht Sauerstoff aufnimmt unter Bildung des braunen Stickstoffdioxyds NO_2. Daher tritt bei Berührung mit Luft sofort die Reaktion ein:

$$NO + O = NO_2.$$

In Ferrosulfat löst sich NO mit brauner Farbe unter Bildung einer leicht zersetzlichen Verbindung, was zum analytischen Nachweis benutzt wird.

Stickstoffdioxyd NO_2, meist in der erwähnten Weise aus NO erhalten, kann auch durch Erhitzen von Nitraten gewonnen werden:

$$Pb(NO_3)_2 = PbO + O + 2 NO_2.$$

Bei starkem Abkühlen verflüssigt sich das Gas zu einer hellgelben Flüssigkeit, die bei weiterer Abkühlung zu farblosen Kristallen erstarrt. Diese stellen das **Stickstofftetraoxyd N_2O_4** dar, das durch Aneinanderlagerung (Assoziation) von zwei Molekülen NO_2 entsteht. Beim Erwärmen verläuft die Reaktion wieder rückläufig, bis bei ca. 150^0 das braune Stickstoffdioxyd wieder entstanden ist:

$$2 NO_2 \rightleftarrows N_2O_4.$$

NO_2 ist ein kräftiges Oxydationsmittel, in dem Kohle, Schwefel und Phosphor lebhaft verbrennen. Mit Wasser zerfällt es in Salpetersäure und Stickoxyd:

$$3 NO_2 + H_2O = 2 HNO_3 + NO.$$

Letzteres nimmt an der Luft wieder Sauerstoff auf:

$$4 NO + 3 O_2 + 2 H_2O = 4 HNO_3,$$

so daß schließlich alles in Salpetersäure übergeführt wird. In dieser Weise entsteht durch Einwirkung auf Kalk der erwähnte Norgesalpeter.

Beim Einleiten von NO_2 in Laugen bildet sich ein Gemisch von Nitrat und Nitrit, das durch Kristallisation getrennt werden kann:

$$2 NO_2 + 2 KOH = KNO_3 + KNO_2 + H_2O.$$

Stickstofftrioxyd oder **Sesquioxyd N_2O_3** ergibt sich bei Vereinigung von NO und NO_2:

$$NO + NO_2 = N_2O_3.$$

Es wird durch Reduktion der Salpetersäure mit Arsentrioxyd hergestellt und bildet tiefrotbraune Dämpfe, die in der Kälte sich zu einer blauen Flüssigkeit verdichten. Durch Vereinigung mit Wasser entsteht die **salpetrige Säure:**

$$N_2O_3 + H_2O = 2\,HNO_2.$$

Sie ist in reinem Zustand nicht bekannt und auch in Lösung nur in der Kälte beständig. Zur Nomenklatur merke man sich, daß Säuren mit der Endung -ig durch ein Minus von 1 Atom Sauerstoff sich von der gebräuchlichen Säure ableiten. Die Salze führen die Endsilbe -it, zum Unterschied von den Salzen der Stammsäure, die die Endung -at tragen. Beispiele: Salpetersäure gibt Nitrate, salpetrige Säure Nitrite, Schwefelsäure Sulfate, schweflige Säure Sulfite usw.

Das gebräuchlichste Nitrit ist das **Natriumnitrit NaNO$_2$,** das in der organischen Chemie zur Herstellung der sog. Diazo-Verbindungen eine ausgedehnte Verwendung findet, hergestellt durch Erhitzen von Natrium nitrat mit Blei:

$$NaNO_3 + Pb = PbO + NaNO_2.$$

Salpetrige Säure kann unter Aufnahme von Sauerstoff in Salpetersäure übergehen. In diesem Fall wirkt sie also **reduzierend.** So werden Kaliumpermanganat oder höhere Metalloxyde leicht zu niedrigeren Oxydationsstufen reduziert, worauf quantitative Bestimmungen durch die sog. Titration sich gründen. Umgekehrt kann die salpetrige Säure auch oxydierend wirken, oft sogar infolge ihrer leichteren Zerfallbarkeit stärker als die Salpetersäure. Während Salpetersäure angesäuerte Jodkaliumlösung nicht verändert, macht salpetrige Säure daraus Jod frei, was zu ihrem analytischen Nachweis neben ersterer dienen kann:

$$HNO_2 + HJ = NO + J + H_2O.$$

Leicht wird außerdem an Stickstoff gebundener Wasserstoff oxydiert, wie es z. B. bei der bereits S. 42 erwähnten Herstellung von reinem Stickstoff aus Ammoniumnitrit der Fall ist.

Salpetrige Säure wird durch Schwefelsäure und auch Essigsäure aus ihren Salzen verdrängt. Sie zersetzt sich bei gewöhnlicher Temperatur sofort in das Anhydrid N$_2$O$_3$, das seinerseits unter Aufnahme von Sauerstoff als NO$_2$ in Form roter Dämpfe entweicht.

Stickstoffpentoxyd N$_2$O$_5$, farblose Kristalle, über 45° zersetzlich, hat keine Bedeutung Es ist das Anhydrid der Salpetersäure und kann daraus durch stark wasserentziehende Mittel hergestellt werden.

Die **Salpetersäure HNO$_3$** ist die wichtigste Säure des Stickstoffs. Da sie Silber löst, Gold aber nicht, so wurde sie früher wegen ihrer Verwendung bei der Trennung dieser Metalle Scheidewasser genannt. Die älteste Herstellung beruht auf der Zersetzung von Nitraten, vor allem des Chilesalpeters mit conc. Schwefelsäure:

$$NaNO_3 + H_2SO_4 = NaHSO_4 + HNO_3,$$

ın der Wärme

$$2\,NaNO_3 + H_2SO_4 = 2\,Na_2SO_4 + 2\,HNO_3.$$

Durch geeignete Kondensationsapparate wird die gasförmige Säure verflüssigt, und stellt so die rohe Säure des Handels mit ca. 60% HNO_3 (spez. Gew. 1,35) vor. Bei starkem Erhitzen zersetzt sich ein Teil der Salpetersäure:

$$2\,HNO_3 = 2\,NO_2 + H_2O + O.$$

Durch Auflösung des NO_2 in dem Destillat entsteht die an der Luft rauchende rote oder rauchende Salpetersäure.

Neuere Methoden der technischen Gewinnung der Salpetersäure sind die bereits besprochenen Methoden der Aktivierung des Luftstickstoffs. Aber auch die Verfahren von Frank und Caro und das Habersche Verfahren können Salpetersäure liefern, da Ammoniak durch Luftsauerstoff unter Zuhilfenahme geeigneter Katalysatoren sich leicht oxydieren läßt:

$$NH_3 + 2\,O_2 = HNO_3 + H_2O.$$

Die Salpetersäure ist in wäßriger Lösung weitgehend in Ionen gespalten und gehört infolgedessen zu den stärksten Säuren. Sie löst alle Metalle außer Gold und Platin, manche allerdings erst beim Erwärmen und unter katalytischer Beschleunigung durch kleine Mengen gelöster Stickoxyde. Die Nitrate sind in Wasser leicht löslich. Neben dem Chilesalpeter $NaNO_3$ kommen in der Natur das Kalisalz (Indischer Salpeter) und das Calciumsalz (Mauersalpeter) vor. Die Benutzung der Salpetersäure und ihrer Salze als kräftige Oxydationsmittel wird noch öfters erwähnt werden.

Das Gemisch von 1 Teil HNO_3 mit 3—5 Teilen HCl wird Königswasser genannt, da es auch Platin und Gold löst. Es verdankt diese Fähigkeit vor allem dem darin enthaltenen Chlor:

$$HNO_3 + 3\,HCl = 2\,H_2O + (NO)Cl + Cl_2.$$

Die bei gewöhnlicher Temperatur gasförmige Verbindung $(NO)Cl$ nennt man Nitrosylchlorid.

Die Übersalpetersäure HNO_4 hat keine Bedeutung. Interessant ist die sauerstofffreie Stickstoffwassersäure N_3H, die äußerst explosive Metallsalze liefert.

Analytisches: Salpetersäure und Nitrate mit Ferrosulfatlösung versetzt, erzeugen bei vorsichtigem Unterschichten mit conc. Schwefelsäure an der Berührungsstelle einen braunen Ring. Salpetrige Säure oder Nitrite zeigen die gleiche Reaktion schon bei Zusatz von Essigsäure.

Verbindung des Stickstoffs mit Halogenen. Chlorstickstoff NCl_3 wird durch Einwirkung von Chlor auf Ammoniumchlorid hergestellt. Er stellt ein gelbes Öl dar, das schon bei Erschütterung oder Berührung mit organischen Stoffen heftig explodiert.

Jodstickstoff NJ_3, in ähnlicher Weise hergestellt, ist fest und in trocknem Zustand gleichfalls explosiv.

Verbindungen des Stickstoffs mit Wasserstoff. Außer der bereits kurz erwähnten Stickstoffwasserstoffsäure sind von Wichtigkeit das Hydrazin NH_2-NH_2, das Hydroxylamin NH_2OH und vor allem das Ammoniak NH_3.

Hydrazin N_2H_4 wird technisch nach Raschig durch Einwirkung von Ammoniak auf frisch-bereitete Natriumhypochloritlösung unter Hinzufügung von Leim erhalten. Der Prozeß spielt sich in zwei Phasen ab:

$$H_2NH + HOCl = H_2N \cdot Cl + H_2O$$
Chloramin

$$H_2N \cdot Cl + HNH_2 = N_2H_4 \cdot HCl.$$

Die Verbindung N_2H_4 ist als **Verknüpfung** zweier Reste des Ammoniaks (NH_2-Amidogruppe) aufzufassen. Sie hat basischen Charakter, bildet daher Salze, wie das eben formulierte salzsaure Salz und besitzt starke Reduktionswirkungen. Organischen Abkömmlingen kommt große Bedeutung zu (Phenylhydrazone, Osazone, Semicarbazone usw.).

Hydroxylamin wird durch **Reduktion** der Salpetersäure hergestellt:

$$HNO_3 + 3H_2 = NH_2OH + 2H_2O.$$

Es besitzt in Wasser gelöst alkalische Reaktion und bildet durch Addition von Säuren Salze: $NH_2OH \cdot HCl$ usw. Wie Hydrazin ist es ein starkes Reduktionsmittel und liefert wichtige organische Derivate (Oxime).

Ammoniak NH_3. Die Bezeichnung geht zurück auf seine Herstellung aus dem lange bekannten Salmiak NH_4Cl, der aus Armenien stammen soll und Sal armeniacum genannt wurde. In der Natur durch Verwesung tierischer und pflanzlicher Stoffe entstehend, finden wir es infolge seiner und seiner Verbindungen leichten Löslichkeit nicht in Mengen vor, die eine Ausbeutung gestatteten. Früher diente faulender Harn zu seiner Darstellung, auch wurde Salmiak als ein Produkt der Verbrennung von Kamelmist in den Steppen Innerasiens in den Rauchfängen gewonnen.

Die Hauptmethoden seiner jetzigen technischen Bereitung wurden bereits eingangs erörtert. Die Verkokung der Steinkohle liefert Ammoniak als Nebenprodukt, das entweder in Wasser absorbiert (Gaswasser) oder als schwefelsaures Salz $(NH_4)_2SO_4$ gebunden wird. Die anderen Methoden der Synthese aus den Elementen und die Herstellung aus Kalkstickstoff übertreffen bereits die Mengen des aus Kohle gewonnenen gebundenen Stickstoffs.

Das Ammoniak ist ein farbloses Gas von intensivem Geruch, das sich leicht verflüssigen läßt (Sp. $-33{,}5^0$ bei 760 mm) und in dieser Form in Stahlflaschen im Handel zu haben ist. Bei Verdampfung des flüssigen Ammoniaks werden der Umgebung beträchtliche Mengen Wärme entzogen und Temperaturen bis -40^0 erreicht, was zu seiner Benutzung in Kältemaschinen führt (Carrésche Eismaschine). Flüssige Luft eignet sich allerdings zu diesem Zweck weitaus besser.

Wasser löst begierig gasförmiges Ammoniak auf, und zwar bei 0^0 das 100fache seines Volumens. Die käufliche konzentrierte Lösung, der „Salmiakgeist", hat ungefähr 25% Ammoniakgehalt. Mit Hilfe des Aräometers läßt sich durch Bestimmung des spezifischen Gewichts leicht der Prozentgehalt ermitteln. Beim Erhitzen entweicht das Gas aus der

Lösung, weshalb es auf diesem Wege für Laboratoriumszwecke bequem zu gewinnen ist. Aus seinen Salzen wird es durch nicht flüchtige stärkere Basen, technisch durch gelöschten Kalk, beim Erhitzen ausgetrieben, womit gleichfalls eine Methode seiner Herstellung gegeben ist:

$$(NH_4)_2 SO_4 + Ca(OH)_2 = 2 NH_3 + 2 H_2O + CaSO_4.$$

Auf diesem Wege kann man es infolge seines intensiven Geruchs auch qualitativ erkennen. Feinere Methoden beruhen auf der starken Blaufärbung, die Kupfersalze mit wäßrigem Ammoniak ergeben, oder auf der rötlichbraunen Trübung, die es mit Neßlerschem Reagenz (s. bei Quecksilberverbindungen) erzeugt. Die letztgenannte scharfe Methode zum Nachweis von Spuren von Ammoniak ist besonders zur Prüfung des Trinkwassers von Wichtigkeit, dem es durch Berührung mit verwesenden organischen Stoffen beigemengt sein kann, womit die Möglichkeit der Anwesenheit pathogener Bakterien gegeben ist.

Die wäßrige Lösung des Ammoniaks schmeckt laugenartig, färbt rotes Lackmuspapier blau und gelbes Kurkumapapier braun, kurz zeigt alle Reaktionen, die man auf Grund der Eigenschaften der ausgelaugten Pflanzenaschen — die die Karbonate der Alkalien enthalten — seit alters her in Anlehnung an das für diese gebrauchte arabische Wort al Kaljium als „alkalisch" bezeichnete. Im Mittelalter unterschied man bereits „mildes" oder „nicht ätzendes" Alkali von dem „ätzenden" oder „kaustischen" Alkali, wobei man unter ersterem die Soda oder Pottasche verstand und unter letzterem das durch Behandlung mit gelöschtem Kalk daraus gewonnene Ätznatron bzw. Ätzkali. Letztere wurden als nicht flüchtige oder „fixe" Alkalien von dem „flüchtigen Alkali" Ammoniak unterschieden. Die genauere Kenntnis der chemischen Zusammensetzung der alkalisch reagierenden Stoffe führte zu der Feststellung, daß diese Eigenschaft sich gründet auf die Gegenwart der Gruppe OH —, die, in freiem Zustand nicht beständig, ein sog. Radikal ist und den Namen Hydroxyl erhielt. Bei dem bereits bekannten Versuch der Entwicklung des Wasserstoffs durch Einwirkung von Natrium auf Wasser wurde die Natronlauge NaOH erwähnt. Man nannte alle Stoffe, die die Hydroxylgruppe enthalten, Basen; die alkalische Reaktion geben sie aber nur in gelöstem Zustand. Legen wir auch hier die Ionentheorie zugrunde, so zeigt das Experiment, daß alle derartigen Verbindungen eine negativ geladene OH-Gruppe, ein Hydroxylanion, besitzen. Damit kommen wir zu der genaueren Definition: Basen sind Substanzen, die beim Lösen in Wasser OH-Anionen in Lösung schicken. Die „Stärke" der Base hängt von der Anzahl derselben ab und kann durch die elektrische Leitfähigkeit bestimmt werden.

Der Begriff der „Base" ist seinem Ursprung nach ein allgemeinerer. Da der Bestandteil vieler Salze, der beim Erhitzen zurückbleibt, während die Säure entweicht, gewissermaßen die Grundlage des Salzes bildet, so nannte man ihn „Basis" oder „Base". Trotzdem viele derselben keine alkalische Reaktion zeigen, hat man doch letztere basisch genannt. Für den Anfänger ist der Ausdruck basische Reaktion — gegründet auf die Anwesenheit der OH-Gruppe — als gewisser Gegensatz zur „sauren" einleuchtender, doch ist zu bemerken, daß in erweitertem Sinne alle Substanzen, die die „Basis" eines Salzes bilden können, also bei Elektrolyten den positiv geladenen Bestandteil vorstellen, als basischer Natur zu charakterisieren sind. Das gilt z. B. für Metalloxyde, Eisenoxyd usw., die mit vielen Säuren Salze bilden und bei den entstehenden Elektrolyten den Träger der positiven Ionen stellen.

Der Unterschied zwischen sauerstoffhaltigen Säuren und Basen geht letzten Endes zurück auf den Grad der Affinität (elektrischen Anziehung) zwischen Sauerstoff und Grundelement einerseits und Sauerstoff und Wasserstoff andererseits. Bei der Schwefelsäure z. B. ist der Sauerstoff an den Schwefel fester gebunden als an den Wasserstoff, die Dissoziation in wäßriger Lösung tritt also wie folgt ein:

$$\begin{matrix} H{-}O \\ H{-}O \end{matrix} \!\!> S\,O_2 \longrightarrow \begin{matrix} H \vdots O \\ H \vdots O \end{matrix} \!\!> S\,O_2 \longrightarrow 2\,H\cdot + S\,O_4''.$$

Bei der Natronlauge dagegen ist die Bindung zwischen Natrium und Sauerstoff lockerer als zwischen Sauerstoff und Wasserstoff, weshalb die Spaltung beim Lösen in Wasser zwischen Natrium und Sauerstoff erfolgt:

$$Na{-}O{-}H \longrightarrow Na \vdots O{-}H \longrightarrow Na\cdot + O\,H'.$$

Betrachten wir als Ursache der alkalischen Reaktion das Hydroxylion OH', so ergibt sich der Schluß, daß im wäßrigen Ammoniak eine Reaktion in folgendem Sinne sich abgespielt haben muß:

$$NH_3 + H_2O = NH_4OH = NH_4\cdot + OH'.$$

Das Wasser stellt also die Hydroxylgruppe, während das restliche Wasserstoffatom die Bildung des Anions NH_4 ermöglicht. Strukturtheoretisch kann der Vorgang als eine Überführung des dreiwertigen Stickstoffs im Ammoniak zu dem fünfwertigen Stickstoff im **Ammoniumhydroxyd NH_4OH** aufgefaßt werden. Aber schon der Geruch der gebräuchlichen konzentrierten Ammoniaklösung deutet darauf hin, daß in ihr neben Ammoniumhydroxyd und seinen Ionen noch unverändertes NH_3 gelöst ist. Und in der Tat ist, wie die elektrische Leitfähigkeit zeigt, nur ein kleiner Teil in ionisiertem Zustand vorhanden, ein viel kleinerer als in einer Lösung von Natronlauge gleicher Konzentration. Letztere ist also eine starke Base, Ammoniak eine wesentlich schwächere. Je konzentrierter die Lösung, desto weniger OH'-Ionen sind im Verhältnis zu den undissoziierten NH_4OH-Molekülen vorhanden, je verdünnter, desto weiter geht die elektrolytische Dissoziation. Die beliebige Umwandlung in der einen oder anderen Richtung charakterisiert folgende umkehrbare Gleichung:

$$NH_4\cdot + OH' \rightleftarrows NH_4OH.$$

Gasförmiges Ammoniak gibt mit Chlorwasserstoffgas (jedoch nur bei

Anwesenheit von etwas Feuchtigkeit, die katalytische Wirkung hat) Nebel von Ammoniumchlorid NH_4Cl, Salmiak:

$$\overset{\text{III}}{NH_3} + \overset{\text{V}}{HCl} = NH_4Cl.$$

Bei der gleichen Umsetzung in wäßriger Lösung ist das Ammonium-hydroxyd beteiligt, die Formulierung wäre also:

$$NH_4OH + HCl = NH_4Cl + H_2O.$$

Bei Anwendung der dieser Gleichung entsprechenden Mengen verschwindet sowohl die basische Reaktion des Ammoniumhydroxyds als auch die saure der Salzsäure. Es ist „Neutralisation" eingetreten, die mit der Bildung von Salzen einhergeht. Durch Anwendung von sog. Indikatoren (Lackmus, Phenolphtalein, Methylorange usw.), die die kleinsten Mengen von Base oder Säure anzeigen, kann die Neutralisation bei Benutzung von jeweils bekannten Konzentrationen einer der Komponenten zu einer quantitativen Bestimmung führen. Diese Sättigungsmethoden (Alkalimetrie und Acidimetrie) sind wichtige Teile der Maß- oder Titrieranalyse.

Betrachten wir die Salzbildung an einigen anderen Beispielen unter Zugrundelegung der Ionenreaktionen:

$$Na^{\cdot} + OH' + H^{\cdot} + Cl' = Na^{\cdot} + Cl' + H_2O$$
$$K^{\cdot} + OH' + .H^{\cdot} + NO_3' = K^{\cdot} + NO_3' + H_2O.$$

Bei genügender Verdünnung sind auch die entstehenden Salze als Elektrolyte in Ionen gespalten. Bei der Konzentrierung, z. B. beim Eindampfen, schließen sie sich zu Molekülen zusammen, die sich endlich als Kristalle aus der Lösung ausscheiden können. Was ist aber aus der positiven Ladung der Wasserstoffionen und der negativen der Hydroxylanionen geworden?

Die genauere Beobachtung gibt darüber Aufschluß. Jede Neutralisation ist von Wärmeentwicklung begleitet, und zwar beträgt diese bei Anwendung äquivalenter Mengen stets 13 600 cal, ganz einerlei, welche Säuren oder welche Basen benutzt werden, vorausgesetzt nur, daß diese in ionisiertem Zustand auf einander wirken. Die exakte Formulierung wäre also z. B.:

$$Na^{\cdot} + OH' + H^{\cdot} + Cl' = Na^{\cdot} + Cl' + H_2O + 13\,600 \text{ cal.}$$
$$K^{\cdot} + OH' + H^{\cdot} + NO_3' = Na^{\cdot} + NO_3' + H_2O + 13\,600 \text{ „}$$

Diese „Neutralisationswärme" ist eine Folge des Ausgleichs der entgegengesetzten Ladungen der $H^{\cdot}$- und OH'-Ionen; sie stellt also eine teilweise Umwandlung von elektrischer in thermische Energie vor und ist ganz unabhängig von dem elektropositiven Bestandteil der Base bzw. elektronegativen der Säure, dem Säurerest. Auch hier trägt die Ionentheorie wesentlich zur Klärung der Tatsachen bei.

Salze des Ammoniaks. Die Salze des Ammoniaks enthalten sämtlich das Ammonium — das Radikal NH_4 —. Dieses spielt also die sonst den Metallen zukommende Rolle und steht in seinen Reaktionen besonders dem Kalium und Natrium sehr nahe. Darauf weist auch die Existenz einer Legierung mit Quecksilber, eines Ammoniumamalgams, hin. In der Hitze geben die Ammoniumsalze Ammoniak ab. Ist die vorhandene Säure gleichfalls leicht flüchtig, so tritt an kälteren Teilen eine Wiedervereinigung ein, die Substanz sublimiert.

Ammoniumchlorid NH_4Cl, Salmiak, dessen Vorkommen als Sal armeniacum schon erwähnt wurde, kristallisiert isomorph dem Kaliumchlorid und wird technisch in den Leuchtgasfabriken und Kokereien gewonnen. Die Reinigung durch Sublimation gelingt leicht. Der Geschmack ist scharf und beißend, die Wirkung auf den Organismus nicht ungiftig. Per os genommen, scheidet sich NH_4Cl im Harn und Schweiß aus und stellt als schweißtreibendes Mittel ein altes Präparat der Heilkunde dar. Eine geringere Bedeutung hat seine Verwendung beim Löten, wobei der in der Wärme abgespaltene Chlorwasserstoff die Metalloberfläche oxydfrei macht.

Ammoniumkarbonat $(NH_4)_2CO_3$ wurde früher durch trockenes Erhitzen von stickstoffhaltigen organischen Abfällen (Horn, Leder usw.) hergestellt und heißt noch heute Hirschhornsalz. Die Technik stellt durch Sublimation von $(NH_4)Cl$ oder $(NH_4)_2SO_4$ mit Kreide ein Gemisch von Ammoniumkarbonat und Bikarbonat dar, das als Backpulver viel Verwendung findet. In der Wärme tritt glatter Zerfall in flüchtige Bestandteile (NH_3, CO_2, H_2O) ein, die das Gebäck auflockern.

Ammoniumsulfat $(NH_4)_2SO_4$ wurde bereits mehrfach, z. B. im Anschluß an das synthetische Ammoniak, erwähnt. Es ist ein Nebenprodukt der Verkokung der Steinkohle und wichtiges Düngemittel.

Ammoniumnitrat $(NH_4)NO_3$, Ammonsalpeter, wird in großen Mengen bei der Herstellung von Sprengstoffen benötigt, da es oberhalb seines Schmelzpunktes in Gase — Stickstoff, Wasser, Sauerstoff und Stickoxyde — zerfällt.

Ammoniumnitrit $(NH_4)NO_2$ wurde bereits bei der Herstellung von reinem Stickstoff erwähnt.

Ammoniumsulfid $(NH_4)_2S$, Schwefelammonium, ist für die Analyse von Wichtigkeit als Gruppenreagens.

Analytisches. Ammoniumverbindungen geben beim Kochen mit Natronlauge den charakteristischen Geruch des Ammoniaks, das angefeuchtetes rotes Lackmuspapier bläut. Zum Nachweis von Spuren wird das Neßlersche Reagens benutzt.

Die atmosphärische Luft.

Die atmosphärische Luft ist ein Gemisch verschiedener Bestandteile, deren Menge teils konstant, teils wechselnd ist. Die Angaben der konstanten Bestandteile beziehen sich auf trockene, staub- und kohlensäurefreie Luft. Eine solche Luft enthält dem Volumen nach rund 78 % Stickstoff, 21 % Sauerstoff, 0,9 % **Argon** und 0,1 % anderer mit dem Argon unter dem Namen **Edelgase** zusammengefaßter Gase, nämlich Helium, Neon, Krypton, Metargon und Xenon. Nach Gewichtsverhältnissen errechnen sich 76 % Stickstoff, 23 % Sauerstoff und 1 % Edelgase.

Der Sauerstoff ist durch mancherlei Reaktionen aus der Luft zu entfernen, z. B. durch Überleiten der letzteren über erhitztes Kupfer, von dem er zu Kupferoxyd CuO gebunden wird. Wird nun die sauerstoffreie Luft durch glühende Röhren hindurchgesaugt, in denen sich metallisches Magnesium befindet, so läßt sich auch der Stickstoff in Form von Magnesiumnitrid Mg_3N_2 binden. Der Rest von 1 % ist zu keinerlei chemischen Reaktionen zu bringen, daher der Ausdruck „Edelgase". Der Nachweis, daß es sich hier nicht um einen einheitlichen Körper, sondern um ein Gemenge handelt, ergibt sich sowohl durch die Spektralanalyse, als auch durch den inkonstanten Siedepunkt der verflüssigten Restgase. Die fraktionierte Destillation der letzteren bietet das einzige Mittel, sie voneinander zu trennen.

Die Reaktionsträgheit der Edelgase zeigt sich am besten darin, daß die Atome sich nicht zu Molekülen zu verbinden vermögen. Atomgewicht ist also hier gleich Molekulargewicht. **Helium He,** das zuerst durch sein charakteristisches Spektrum in den Sonnenprotuberanzen entdeckt wurde und daher seinen Namen von der Sonne (gr. helios) ableitet, hat das Atom- und Molekulargewicht 4. Da Wasserstoff H_2 das Molekulargewicht 2 hat und nach der Avogadroschen Regel in gleichen Raumteilen der Gase die gleiche Anzahl Moleküle vorhanden ist, so ist Helium nur doppelt so schwer als gasförmiger Wasserstoff und das zweitleichteste Gas. Es ist in dem Mineral Cleveit enthalten.

Die Hauptmenge der wechselnden Bestandteile der Luft stellt der Wasserdampf, je nach Temperatur und anderen Umständen schwankend zwischen 0,5 und 1 %.

Das Kohlendioxyd CO_2 macht 0,03—0,04 % der Luft aus. Seine Menge steigt in Städten und besonders in bewohnten Räumen an. Tiere und Menschen, sowie die Verbrennung der Kohle und andere Oxydations- (Verwesungs-) Vorgänge erzeugen große Mengen von Kohlendioxyd, Pflanzen dagegen assimilieren es unter Freigabe von Sauerstoff: Eine Veränderung der Luft in bezug auf ihren Gehalt an Sauerstoff und Kohlensäure hat sich, seitdem man seit rund 100 Jahren die Analyse der Luft auszuführen weiß nicht nachweisen lassen. Ir den weitverbreiteten kalkhaltigen Gebirgen sind riesige Massen von Kohlendioxyd in Form von Karbonaten festgelegt. Da diese Gebirge erst in späteren Epochen unserer Erde entstanden sind, so darf man annehmen, daß die jetzt gebundene Kohlensäure damals frei in der Atmosphäre vorhanden war, was ganz andere klimatische und damit vegetative Verhältnisse nach sich gezogen haben muß.

Durch die im Gewitter auftretenden elektrischen Entladungen entstehen aus Sauerstoff, Stickstoff und Wasserdampf Spuren von Ozon O_3, Ammoniumkarbonat $(NH_4)_2CO_3$, Ammoniumnitrit NH_4NO_2. Letztere werden durch den Regen in die Erde gebracht und haben für deren Nitrierung Bedeutung.

In den unteren Schichten der Atmosphäre befindet sich stets Staub, der teils anorganischer Natur ist, teils organischer (Pollenkörner, Kleinlebewesen). Zufällige Bestandteile der Luft, die örtlichen Verhältnissen ihre Entstehung verdanken, sind schweflige Säure SO_2, Salzsäure HCl u. a.

Linde hat ein technisches Verfahren angegeben, nach dem sich die Luft in großen Mengen verflüssigen läßt. Aufbewahrt wird die flüssige Luft in doppelwandigen ,,Dewarschen'' Gefäßen — nach ihrem Erfinder Dewar so genannt —, deren Hohlraum durch Auspumpen luftleer gemacht ist. Auf diese Weise wird die Wärmeleitung auf die Flaschenöffnung beschränkt. Um auch die Wärmestrahlung zu unterbinden, werden die Gefäße versilbert.

Die flüssige Luft hat einen durchschnittlichen Siedepunkt von — 190⁰. Sie sieht in dickeren Schichten bläulich aus. Manche Körper, die durch Eintauchen in flüssige Luft auf tiefe Temperatur abgekühlt sind, zeigen ein überraschendes Verhalten: Bleiglocken erklingen, Kautschuk wird spröde und läßt sich mit dem Hammer zerschlagen u. a. m.

Viele chemische Reaktionen bleiben bei dieser Kälte aus; so wird metallisches Natrium von Salzsäure nicht angegriffen, Salzsäure wirkt auf Karbonate nicht ein usw. (Kältetod). Ein glimmender Holzspan dagegen brennt in flüssiger Luft wie in Sauerstoff. Da der Stickstoff bereits bei — 194⁰, der Sauerstoff erst bei — 183⁰ siedet, so destilliert erstere zunächst ab; die Lösung reichert sich mit Sauerstoff an. Holzkohle und flüssiger Sauerstoff ist ein explosives Gemenge, das als Sprengstoff unter dem Namen Oxyliquit in den Bergwerken Verwendung findet, da es billiger als andere Sprengstoffe ist und noch weitere technische Vorteile bietet.

Phosphor (Phosphorus).

Zeichen P, Atomgewicht 31,04.

Weitgehende Ähnlichkeit mit dem Stickstoff hat das Element Phosphor. Frei nicht vorkommend, finden sich in der Natur die Salze der Phosphorsäure, die Phosphate, weit verbreitet, z. B. Calciumphosphat $Ca_3(PO_4)_2$, Phosphorit, oder $Ca_5F(PO_4)_3$ Apatit. Die Verwitterung dieser Phosphate versorgt den Boden mit den für die Pflanze nötigen löslichen Phosphorverbindungen. Auch im tierischen Organismus spielen Verbindungen des Phosphors eine große Rolle. Unlösliches Calciumphosphat bildet in der Hauptsache die Gerüstsubstanz der Knochen, lösliche Salze sind in den Salzen des Körpers (Magensaft, Harn) vorhanden, und in komplizierter organischer Bindung hilft der Phosphor beim Aufbau wichtiger Eiweißstoffe mit, von denen das Lecithin erwähnt sei. Als Nebenprodukt der Eisenverhüttung gewinnt die Industrie unreines Calciumphosphat als Thomasschlacke (s. S. 126).

Elementarer Phosphor wurde 1669 von dem Hamburger Alchimisten Brand gefunden, der auf der Suche nach dem die Verwandlung unedler Metalle in Gold bewirkenden Stein der Weisen den Harn eindampfte, dessen Phosphate durch die verkohlenden organischen Bestandteile reduziert wurden. Scheele gab 1777 die Herstellung aus dem phosphorsauren Kalk der Knochen an, die heutzutage noch in der Weise geschieht, daß von Fett befreite und mit Wasser ausgelaugte Knochen zunächst verascht werden. Die Knochenasche wird dann mit Schwefelsäure und Wasserdampf erhitzt, wobei Phosphorsäure und Calciumsulfat entstehen: $Ca_3(PO_4)_2 + 3\,H_2SO_4 = 2\,H_3PO_4 + 3\,CaSO_4$.
Die abfiltrierte und eingedickte Phosphorsäure wird mit Kohle gemischt und bei Weißglut destilliert. Es bildet sich zunächst Metaphosphorsäure, die dann zu Phosphor reduziert wird, der in Dampfform entweicht und unter Wasser abgekühlt wird:

$$H_3PO_4 = H_2O + HPO_3$$
$$2\,HPO_3 + 6\,C = H_2 + 6\,CO + 2\,P.$$

Einfacher ist die Darstellung mit Hilfe des elektrischen Ofens, wobei eine Mischung von Calciumphosphat, Kohlenstoff und Kieselsäure zwischen Kohlenstoffelektroden im Lichtbogen direkt im Sinne der Gleichung reagiert:

$$Ca_3(PO_4)_2 + 3\,SiO_2 + 5\,C = 3\,CaSiO_3 + 5\,CO + 2\,P.$$

Der so gewonnene Phosphor, im Handel in Stangenform, ist farblos oder schwach gelblich gefärbt, nach seiner Farbe **weißer** oder **gelber Phosphor** genannt. Er leuchtet im Dunkeln und hat damit dem Element den Namen gegeben (gr. phos Licht, phoros Träger). Er schmilzt bei 44^0, siedet bei 287^0, löst sich in Schwefelkohlenstoff und ist außerordentlich giftig. Schon $0,15$ g verursachen akute Vergiftungserscheinungen, länger andauernde Wirkung geringerer Mengen erzeugt Nekrosen, vor allem der Zähne und Kinnbacken. Die Erkennung einer Phosphorvergiftung ist in der Weise möglich, daß man den Magen- oder Darminhalt mit Wasser erhitzt und die Dämpfe im Dunkeln auf eine Leuchterscheinung prüft (Mitscherlichs Probe). An der Luft sich rasch oxydierend, muß gelber Phosphor unter Wasser aufbewahrt werden, in dem er unlöslich ist. Bei der Oxydation wird der Sauerstoff der Luft teilweise ozonisiert, wie sich an dem auftretenden Geruch des Ozons leicht erkennen läßt.

Längere Zeit dem Licht ausgesetzt oder kurze Zeit bei Luftabschluß auf 250^0 erhitzt, wandelt sich der gelbe Phosphor unter Farbänderung in eine völlig andere Modifikation um, den **roten Phosphor**, der auch seiner Beschaffenheit nach **amorpher** Phosphor genannt wird. Er ist nicht giftig, haltbar an der Luft und unlöslich in Schwefelkohlenstoff. Außer ihm kennt man noch andere allotrope Formen des Phosphors, so den metallischen Phosphor, der sich aus Lösungen des Phosphors in Blei abscheidet (Hittorf) und schwarze metallglänzende Kristalle bildet, und den hellroten Phosphor (Schenck), der eine feinere Verteilung als der gewöhnliche rote besitzt.

Während beim Schwefel der Übergang der rhombischen in die monokline Form und umgekehrt an einen bestimmten Punkt (95^0) geknüpft ist, gibt es bei den Modifikationen des Phosphors keine derartigen Temperaturgrenzen. Die beständige Form ist immer der rote Phosphor, der gelbe ist instabil (Monotropie). Es wandelt sich also wohl die gelbe Modifikation in die rote um, nicht aber umgekehrt. Will man trotzdem die Umwandlung erzwingen, so geht man über den beiden Formen gemeinsamen Dampfzustand — man verdampft also den roten Phosphor —, aus dem sich zunächst der gelbe Phosphor bildet. Dieser Erscheinung, daß bei freiwillig verlaufenden chemischen Reaktionen sich oft die unbeständigeren Zwischenstufen bilden, die dann erst sich in die beständigeren Verbindungsformen umwandeln, wohnt eine Gesetzmäßigkeit inne, die Ostwald als das Gesetz der Stufenreaktionen bezeichnet hat.

Eine technische Verwendung findet der elementare Phosphor vor allem in der Zündholzfabrikation. Früher brachte man gelben Phosphor mit Schwefel, der die Entflammung befördert, an die Spitze der Zündhölzer, die durch einfaches Reiben an irgendeiner rauhen Fläche sich entzündeten. Diese Form der Zündhölzer ist wegen häufig aufgetretener Vergiftungsfälle und der leichten Endzündbarkeit jetzt gesetzlich verboten, so daß ausschließlich die sog. „Sicherheitszündhölzer" im Handel sind. Bei diesen bestehen die Köpfe der Hölzchen aus sauerstoffreichen und leicht entzündlichen Stoffen (z. B. Kaliumchlorat, Schwefel oder Schwefelantimon), während an der Reibfläche der Zündholzschachtel sich eine dünne Schicht befindet, die roten Phosphor enthält. Eine wenig empfehlenswerte Anwendung findet gelber Phosphor zuweilen als Rattengift.

Phosphor und Wasserstoff. Die weitgehendste Analogie des Phosphors mit dem Stickstoff zeigt sich vor allem in den Wasserstoffverbindungen. Dem Ammoniak entspricht der gasförmige Phosphorwasserstoff **Phosphin P H₃,** der durch Einwirkung von naszierendem Wasserstoff auf gelben Phosphor gewonnen werden kann. Eine andere Darstellungsweise benutzt Metallverbindungen des Phosphors (die man allgemein Phosphide nennt), z. B. das Calciumphosphid, das mit Wasser sich wie folgt zersetzt:

$$Ca_3P_2 + 6 H_2O = 3 Ca(OH)_2 + 2 PH_3.$$

PH_3 ist ein farbloses, leicht brennbares Gas, das außerordentlich giftig ist.

Sehr oft entzündet sich das Gas bei der Darstellung von selbst infolge Beimengung von kleinen Mengen eines **flüssigen** Phosphorwasserstoffes P_2H_4 (entsprechend N_2H_4 Hydrazin). Dieser ist leicht zersetzlich und bildet im Licht eine dritte Verbindung des Phosphors mit Wasserstoff, **festen** Phosphorwasserstoff $P_{12}H_6$.

Während Ammoniak sich in Wasser leicht löst und dabei Ammoniumhydroxyd bildet, ist PH_3 in Wasser unlöslich und ein Phosphoniumhydroxyd PH_4OH ist nicht bekannt. Wohl aber sind die analogen Verbindungen mit den Halogenwasserstoffsäuren hergestellt worden, von denen das **Phosphoniumjodid PH_4J** die beständigste ist.

Phosphor und Halogene. Durch unmittelbare Vereinigung der Halogene mit Phosphor entstehen die gasförmigen Fluoride PF_3 und PF_5, das flüssige Phosphortrichlorid PCl_3 und das feste Pentachlorid PCl_5. Auch ein Tribromid PBr_3 (flüssig) und ein Pentabromid PBr_5 (fest) und entsprechende Jodverbindungen sind bekannt. Sie werden alle durch Wasser leicht zersetzt, was z. B. zur Herstellung von Bromwasserstoff und Jodwasserstoff dienen kann:

$$PJ_3 + 3\,HOH = 3\,HJ + H_3PO_3.$$

Die Chloride spielen in der organischen Chemie zu Chlorierungen eine große Rolle. Bei der Zersetzung des Pentachlorids (bzw. Bromids) mit Wasser entsteht als Zwischenprodukt das **Phosphoroxychlorid $POCl_3$** (bzw. $POBr_3$). Es gibt auch Verbindungen des Phosphors mit Schwefel und Stickstoff, die jedoch nur spezielles Interesse haben.

Phosphor und Sauerstoff, Phosphorsäuren. Folgende Oxyde und daraus sich ableitende Säuren seien zusammengestellt:

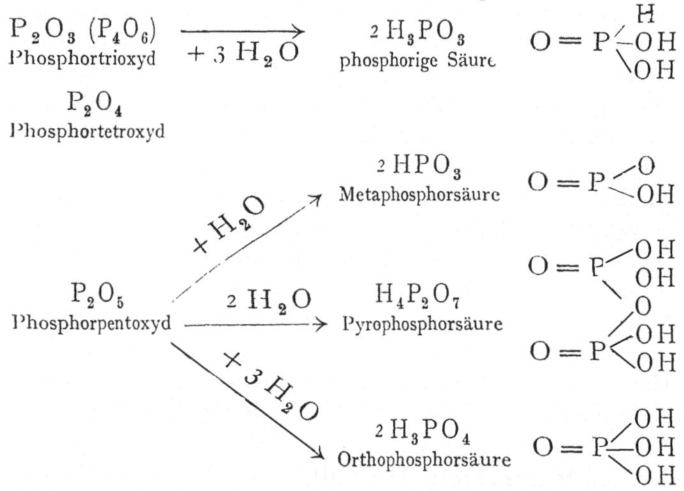

$$P_2O_3\ (P_4O_6) \xrightarrow{\ +3\,H_2O\ } 2\,H_3PO_3 \qquad O = P{\overset{\textstyle H}{\underset{\textstyle OH}{-OH}}}$$

Phosphortrioxyd — phosphorige Säure

$$P_2O_4$$
Phosphortetroxyd

$$2\,HPO_3 \qquad O = P{\overset{O}{\underset{OH}{<}}}$$
Metaphosphorsäure

$$P_2O_5 \xrightarrow{\ 2\,H_2O\ } H_4P_2O_7 \qquad O = P{\overset{OH}{\underset{OH}{<}}}\ \ O = P{\overset{OH}{\underset{OH}{<}}}$$
Phosphorpentoxyd — Pyrophosphorsäure

$$2\,H_3PO_4 \qquad O = P{\overset{OH}{\underset{OH}{-OH}}}$$
Orthophosphorsäure

Von den Oxyden erfordern größeres Interesse:

Phosphortrioxyd P_2O_3 oder **P_4O_6** entsteht beim Überleiten von trockener Luft über Phosphor. Es ist ein weißer fester Körper vom Schmelzpunkt $22,5^0$, dessen Dampfdichte auf die Formel P_4O_6 hinweist. Mit Wasser geht es langsam in die phosphorige Säure über, deren Anhydrid es also ist.

Phosphorpentoxyd P_2O_5 bildet sich beim Verbrennen des Phosphors als weiße schneeartige Masse. Wasser nimmt es mit großer Begierde auf, um in die später zu erörternde Metaphosphorsäure überzugehen. Diese Eigenschaft macht P_2O_5 zu dem energischsten Trockenmittel, das sogar aus Verbindungen Wasser abspalten kann.

Die wichtigste Säure des Phosphors ist die **Orthophosphorsäure** H_3PO_4 von der eingangs angegebenen Struktur. Sie kann aus Calciumphosphat und Schwefelsäure oder aus Phosphorpentoxyd durch Kochen mit Wasser gewonnen werden. In reinem Zustand kristallisiert sie in durchsichtigen rhombischen Kristallen vom Schmelzpunkt $38{,}6^0$. Die Phosphorsäure des Arzneibuches (Acidum phosphoricum) ist eine Lösung von 25%. Ihrer geringeren Dissoziation in wäßriger Lösung entsprechend ist sie eine schwächere Säure als Salzsäure, Salpetersäure und Schwefelsäure, doch treibt sie diese in der Hitze aus den entsprechenden Salzen aus, da sie viel weniger flüchtig ist.

Als dreibasische Säure kann die Phosphorsäure drei Reihen von Salzen bilden, z. B.:

NaH_2PO_4 primäres Natriumphosphat,

Na_2HPO_4 sekundäres Natriumphosphat,

Na_3PO_4 tertiäres Natriumphosphat,

entsprechend durch Ersatz der Wasserstoffatome durch das zweiwertige Calcium oder dreiwertige Aluminium:

$$Ca(H_2PO_4)_2 \qquad Ca(HPO_4) \qquad Ca_3(PO_4)_2,$$
$$Al(H_2PO_4)_3 \qquad Al_2(HPO_4)_3 \qquad AlPO_4,$$

die analog zu benennen sind.

Durch Einwirkung von Hitze (pyros Genitiv vom griechischen Wort Feuer) wandelt sich die Phosphorsäure unter Wasserabspaltung in die **Pyrophosphorsäure** $H_4P_2O_7$ um:

$$2\,H_3PO_4 = H_2O + H_4P_2O_7.$$

Diese Säure ist vierbasisch, doch sind nur Salze vom Typus $Na_4P_2O_7$ und $Na_2H_2P_2O_7$ bekannt.

Bei stärkerem Erhitzen der Ortho- oder Pyrophosphorsäure entsteht die **Metaphosphorsäure** HPO_3:

$$H_3PO_4 = H_2O + HPO_3,$$

die sich auch, wie bereits erwähnt, durch Auflösen von P_2O_5 in kaltem Wasser bildet. Sie zeigt in hohem Maße die Fähigkeit der Assoziation (Zusammenlagerung) ihrer Moleküle zu Produkten, für die die allgemeine Formel $(HPO_3)_x$ zu setzen ist. Ihrem Aussehen entsprechend wird sie auch glasige Phosphorsäure (Acidum phosphoricum glaciale) genannt.

Die Zersetzung von PCl_3 oder PJ_3 (s. oben) mit Wasser ergibt die **phosphorige Säure** H_3PO_3. Sie ist trotz der drei Wasserstoffatome eine zweibasische Säure, da nur zwei derselben als Kationen dissoziieren. Erkannt wird sie an der starken Reduktionswirkung gegenüber geeigneten Metallsalzen. Ihre Metallverbindungen heißen Phosphite. Ähnliche Reaktionen zeigt **unterphosphorige Säure** H_3PO_2, die einbasisch ist. Ihre Salze, die Hypophosphite, sind in Wasser leicht löslich.

Analytisches. Zur Erkennung vieler Metalle bei der sog. analytischen Vorprobe durch die „Phosphorsalzperle" wird das Natriumammoniumphosphat NaNH₄HPO₄, Phosphorsalz genannt, benutzt, das an einem Platindraht erhitzt zu einer farblosen Perle von Natriummetaphosphat zusammengeschmolzen werden kann, die unter Rückverwandlung in Orthophosphat Metalloxyde mit oft charakteristischer Farbe löst:

$$NaNH_4HPO_4 = NaPO_3 + NH_3 + H_2O$$
$$NaPO_3 + CuO = NaCuPO_4 \ (blau).$$

Der Nachweis der Phosphorsäure geschieht:

a) durch Fällung mit einem Gemisch von Magnesiumsulfat und Ammoniumchlorid (Magnesiamixtur). Das sich bildende weiße, kristallinische Magnesiumammoniumphosphat $MgNH_4PO_4$ ist in Wasser sehr schwer löslich.

b) durch gelindes Erhitzen der mit Salpetersäure angesäuerten Lösung mit Ammoniummolybdat, wodurch ein gelber Niederschlag von phosphormolybdänsaurem Ammonium entsteht, der in Ammoniak löslich, in Salpetersäure unlöslich ist.

Die Orthophosphorsäure gibt in neutraler Lösung mit Silbernitrat eine in Salpetersäure und Ammoniak lösliche gelbe Fällung von Silberphosphat Ag_3PO_4.

Pyrophosphorsäure gibt in neutraler Lösung mit Silbernitrat eine weiße Fällung von Silberpyrophosphat $Ag_4P_2O_7$.

Metaphosphorsäure erzeugt in gleicher Weise das weiße Silbersalz $Ag PO_3$ als Fällung. Sie besitzt als freie Säure jedoch die charakteristische Eigenschaft, Eiweiß zu koagulieren.

Arsen.

Zeichen As, Atomgewicht 74,96.

Arsen kommt in der Natur gediegen vor (Scherbenkobalt), verbreiteter gebunden an Schwefel (Realgar As_2S_2, Auripigment As_2S_3) und an Metalle (Arsenkies $FeSAs$, Speiskobalt $CoAs_2$ usw.) und auch als Trioxyd As_2O_3 (Arsenblüte).

Aus dem natürlich vorkommenden Arsen kann das Element durch Sublimation in reinem Zustand dargestellt werden; die Sulfide werden zu seiner Gewinnung geröstet und mit Kohle reduziert, während die Arsenblüte sich mit letzterer sofort umsetzt:

$$As_2O_3 + 3\,C = As + 3\,CO.$$

Auch von dem Arsen sind verschiedene allotrope Formen bekannt. Während es durch die besprochene Darstellungsweise weißgrau kristallinisch und metallglänzend erhalten wird, gewinnt man durch rasche Abkühlung von dampfförmigem Arsen auf sehr tiefe Temperatur eine hellgelbe instabile Modifikation, die dem gelben Phosphor sehr ähnlich ist und sich wie dieser in Schwefelkohlenstoff löst. Spiegelartig glänzendes und braunes Arsen sind besondere Verteilungszustände des metallischen Arsens. Elementares Arsen hat keine pharmakologische Wirkung, erst durch Oxydation im Blut tritt Vergiftung ein.

Arsenwasserstoff As H₃ wird durch Einwirkung naszierenden Wasserstoffs auf Arsenverbindungen gewonnen. Er ist ein farbloses Gas von knoblauchähnlichem Geruch und sehr giftig. Durch Erhitzen wird er in seine Komponenten gespalten, was zum Nachweis des Arsens nach Marsh benutzt wird (Fig. 12).

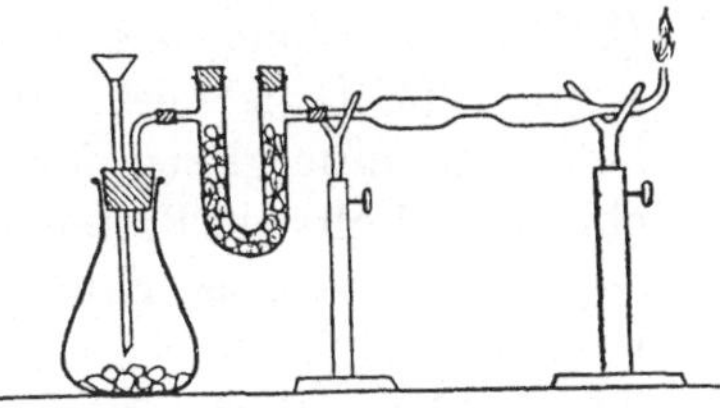
Fig. 12. Marshscher Apparat.

Liegt z. B. der Verdacht einer Arsenvergiftung vor, so wird der Magen- oder Darminhalt in einem Kolben mit Zink und Schwefelsäure zusammengegeben. Der sich entwickelnde Wasserstoff führt die Arsenverbindungen in AsH₃ über, der mit dem überschüssigen Wasserstoff in ein mehrfach verjüngtes Glasrohr geleitet wird. Nach Verdrängung der Luft kann das Gas entzündet werden, das bei Gegenwart von Arsen mit fahler Flamme brennt. Eine in diese eingehaltene kalte Porzellanschale bedeckt sich, da bei der so erzeugten Abkühlung nur der Wasserstoff verbrennt, mit einem metallglänzenden Beschlag von elementarem Arsen, einem Arsenspiegel. Besser erzielt man, besonders bei kleineren Mengen, den Spiegel durch Erhitzung des Glasrohres vor einer Verjüngung, wo dann in konzentrierter Form, da auf kleinerer Fläche verteilt, die Abscheidung vor sich geht. Der Arsenspiegel löst sich in Natriumhypochlorit.

Früher waren Arsenvergiftungen infolge des im Handel befindlichen, zum Tapetendruck verwandten Schweinfurter Grüns (Kupferarsenit) häufig.

Andere Nachweise des Arsens:

1. In der oben beschriebenen Weise oder durch Reduktion mit trocknem ameisensaurem Natrium hergestellter Arsenwasserstoff gibt mit conc. Silbernitratlösung eine gelbe Verbindung AsAg₃ 3AgNO₃, die sich mit Wasser unter Bildung von metallischem Silber schwärzt (Gutzeitsche Probe).

2. Arsenverbindungen in stark salzsaurer Lösung mit Zinnchlorür reduziert, erzeugen eine braune bis schwarze Ausscheidung von Arsen in der Lösung (Bettendorfs Probe).

3. Mit essigsaurem Kalium trocken erhitzt geben sauerstoffhaltige Arsenverbindungen das äußerst giftige und übelriechende Gemenge von Kakodyl und Kakoxyloxyd

Die Verbindungen des Arsens mit Halogenen, z. B. Arsentrichlorid As Cl₃, Arsenpentachlorid As Cl₅, verdienen kein besonderes Interesse. Bedeutsam hingegen sind die **Sauerstoffverbindungen des Arsens** und die entsprechenden Säuren, in denen Arsen drei- und fünfwertig auftritt:

$$As_2O_3 \xrightarrow{+3H_2O} 2\,H_3AsO_3$$

Arsentrioxyd (Arsenigsäureanhydrid) → Arsenige Säure

$$\xrightarrow{+H_2O} 2\,HAsO_3$$
Metaarsensäure

$$As_2O_5 \xrightarrow{+2H_2O} H_4As_2O_7$$

Arsenpentoxyd (Arsensäureanhydrid) → Pyroarsensäure

$$\xrightarrow{+3H_2O} 2\,H_3AsO_4$$
Orthoarsensäure

Arsentrioxyd As₂O₃, weißer Arsenik genannt, in der Natur als Arsenblüte vorkommend, wird durch Verbrennen von gediegenem Arsen

(Scherbenkobalt) und Verdichten des Dampfes als weißes Pulver gewonnen (Giftmehl des Handels). In geschlossenen Retorten sublimiert, liefert es eine glasige Masse, die allmählich kristallisiert und dadurch oberflächlich wie Porzellan aussieht. In Wasser löst sich As_2O_3 langsam zur **arsenigen Säure H_3AsO_3** (wobei auch metaarsenige Säure $HAsO_2$ entsteht), die als dreibasische Säure drei Reihen von Salzen, Arsenite, bildet. Die Kupfersalze sind grün gefärbt (Scheeles Grün, Schweinfurter Grün, s. S. 110).

Arsenige Säure wird in salzsaurer Lösung leicht reduziert, z. B. durch Zinnchlorür bei der erwähnten Bettendorfschen Probe. Umgekehrt kann sie aber selbst reduzierend wirken, z. B. Jodlösung in Jodwasserstoff verwandeln (maßanalytische Bestimmung von Arsenik).

Arsentrioxyd und seine Verbindungen sind von starker toxischer Wirkung. In Mengen über 0,1 g kann ersteres auf den menschlichen Organismus tödlich wirken, wobei die choleraähnliche Erkrankung mit Magen- und Darmentzündung (Erbrechen, Durst, Leibschmerzen) in ungefähr einem Tag zum Tode führt. Als Gegenmittel ist frisch gefälltes Eisenoxydhydrat (am besten aus Ferrosulfat mit Magnesiumoxyd hergestellt, wobei das gleichzeitig gebildete Magnesiumsulfat durch seine abführende Wirkung den Erfolg begünstigt) zu geben. Auffallenderweise kann sich aber der Organismus durch nach und nach gesteigerte Dosen an das Gift gewöhnen, so daß bis 0,5 g auf einmal vertragen werden. Da die Bildung des Fettes in der Haut begünstigt, vorübergehend auch ein blühendes Aussehen beim Genuß von Arsenik erzielt wird, so ist es Bestandteil vieler kosmetischer Mittel.

Wie mit manchen anderen Giften, so werden auch mit Arsenik und geeigneten Verbindungen des Arsens bei richtiger Darreichung die besten Heilerfolge bei manchen Krankheiten erreicht. Heilquellen (Dürkheimer Maxquelle) enthalten As_2O_3 in sehr starker Verdünnung, das beim Genuß auf das Nervensystem günstige Wirkung hat. Auch die Bildung der roten Blutkörperchen und der Knochensubstanz wird angeregt; Arsenpräparate werden daher in großer Anzahl gegen Anämie, Rhachitis usw. empfohlen. Von ausgesprochener Wirkung ist Arsenik gegenüber Protozoen, vor allem gegenüber den Erregern der Syphilis und der Schlafkrankheit, weshalb geeignete organische Derivate wie das Atoxyl und das Salvarsan Ehrlichs (Dioxydiaminoarsenobenzol) eine wertvolle Bereicherung des Arzneimittelschatzes bedeuten.

Arsenpentoxyd As_2O_5, eine amorphe oder glasige Substanz, ist das Anhydrid der Arsensäuren, die weitgehende Analogie mit den Phosphorsäuren zeigen, wie aus der eingangs gegebenen Zusammenstellung leicht ersichtlich ist. Das gleiche gilt für die Salze, die Arsenate, und die analytischen Reaktionen. Einen wichtigen Unterschied zeigen Arsenverbindungen im Vergleich zu Phosphorverbindungen gegenüber Schwefelwasserstoff. Dieser erzeugt, in die salzsaure Lösung in der Wärme eingeleitet, gelbe Fällungen von **Arsentrisulfid As$_2$S$_3$** und **Arsenpentasulfid As$_2$S$_5$**, je nach der Oxydationsstufe der Lösung. Es wirkt also Arsen hier wie ein Schwermetall. Diese Fällungen sind löslich in Schwefelammonium und zwar unter Bildung von Salzen der Sulfosäuren (s. S. 41), z. B. **H$_3$As S$_3$ sulfoarsenige Säure** und **H$_3$AsS$_4$ Sulfoarsensäure.** Deren Ammoniumsalze entstehen beim Lösen der Sulfide des Arsens in Schwefelammonium, Ammoniumsulfoarsenit (NH$_4$)$_3$As S$_3$ und Ammoniumsulfoarsenat (NH$_4$)$_3$AsS$_4$, worauf die analytische Chemie eine Abtrennung des Arsens (wie auch des Antimons und Zinns) von Metallen gründet, deren Salze mit Schwefelwasserstoff gleichfalls in saurer Lösung als Sulfide ausfallen.

Analytisches. Arsenverbindungen werden durch die Marshsche, Bettendorfsche und Gutzeitsche Probe erkannt.

Arsensäure zeigt auf Zusatz von Magnesiamixtur und Ammoniummolybdat die gleichen Reaktionen wie die Phosphorsäure. Silbernitrat fällt in neutraler Lösung braunes Silberarsenat Ag$_3$AsO$_4$. Das Silbersalz der arsenigen Säure Ag$_3$AsO$_3$ ist gelb gefärbt.

Im Analysengang fällt Schwefelwasserstoff beim Einleiten in die erwärmten, schwach salzsauren Lösungen gelbes As$_2$S$_3$ bzw. As$_2$S$_5$. Beide lösen sich in Schwefelammonium.

Antimon (Stibium).

Zeichen Sb, Atomgewicht 120,2.

Neben seltenerem Vorkommen in gediegener Form und in Gesellschaft mit Arsen findet sich Antimon in der Natur hauptsächlich als Trisulfid Sb$_2$S$_3$, das nach seinen meist großen, spießigen Kristallen Grauspießglanz genannt wird. Aus diesem kann das Element entweder durch Rösten und Reduktion des entstandenen Oxyds mit Kohle

$$2\,Sb_2S_3 + 9\,O_2 = 2\,Sb_2O_3 + 6\,SO_2$$
$$2\,Sb_2O_3 + 3\,C = 4\,Sb + 3\,CO_2$$

oder durch Schmelzen mit metallischem Eisen

gewonnen werden. $$Sb_2S_3 + 3\,Fe = 2\,Sb + 3\,FeS$$

Das Antimon ist grauweiß glänzend, von kristallinischem Gefüge, leicht zu Pulver zu zerstoßen und zeigt noch ausgeprägter als Arsen metallischen Charakter. Mit Metallen bildet es Legierungen, die teilweise technisch benutzt werden. Hartblei ist eine Legierung von ca. 85 Teilen Blei und 15 Teilen Antimon, die härter als Blei ist und wegen ihrer Eigentümlichkeit, beim Erstarren sich auszudehnen, also Formen gut auszufüllen, als Letternmetall gebraucht wird. Britanniametall von silberähnlichem Aussehen ist eine Legierung aus Zinn mit 10 % Antimon.

Auch beim Antimon lassen sich allotrope Formen fassen, so eine gelbe, sehr unbeständige Modifikation, ähnlich dem gelben Arsen.

Salzsäure löst Antimon in der Siedehitze langsam auf, Salpetersäure oxydiert es zu einem Gemisch von antimoniger Säure und Metaantimonsäure. Durch Königswasser wird Antimon leicht gelöst.

Antimonwasserstoff Sb H$_3$ zeigt weitgehende Ähnlichkeit mit dem Arsenwasserstoff. Er entsteht wie dieser durch Einwirkung naszierenden Wasserstoffs auf lösliche Antimonverbindungen, ist sehr giftig, hat aber einen vom Arsenwasserstoff und Phosphorwasserstoff verschiedenen, fauligen Geruch. Im Marshschen Apparat gibt er einen Antimonspiegel, der etwas dunkler als der Arsenspiegel und unlöslich in Natriumhypochlorit ist.

Antimontrichlorid SbCl$_3$ ist eine weiche butterähnliche Substanz (,,Antimonbutter''), die durch Wasser sehr leicht hydrolytisch gespalten wird. Die Hydrolyse kann in drei Phasen verlaufen:

$$SbCl_3 + HOH = Sb(OH)Cl_2 + HCl,$$
$$SbCl_3 + 2HOH = Sb(OH)_2Cl + 2HCl,$$
$$SbCl_3 + 3HOH = Sb(OH)_3 + 3HCl.$$

Aus dem basischen Salz Sb(OH)$_2$Cl spalten beim Eindampfen die beiden Hydroxylgruppen Wasser ab und ergeben SbOCl. Das häufig auftretende Radikal SbO nennt man ,,Antimonyl''. Auch Sb(OH)$_3$ gibt Wasser ab unter Bildung von Sb$_2$O$_3$. Das Gemenge von (SbO)Cl und Sb$_2$O$_3$ wurde unter dem Namen Algarothpulver früher medizinisch verwandt.

Antimonpentachlorid SbCl$_5$ entsteht als gelbe, an der Luft rauchende Flüssigkeit bei Einwirkung von Chlor auf Antimon.

Die **Sauerstoffverbindungen des Antimons** und die davon sich ableitenden Säuren entsprechen im wesentlichen dem beim Arsen gegebenen Schema.

Antimontrioxyd Sb$_2$O$_3$ bildet sich beim Verbrennen des Antimons an der Luft als weißes, sublimierbares Pulver. Die entsprechende antimonige Säure H$_3$SbO$_3$ ist freilich nicht beständig und geht durch Wasserabspaltung in die **metaantimonige Säure HSbO$_2$** über. Sie ist eine sehr schwache Säure, die starken Säuren gegenüber sich als Base verhält und Salze gibt, die wie oben beschrieben leicht hydrolytisch gespalten werden.

Das wichtigste Salz des dreiwertigen Antimons, das den Antimonylrest enthält, ist der Brechweinstein, Kaliumantimonyltartrat

$$(SbO \cdot C_4H_4O_6 \cdot K)_2 \cdot H_2O,$$

der durch Kochen von Sb$_2$O$_3$ mit Weinsteinlösung entsteht. Er ist wasserlöslich, die Lösung schmeckt metallisch und erzeugt beim Genuß Erbrechen. Das Salz dient daher seit alten Zeiten als Brechmittel (Tartarus stibiatus). Auch in der Färberei wird Brechweinstein verwandt zur Fixierung basischer Farbstoffe auf der Faser (Beizen).

Antimonpentoxyd Sb$_2$O$_5$ eine weiße, pulverförmige Substanz, löst sich im Gegensatz zu den Pentoxyden des Arsens und Phosphors sehr wenig in Wasser, zeigt also auch hierin den Metallcharakter des Antimons. Die freien Säuren, z. B. Orthoantimonsäure H$_3$SbO$_4$, Metaantimonsäure HSbO$_3$ und Pyroantimonsäure H$_4$Sb$_2$O$_7$, sind mit Sicherheit nicht bekannt.

Wohl aber kennt man Salze der beiden letzteren. Das saure Kaliumpyroantimoniat $K_2H_2Sb_2O_7$ dient in der Analyse als Reagens auf Natriumverbindungen, da das entsprechende pyroantimonsaure Natrium sich in Wasser nur sehr schwer löst.

Antimontrisulfid Sb_2S_3, der Grauspießglanz der Natur, fällt beim Einleiten in Schwefelwasserstoff aus der Lösung des dreiwertigen Antimons als orange gefärbter Niederschlag aus. Das **Antimonpentasulfid Sb_2S_5,** in gleicher Weise aus den fünfwertigen Antimonverbindungen entstehend, Goldschwefel genannt, findet als Färbemittel und zur Beförderung des Vulkanisierens (Schwefelns) von Kautschukgegenständen Anwendung. Beide Sulfide sind wie die des Arsens in Schwefelammonium unter Bildung von Sulfosalzen löslich, unlöslich aber in Ammoniumkarbonat. Da die Sulfide des Arsens darin sich lösen, so kann eine Trennung beider Metalle darauf gegründet werden.

Auch Alkalien lösen die Sulfide des Arsens und Antimons zu den entsprechenden Sulfosalzen. Das Natriumsulfantimoniat Na_3SbS_4 führt den Namen Schlippes Salz.

Die Antimonverbindungen gehören zu den ältesten Heilmitteln der Arzneikunde. Im Zeitalter der Alchemie (3. Jahrhundert bis 16. Jahrhundert) beschrieb Basilius Valentinus in einem Buche (1460) mit dem Titel „de triumpho antimonii" (Triumphwagen des Antimonii) die ihm bekannten Antimonverbindungen und ihre Heilwirkung. Noch mehr in den Vordergrund traten sie während des iatrochemischen (medizinischen) Zeitalters der Chemie, also ungefähr von der ersten Hälfte des 16. Jahrhunderts bis zur Mitte des 17. Jahrhunderts, und zwar vor allem durch Paracelsus und seine Schüler. Elementares Antimon in Pillen, Sb_2S_5, Algaroth, antimonsaures Kali waren häufige Heilmittel. Heute wird fast nur noch der Brechweinstein therapeutisch benutzt in Maximaldosen von 0,2 g.

Analytisches. Die mit Schwefelwasserstoff ausfallenden, orange gefärbten Sulfide sind unlöslich in Ammoniumkarbonat, löslich in Schwefelammonium und conc. Salzsäure. Aus der salzsauren Lösung scheidet Zink schwarzes Antimon ab, das in Salzsäure unlöslich ist und durch Salpetersäure in weißes Oxyd umgewandelt wird. Der analog dem Arsenspiegel hergestellte Antimonspiegel ist unlöslich in Natriumhypochlorit.

Kohlenstoff (Carbonium).

Zeichen C, Atomgewicht 12.

Elementarer Kohlenstoff kommt in zwei allotropen Modifikationen in der Natur vor, als regulär kristallisierter Diamant und als hexagonaler Graphit. Die verschiedenen Kohlenarten, wie Braun- und Steinkohle, sind komplizierte Verbindungen des Kohlenstoffes mit Wasserstoff, Sauerstoff, Stickstoff und anderen Elementen.

Der **Diamant** ist als Schmuckstein das geschätzteste Mineral. Im regulären System kristallisierend, ist er bald wasserhell, bald durch einen geringen Gehalt an Metalloxyden verschieden gefärbt (Südafrika, Brasilien, Indien, Australien). In geschliffenem Zustand zeigt er infolge seines hohen Brechungsexponenten (2,42) ein prächtiges Farbenspiel. Technisch wertvoll ist seine außerordentlich große Härte. Die weniger schönen, dunklen Varietäten, „Karbonados" genannt, werden als Schleifmittel und als Einlagen in die Spitzen von Gesteinsbohrern verwandt. Zu beachten ist, daß er mit großer Härte gleichzeitig eine ziemliche Sprödigkeit verbindet; er läßt sich leicht pulverisieren. Allgemein bekannt ist seine Verwendung zum Glasschneiden. Gegenüber chemischen Eingriffen ist der Diamant sehr beständig; nur mit Sauerstoff vereinigt er sich bei hoher Temperatur zu Kohlendioxyd.

Durch Auflösen von Kohlenstoff in geschmolzenem Eisen (Moissan) oder Olivin (Friedländer) läßt sich bei geeigneten Bedingungen eine dem Diamant ähnliche Modifikation in Form winziger Kristallflitter gewinnen.

Graphit ist eine von den Bleistiften her bekannte dunkle fettige Masse, die im Gegensatz zum Diamanten den elektrischen Strom gut leitet. (Vorkommen auf Ceylon, in Böhmen, Bayern (Passau) usw.) Bei der Eisengewinnung bildet er sich dadurch, daß der im flüssigen Eisen gelöste Kohlenstoff beim Erkalten sich als Graphit ausscheidet. Er wird seiner Feuerfestigkeit wegen zur Herstellung von Tiegeln benutzt.

Große Ähnlichkeit mit Graphit zeigt die **Retortenkohle,** so genannt, weil sie bei der Leuchtgasfabrikation an den Wänden der Retorten sich absetzt. Ihre Leitfähigkeit für den elektrischen Strom und ihre Widerstandsfähigkeit gegen chemische Angriffe machen sie für Elektroden geeignet. Die Kohlestifte der Bogenlampen sind aus Retortenkohle angefertigt.

Holzkohle erhält man durch Erhitzen von Holz unter Luftabschluß. Gasförmige Produkte entweichen, und zurück bleibt eine amorphe, nicht ganz reine Modifikation des Kohlenstoffs. Die Struktur des Holzes bleibt erhalten. Holzkohle ist sehr porös und hat infolgedessen eine große Oberfläche. Ihre Fähigkeit, manche Stoffe auf der Oberfläche anzusaugen, zu „adsorbieren", kommt dadurch stark zur Geltung. So wird Rotwein beim Filtrieren über Holz- oder Knochenkohle leicht entfärbt. Ähnliche Eigenschaften zeigt die beim Verkohlen von Blut oder entfetteten Knochen entstehende **Tierkohle** (Knochenkohle), die zum Reinigen des Trinkwassers, zum Entfärben von Zuckersäften usw. Anwendung findet.

Ruß wird wegen seiner tiefschwarzen Farbe von jeher als Druckerschwärze verwandt. Er besitzt gleichfalls ein starkes Adsorptionsvermögen und findet Verwendung als Darmdesinfiziens bei Ruhrerkrankungen und zum Füllen von Kohlekissen bei der Wundbehandlung.

Eine ziemlich reine amorphe Modifikation des Kohlenstoffs ist der **Koks,** in den Gasfabriken oder Kokereien durch Erhitzen von Steinkohlen bei Luftabschluß („trockne Destillation") gewonnen (Gaskoks und Hüttenkoks). Er ist ein wertvolles Brennmaterial und wird außerdem in größten Mengen in der Metallverhüttung zur Reduktion von Metalloxyden gebraucht.

Die in der Natur vorkommenden, dunkel gefärbten, äußerst kohlenstoffreichen „fossilen Kohlen" teilt man ihrem Alter nach in Anthrazit, Steinkohle, Braunkohle und Torf ein. Sie alle sind Produkte der Zersetzung von Pflanzen verschiedener Vegetationsperioden unter Luftabschluß. Beim Anthrazit ist dieser Prozeß schon so weit fortgeschritten, daß er bis zu ca. 98 % aus Kohlenstoff besteht. Er ist also die älteste fossile Form. Steinkohle hat 75—90 %, Braunkohle 70 %, während die jüngste Kohle, der Torf, nur 50—60 % Kohlenstoff enthält.

Die Verbrennung der verschiedenen Kohlearten zwecks Gewinnung von Wärme ist einer der wesentlichsten Faktoren in unserem Kulturleben. Folgende Tabelle gibt ungefähren Aufschluß über den Heizwert verschiedener Brennmaterialien:

	Heizwert in Kal. pro kg	Gehalt an C
Lufttrocknes Holz . . .	3000	40 %
Lufttrockner Torf . . .	3600	50 %
Braunkohle	5000	70 %
Steinkohle	8000	85 %
Anthrazit	9000	90 %

Diese Heizwerte werden aber bei der technischen Verbrennung der Kohle nur zum geringen Teil ausgenutzt. Das Problem einer rationellen Kohlenverwertung, das für die moderne Technik und Kultur von höchster Bedeutung ist, harrt noch seiner Lösung. Bei der Verbrennung der Kohle in Öfen oder Herden des Haushaltes werden nur 5 % des Wärmegehaltes verbraucht, 95 % bleiben ungenützt. Etwas besser arbeiten die feststehenden Öfen der Technik, gerade so schlecht bewegliche Maschinen (Lokomotiven). Nur die der Verkokung unterworfene Kohle — die ca. 6 % der gesamten geförderten Kohle ausmacht — wird unter Gewinnung aller Nebenprodukte rationell ausgenutzt. Bedenkt man, daß die Produktion Deutschlands jährlich fast 300 Millionen Tonnen Kohle beträgt und diese den wichtigsten Schatz seines Bodens ausmacht, so erkennt man leicht die Bedeutung des Problems der Kohlenverwertung.

Die Zahl der bekannten Verbindungen des Kohlenstoffs mit anderen Elementen, von denen viele wichtige Bestandteile des Organismus von Tier und Pflanze sind, geht in die Hunderttausende. Dieses Gebiet ist sehr umfangreich und weist so typische Eigenarten auf, daß es in einem besonderen Teile „Chemie der Kohlenstoffverbindungen" behandelt wird. Früher glaubte man, daß diese Verbindungen nur der lebenden, der organischen Welt ihren Ursprung verdanken, und sprach daher von einer „organischen" Chemie im Gegensatz zur „anorganischen", eine Ansicht, die hinfällig geworden ist.

Hier seien nur wenige Verbindungen des Kohlenstoffes besprochen, zunächst

Kohlenoxyd CO. Verbrennt Kohle bei ungenügendem Luftzutritt, so bildet sich eine Verbindung von der Zusammensetzung CO. Sie ist ein farb- und geruchloses Gas, das nur ein wenig leichter als Luft ist, daher sich mit ihr gut mengt und nicht wie die Kohlensäure am Boden lagert. Bemerkenswert ist seine große Giftigkeit. Der rote Blutfarbstoff Hämoglobin nimmt nämlich mit 130mal stärkerer Begierde Kohlenoxyd auf als Sauerstoff, und zwar unter Bildung von Kohlenoxydhämoglobin. Dadurch wird er untauglich, den Körper mit dem lebenswichtigen Sauerstoff zu versehen. Erschwerend kommt noch eine spezifische Giftwirkung auf das Nervensystem hinzu, sowie der Umstand, daß eben infolge der starken Affinität zwischen Hämoglobin und Kohlenoxyd eine Entgiftung des Körpers nur langsam vonstatten geht. Als Hilfe (Gegenmittel kann man es nicht gut nennen) bei Vergiftung kommt nur reichliche Sauerstoffzufuhr, bei schweren Fällen künstliches Atmen unter Druck in Frage. Da im Leuchtgas bis 12% CO enthalten sind, so kommen Vergiftungen nicht selten vor. Im Tabakrauch befindet sich CO, daher die üblen Wirkungen bei langem Verweilen in nicht gelüfteten verqualmten Räumen.

CO-haltiges Blut ist wie O-haltiges Blut hell kirschrot gefärbt, ersteres etwas heller. Verdünnt man die Blutproben mit ca. 40 Volumen Wasser, so kann man in beiden Fällen im Spektralapparat zwei dunkle Absorptionsstreifen erkennen. Setzt man nun Reduktionsmittel, z. B. Schwefelammonium, hinzu, so wird das normale Blut zersetzt, und es entsteht ein einziger bedeutend breiterer Streifen. Das Kohlenoxydblut wird nicht zerstört und die beiden Streifen bleiben erhalten. Auch andere chemische Reagentien, z. B. Natronlauge (Probe nach Hoppe-Seyler), gelbes Blutlaugensalz oder Tannin (Proben nach Kunkel und Welzel) greifen normale Blutlösung unter Bildung schwärzlicher oder graubrauner Niederschläge an, während der Niederschlag des Kohlenoxydblutes hellkirschrot gerinnt.

Die Methode der Bindung des C O an Blut und Feststellung des Kohlenoxydhämoglobins dient zum qualitativen Nachweis des Gases.

Das Kohlenoxyd spielt in der Technik als billiges Heizgas eine große Rolle. Die Gleichungen unter Berücksichtigung des kalorischen Effektes sind:

$$C \; + O \; = CO + 30 \text{ cal}$$
$$CO + O \; = CO_2 + 67 \text{ cal}$$
$$\overline{C \; + O_2 = CO_2 + 97 \text{ cal.}}$$

Wie man sieht, wird der Hauptteil der Verbrennungsenergie der Kohle erst beim Übergang von CO in CO_2 frei.

Läßt man Koks bei ungenügendem Luftzutritt verbrennen, so bildet sich das sog. Luft- oder Generatorgas mit einem Gehalt von ungefähr 26% CO, 70% Stickstoff und 4% CO_2.

Noch besser wird die technisch so wichtige Vergasung der Kohle im Wassergasprozeß erreicht. GlühendeKohle reagiert mitWasserdampf nach der Gleichung

$$C + H_2O = CO + H_2 - 27 \text{ cal.}$$

Dieses Wassergas besteht fast nur aus CO und H_2, zwei Gasen, welche bei der Verbrennung starke Hitze erzeugen. Bei der Bildung von Wassergas wird, wie die Gleichung angibt, Wärme verbraucht. Daher kühlen sich die Kohlen ab und der Vorgang kommt zum Stillstand. Um ihn wieder zu beleben, müssen sie wieder erhitzt werden. Dies geschieht durch Zublasen von Luft („Heißblasen"), jedoch nur in solcher Menge, daß sich CO bildet. Hiernach kann wieder Wasserdampf durchgeblasen werden („Kaltblasen"). Beim Wassergasprozeß bekommt man also zwei Gasgemische, die man getrennt auffangen kann, die man aber auch zu „Kraftgas" vereinigt, um ihre Energie in Explosionsmotoren weiter zu verwerten.

Kohlendioxyd CO_2 und Kohlensäure H_2CO_3.

Darstellung. Bei Verbrennen von Kohlenstoff an der Luft entsteht durch Vereinigung mit Sauerstoff ein Gas von der Zusammensetzung CO_2, Kohlendioxyd. Seine Lösung in Wasser zeigt schwach saure Reaktion, was auf die Umsetzung

$$CO_2 + H_2O = H_2CO_3$$

hindeutet. Die Verbindung H_2CO_3 führt mit Recht den Namen Kohlensäure, doch wird meistens ihr Anhydrid CO_2 auch Kohlensäure genannt.

Es ist klar, daß man durch Verbrennen von C an der Luft nur ein mit Stickstoff vermischtes CO_2 erhalten kann. Rein erhält man es durch Übergießen der kohlensauren Salze, welche Karbonate genannt werden, mit einer Säure:

$$CaCO_3 + 2\,HCl = CaCl_2 + H_2O + CO_2,$$

welch letzteres gasförmig entweicht.

Kohlensäure findet sich gebunden in Form vieler Karbonate (z. B. Calciumkarbonat: Kreide, Marmor, Kalkspat) in großer Menge in der Erdrinde. Aber auch frei ist ihr Anhydrid CO_2 ein ständiger Bestandteil der Atmosphäre, die durchschnittlich 0,04 Volumenprozente davon enthält. In einem Kubikmeter Luft sind also 0,4 Liter des Gases vorhanden. So verschwindend klein diese Menge auch sein mag, so wichtig ist sie doch. Die Pflanzen nehmen aus der Luft Kohlendioxyd auf und verarbeiten es zu „Kohlehydraten", das sind Zuckerarten, Stärke und Zellulose, Verbindungen von der summarischen Zusammensetzung $C_n(H_2O)_m$, welche dieser ganzen Klasse den Namen gegeben hat. Um die Bedeutung dieser Verarbeitung recht zu verstehen, muß man sich vor Augen halten, daß Kohlendioxyd ein Körper von geringem

Energieinhalt ist; er vermag bei keiner Reaktion mehr Energie zu entwickeln. Dagegen werden bei der Verbrennung von Stärke rund 4000
Kalorien pro Kilogramm frei. Woher nehmen die Pflanzen diese beträchtliche Energiemenge, wenn sie Kohlendioxyd und Wasser in $C_n(H_2O)_m$
umwandeln? Aus der strahlenden Energie der Sonne; denn nur im Sonnenlicht können Chlorophyll und Protoplasma der Blätter der Pflanzen
Kohlendioxyd aufnehmen (assimilieren).

$$6\,CO_2 + 5\,H_2O + 671\,000\,\text{cal} = C_6H_{10}O_5 + 6\,O_2.$$

Menschen und Tiere verzehren die Pflanzen und benutzen die freiwerdende Energie der in ihrem Organismus langsam verbrennenden
Kohlehydrate zu ihrem Lebensunterhalt. Sie leben also von der Sonnen-
energie. Der Kohlenstoff wird von ihnen als CO_2 in die Atmosphäre
ausgeschieden und vermag nun wiederum seinen Kreislauf über die
Pflanzenwelt in die Tierwelt anzutreten. Das Wesentliche liegt dabei
nicht in der Materie Kohlenstoff, sondern darin, daß dieser die Rolle eines
Energieüberträgers spielt. Diejenigen Vegetabilien, die nicht der Ernährung zugute kommen, verfallen der Verwesung. Sie bilden außerdem die Kohlen, und die noch in diesen enthaltene Energie, die wir durch
Verbrennung bei der Heizung unserer Dampfkessel und Feuerungs-
vorrichtungen benutzen, ist wiederum nur umgewandelte Sonnen-
energie.

Es mag noch erwähnt werden, daß Kohlendioxyd an manchen Orten
(z. B. in der ehemals vulkanischen Hundsgrotte bei Neapel) aus Rissen
und Spalten der Erde strömt. Da es 1,5mal so schwer wie Luft ist,
bleibt es am Boden liegen, so daß Tiere von geringerer Höhe, wie Hunde,
ersticken, während Menschen unbelästigt bleiben. Gelöstes Kohlendioxyd findet sich im Wasser verschiedener Quellen, Säuerlinge genannt,
zu denen die Quellen von Soden und Selters im Taunus gehören.

Kohlendioxyd ist ein farbloses Gas, das sich durch starken Druck verflüssigen läßt. Bei 31 ⁰ werden 77 Atmosphären dazu benötigt. Oberhalb
dieser Temperatur (kritische Temperatur) ist eine Verflüssigung nicht
mehr möglich. Da die Eisenindustrie ohne Schwierigkeiten Gefäße her-
stellt, welche einen Innendruck von 77 Atm. aushalten, so kann
man die Kohlensäure in Stahlflaschen verflüssigt in den Handel
bringen.

Unsere Lungen vermögen beim Atmen der Luft 4—5 % Sauerstoff
zu entziehen und das gleiche Volumen CO_2 abzugeben. Übersteigt
der CO_2-Gehalt der eingeatmeten Luft 5 %, so vermag unser Blut ihr keinen Sauerstoff mehr zu entziehen. Es treten Beschwerden auf, die mit
dem Erstickungstode enden. Das gegebene Gegenmittel ist frische Luft.

Die desinfizierende Wirkung der Kohlensäure ist ihrer geringen Dissoziation entsprechend gering. Manche Bakterien gedeihen in einer Koh-
lendioxydatmosphäre, bei anderen zeigt sich aber eine deutliche Wachs-

tumshemmung, die bei vielen saprophytischen Arten zu einem völligen Stillstand der Entwicklung führt. Nur gegenüber den sehr empfindlichen Choleravibrionen zeigt die Kohlensäure eine bakterizide Kraft.

Bei 15^0 löst sich CO_2 in Wasser in einem Raumverhältnis von $1:1$. Es findet zu 0,7 % eine Umsetzung nach der bereits erwähnten Gleichung $CO_2 + H_2O = H_2CO_3$ statt. Diese H_2CO_3 dissoziiert zum Teil in die Ionen H und HCO_3' oder 2 H· und CO_3'', woher die schwach saure Reaktion stammt. Die Säure H_2CO_3 selbst zu isolieren gelingt ebensowenig wie die Isolierung der schwefligen Säure H_2SO_3. Sie zerfällt sofort in H_2O und CO_2. Doch sind sehr beständige Salze von ihr bekannt, die zwei Reihen bilden:

1. neutrale Salze oder Karbonate, z. B. Na_2CO_3 Natriumkarbonat und $CaCO_3$ Calciumkarbonat.

2. saure Salze oder Bikarbonate, wie $NaHCO_3$ Natriumbikarbonat und $Ca(HCO_3)_2$ Calciumbikarbonat.

Die löslichen neutralen Salze der Kohlensäure zeigen nun keinesfalls neutrale, sondern alkalische Reaktion. Diese Erscheinung erklärt sich durch die Hydrolyse, die eine wichtige Anwendung der Ionentheorie zeigt. Hydrolyse ist die Spaltung eines Salzes durch Wasser. Sie kann sich bemerkbar machen durch eine Änderung der Reaktion gegenüber Indikatoren für Säuren oder Basen oder kann noch augenfälliger in Erscheinung treten durch das Auftreten von Fällungen. Hier liegt der erstgenannte Fall vor. Die Ursache der Hydrolyse ist darin zu suchen, daß das Wasser selbst, also das Lösungsmittel, dissoziiert ist. Zwar nur in ganz verschwindendem Maße — in 7 Millionen Liter Wasser ist ein Grammolekül Wasser (also 18 g) dissoziiert im Sinne $H_2O = H· + OH'$ —, aber doch genügend, um den Anstoß zu geben zu wichtigen Reaktionen. Denn wird einer der ionisierten Anteile des Wassers, die H-Kationen oder die OH-Anionen, gebunden, so bildet sich in rascher Folge aus dem molekularen Wasser der dissoziierte Anteil nach, bis schließlich das Bindungsvermögen des in der Lösung befindlichen Körpers erschöpft ist und somit die „Hydrolyse" ihr Ende erreicht. Bei einer Natriumkarbonatlösung liegen die Verhältnisse wie folgt:

Zunächst tritt beim Auflösen folgende Ionisierung ein:

$$1.\ Na_2CO_3 = 2\,Na· + CO_3''$$

Nun reagiert aber das dissoziierte Wasser mit seinen Bestandteilen H· und OH'':

$$2.\ 2\,Na· + 2\,OH' = 2\,NaOH.$$

$$3.\ CO_3'' + 2\,H· = H_2CO_3.$$

Es sollten also entstehen $NaOH$ und H_2CO_3. Die starke Base Natronlauge bleibt nun aber in weitgehendstem Maße dissoziiert, während die schwache Säure H_2CO_3 zum größten Teil als nicht dissoziiertes Molekül in der Lösung vorhanden ist. Die H·Ionen sind somit fast völlig festgelegt und können nicht mehr den positiven Gegenpart zu den OH-Anionen bilden. Deren Überwiegen führt somit zur alkalischen Reaktion.

Alle Salze, die aus einer starken Base und einer schwachen Säure bestehen, werden in gleicher Weise beim Lösen in Wasser der Hydrolyse unterworfen sein und eine alkalisch reagierende Lösung erzeugen. Der umgekehrte Vorgang spielt sich bei Salzen aus schwacher Base und starker Säure ab, wo die sich aus dem dissoziierten Anteil des Wassers bildenden OH-Ionen in molekular gelöster Base festgelegt werden, während die H·Ionen als Bestandteile der entstehenden starken Säure erhalten bleiben. Sind die gering dissoziierten Spaltprodukte schwer löslich, so treten Fällungen auf. Beispiele für die beiden letztgenannten Fälle sollen später erörtert werden.

Analytisches. Karbonate entwickeln auf Zusatz von verdünnter Salzsäure gasförmiges Kohlendioxyd, das beim Einleiten in oder Auffallenlassen auf Barytwasser (eine Lösung von Baryumhydroxyd $Ba(OH)_2$) eine Trübung oder Fällung von weißem Bariumkarbonat erzeugt.

Cyan $(CN)_2$ entsteht synthetisch im elektrischen Flammenbogen aus den Elementen. Es hat die Struktur

$$N \equiv C - C \equiv N$$

und ist ein farbloses, stechend riechendes, giftiges Gas, das mit purpurgesäumter Flamme brennt.

Blausäure, Cyanwasserstoff genannt, ist eine Verbindung von der Zusammensetzung **HCN.** Die Entscheidung zwischen den beiden Bindungsweisen

$$C = N - H \quad \text{oder} \quad H - C \equiv N$$

soll in der organischen Chemie bei den Nitrilen und Isonitrilen gefällt werden.

Blausäure ist eine farblose Flüssigkeit, die bereits bei $26,5^0$ siedet. Ihren Namen verdankt sie gewissen Eisensalzen von blauer Farbe (S. 128). Bekannt ist ihre starke Giftwirkung. Bereits Gaben von 0,06—0,1 g wirken innerhalb weniger Minuten tödlich, so daß Gegenmittel meist zu spät kommen. Gegenmittel: Bei eingeatmeter Blausäure wird Chlor empfohlen, bei Magenvergiftung Wasserstoffsuperoxyd, welches die Blausäure in eine unschädliche organische Verbindung umwandelt. Da diese Mittel außer im chemischen Laboratorium nicht sofort zur Hand sind, wird man sonst nur künstliche Atmung und starke Nervenreize (Übergießen mit kaltem Wasser) anwenden können. Ist die Hauptgefahr erst einmal vorüber, so werden die Nachwirkungen bald überwunden, da im Körper die Blausäure rasch zersetzt wird. In den bitteren Mandeln sowie in den Kernen von Kirschen, Pflaumen u. a. findet sich ein Stoff, Amygdalin. Bei der Gärung zerfällt er in Blausäure, Traubenzucker und Benzaldehyd. Die Gewinnung der Blausäure auf diesem Wege ist schon seit uralten Zeiten bekannt („Trank des Schweigens" der ägyptischen Priester).

Die Salze der Blausäure wie KCN, Cyankali, haben die gleiche Giftwirkung wie die Säure selbst, weil diese als eine sehr schwache Säure durch die Salzsäure des Magens in Freiheit gesetzt wird. Selbst durch Kohlensäure wird sie aus ihren Salzen ausgetrieben; daher riecht Cyankali nach Blausäure.

Knallsäure hat die Zusammensetzung **CNO H.** Ihr Quecksilbersalz Hg (CNO)$_2$, Knallquecksilber, explodiert durch Stoß oder Schlag sehr heftig und findet zur Initialzündung Verwendung.

Cyansäure, wohl zu unterscheiden von der Cyanwasserstoffsäure = Blausäure, hat genau dieselbe prozentische Zusammensetzung wie Knallsäure. Sie ist mit ihr „isomer" (gr. isos gleich und meros Teil). Trotzdem zeigt sie ein ganz anderes Verhalten in physikalischer und chemischer Hinsicht als die Knallsäure. Diese Erscheinung erklärt die Stereochemie durch verschiedene Lagerung der Atome im Molekül zueinander. Auf Grund ihrer chemischen Reaktionen wird der Knallsäure die Konstitution C = NOH, der Cyansäure die Konstitution O = C = NH oder HOC ≡ N zugesprochen. Von geschichtlicher Bedeutung ist das Ammoniumsalz der letzteren $C{{-ONH_4}\atop{=N}}$. Dieses vermag sich in einen neuen Körper, nämlich Harnstoff, umzulagern, dem die Konstitutionsformel

$$C{{-NH_2}\atop{=O}\atop{-NH_2}}$$

gegeben wird. Diese Umlagerung war das erste Beispiel, an dem Wöhler 1828 zeigen konnte, daß Stoffe, welche bisher nur aus der organischen Natur stammten, auch auf rein anorganischem Wege darstellbar sind.

Denkt man sich in der Cyansäure das O-Atom durch S ersetzt, so entsteht die entsprechende Sulfosäure **Rhodanwasserstoffsäure CN·SH.** Analytisch wichtig ist ihr Eisensalz (CNS)$_2$Fe, welches intensiv rot gefärbt ist und das auch der Säure den Namen gegeben hat (gr. rodeus rosenrot).

Schwefelkohlenstoff C S$_2$. Leitet man über glühende Kohlen Schwefeldampf, so erhält man Schwefelkohlenstoff. Er ist eine Flüssigkeit von niedrigem Siedepunkt (46°), die leicht entflammt (vorsichtig zu handhaben!) und zu Kohlendioxyd und Schwefeldioxyd verbrennt:

$$CS_2 + 3 O_2 = CO_2 + 2 SO_2.$$

Wie man aus der Gleichung ersieht, sind zur vollständigen Verbrennung reichliche Mengen Sauerstoff nötig. Sind diese nicht vorhanden, so verbrennt nur der Kohlenstoff, während der Schwefel sich elementar abscheidet.

Bemerkenswert ist das außerordentlich hohe Brechungsvermögen des Schwefelkohlenstoffes für Licht, doch steht einer physikalischen Anwendung seine leichte Zersetzlichkeit und Gelbfärbung entgegen.

Eine umfangreiche Anwendung gründet sich auf sein Lösungsvermögen für Schwefel, Fette, Harze, Kautschuk usw. Neuerdings spielt er eine Rolle bei der Herstellung der Kunstseide. In Verbindung mit Natronlauge bildet der Schwefelkohlenstoff mit Zellulose eine sehr zähflüssige (viskose) Masse, die durch Pressen aus engen Düsen zu Fäden geformt wird. In verdünnten Säuren wird die Zellulose unter Beibehaltung der Fadenform wieder abgeschieden. Der Glanz der so erhaltenen Fäden sichert dem Produkte (Kunstseide, Viskose) vielfache Anwendung zu Stickereien usw ; doch steht es an Haltbarkeit der natürlichen Seide nach.

Auffallend ist der widerliche Geruch des Schwefelkohlenstoffes. In ganz reinem Zustande riecht er zwar angenehm aromatisch, wird aber durch Zersetzung im Lichte wieder übelriechend. Eingeatmet wirkt er sehr schädlich, da er durch Lösungsvorgänge die Nervensubstanz schädigt. Kleineren Lebewesen gegenüber ist er ein starkes Gift und hat daher z. B. zur Bekämpfung der Reblaus Anwendung gefunden.

Von den zahlreichen Wasserstoffverbindungen des Kohlenstoffs, die im organischen Teil des Buches besprochen werden, seien nur das **Methan CH$_4$,** das sich durch bakterielle Zersetzung von vegetabilischen Stoffen in der Natur bildet (Sumpfgas), das **Äthylen C$_2$H$_4$** und das **Azetylen C$_2$H$_2$** erwähnt.

Leuchtgas. Ein Prozeß, der technisch in großem Maßstabe ausgeführt wird, ist die „trockene Destillation" der Steinkohle. Unter trockener Destillation versteht man das Erhitzen einer Substanz unter Luftabschluß. Wie schon auf S. 71 erwähnt, enthalten die in der Natur gefundenen Kohlen keinen reinen Kohlenstoff, sondern außer geringen Mengen mineralischer Bestandteile eine ganze Reihe verschiedener organischer Verbindungen. Diese ergeben bei der hohen Temperatur der trockenen Destillation (ca. 1100^0) einen nicht flüchtigen Rückstand und ein Destillat. Ersterer ist der **Koks**, ein ziemlich reiner, aber noch aschenhaltiger Kohlenstoff (s. S. 73).

Das Destillat wird bei Abkühlung teilweise flüssig, teilweise bleibt es gasförmig. Der flüssige Anteil besteht aus kondensiertem Wasser („Gaswasser"), das Ammoniak gelöst enthält, und einer durch suspendierten Kohlenstoff schwarzgefärbten Masse, dem **Teer**, der aus einem komplizierten Gemisch organischer Stoffe (Benzol, Anilin, Naphthalin, Anthrazen, Karbolsäure usw.) besteht. Gaswasser und Teer werden in sog.

„Teerscheidern" getrennt. Der Teer ist für die organische Großindustrie das wichtigste Ausgangsmaterial. Der gasförmige Bestandteil wird zunächst in „Ammoniakwäschern" von Ammoniak völlig befreit, das, meist mit Schwefelsäure in Ammoniumsulfat umgesetzt, ein wichtiges Nebenprodukt der Leuchtgasfabrikation ist (s. S. 45). Dem Gas beigemengter Schwefelwasserstoff und in kleineren Mengen vorhandene Cyanverbindungen werden durch geeignete Absorptionsmittel (Raseneisenerz, Kalk) beseitigt. Der gasförmige Rest ist das Leuchtgas.

Leuchtgas ist ein Gemisch von Gasen, deren Mengenverhältnis je nach der angewandten Steinkohle und der Art der Verkokung wechselt. Wasserstoff und Methan sind die Hauptbestandteile:

Beispiel der Zusammensetzung eines Leuchtgases.

Wasserstoff	49%
Methan	34%
Kohlenoxyd	8%
Schwere Kohlenwasserstoffe	4%
(Äthylen, Benzol usw.)	
Kohlendioxyd	1%
Stickstoff	4%

Die Leuchtkraft und Heizkraft des Leuchtgases sind bedingt durch seinen Gehalt an schweren Kohlenwasserstoffen. Sie steigen mit wachsenden Mengen der letzteren, weshalb man dem Wassergas oft kohlenstoffreiche Gase oder Dämpfe, z. B. Benzol oder Petroleumkohlenwasserstoffe, nachträglich beimengt (Carburation). Die Giftigkeit des Leuchtgases beruht auf seinem Gehalt an Kohlenoxyd.

Flamme und **Bunsenbrenner.** Gasförmige Stoffe liefern bei sofortiger völliger Verbrennung nichtleuchtende bzw. schwachleuchtende Flammen. Eine gefärbte Flamme wird erst dadurch erzeugt, daß feste Bestandteile bei hoher Temperatur ins Glühen geraten. Verbrennt also ein Gas mit Leuchterscheinung, so muß die Ausscheidung fester Stoffe angenommen werden. So scheidet sich aus kohlenstoffreichen organischen Gasen bei der Verbrennung Kohlenstoff ab, der in glühendem Zustand Licht aussendet. Auch bei der offenen Leuchtgasflamme muß angenommen werden, daß die Verbrennung nur teilweise, und zwar in der äußeren Zone stattfindet, während im Inneren ausgeschiedener Kohlenstoff, den man an einem kalten Gegenstand als Ruß leicht niederschlagen kann, der Träger der Leuchtkraft ist.

Diese Erkenntnis macht man sich praktisch dadurch zunutze, daß man geeignete feste Stoffe in heißen Flammen zum Glühen bringt. Im Knallgasgebläse strahlt Kalk oder Zirkonerde blendend weißes Licht aus (Drummondsches Kalklicht). Im Auerlicht dient ein feinmaschiges Netz aus 99% Thoroxyd und 1% Ceroxyd als Glühkörper (Glühstrumpf), den die Leuchtgasflamme auf die nötige Temperatur erhitzt.

Die wichtigste Heizquelle für das Laboratorium ist der **Bunsenbrenner**, dessen Konstruktion und Flamme (man beachte die verschiede-

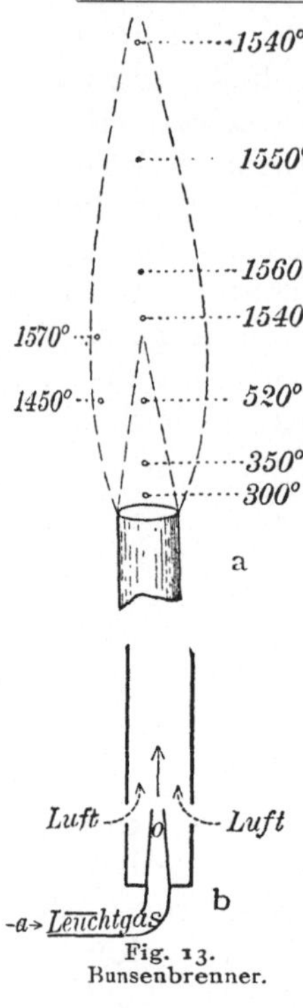

Fig. 13.
Bunsenbrenner.

nen Flammenzonen) aus nachstehenden Figuren (Fig. 13) leicht ersichtlich ist.

Wird durch den am Fuß des Bunsenbrenners befindlichen Ring die äußere Luft abgeschlossen, so entsteht eine stark leuchtende, ruhig brennende Flamme. Durch eine kleine Drehung gestattet der Ring die Zufuhr der umgebenden Luft, und Entleuchtung tritt ein. Früher führte man diese auf die durch erhöhte Sauerstoffzufuhr bewirkte völlige Verbrennung des glühenden Kohlenstoffs zurück. Da aber auch der Zutritt anderer Gase, z. B. reinen Stickstoffs und Kohlendioxyds, gleichfalls Entleuchtung zur Folge hat, muß nach einer anderen Erklärungsweise gesucht werden. Die Tatsache, daß in den Kohlenwasserstoffen erst der Kohlenstoff und dann der Wasserstoff, wie experimentell bewiesen werden kann, verbrennt, führt zu einer klareren Vorstellung. Die Ausscheidung des Kohlenstoffs ist eine Folge der Dissoziation der Kohlenwasserstoffe, vor allem des Äthylens, wobei zunächst Azetylen (das sich z. B. in der „zurückgeschlagenen" Bunsenflamme zeigt) als Zwischenprodukt entsteht, bis schließlich Kohlenstoff und Wasserstoff sich bilden. Durch Zufuhr von Luft oder anderen kalten Gasen tritt eine Abkühlung ein, die die Temperatur der inneren Flamme herabsetzt und die Dissoziation verhindert.

Silicium.

Zeichen Si (silex der Kieselstein), Atomgewicht 28,3.

Gebunden an Sauerstoff kommt Silicium als Kieselsäureanhydrid in der Natur weit verbreitet vor und macht hauptsächlich in Form vieler Silikate (Feldspat, Oligoklas, Glimmer usw.) rund 25 %. der Erdrinde aus. Das freie Element kann durch Reduktion von Quarzsand, der ein ziemlich reines Dioxyd darstellt, mit Hilfe stärkster Reduktionsmittel, z. B. Magnesium oder Aluminium, gewonnen werden:

$$SiO_2 + 2\,Mg = Si + 2\,MgO.$$

In gut kristallisierten metallglänzenden Oktaedern entsteht es bei Verwendung von Aluminium, wobei es sich in dem Überschuß des letzteren bei hoher Temperatur löst und beim Erkalten auskristallisiert, während es bei Verwendung von Magnesium in seiner amorphen, braunen Modifikation erhalten wird.

An der Luft erhitzt, verbrennt amorphes Silicium bei hoher Temperatur zu SiO_2. Metalle binden es zu Siliciden, die bei der Metallgewinnung eine Rolle spielen. Es zersetzt Wasser besonders bei Gegenwart von Alkali unter Wasserstoffentwicklung (s. S. 10):

$$Si + 2\,H_2O = SiO_2 + 2\,H_2.$$

Erhitzt man Siliciumdioxyd mit Kohle auf hohe Temperatur — fabrikmäßig mit Hilfe des elektrischen Ofens —, so findet Reduktion statt, jedoch bindet das entstandene Silicium überschüssigen Kohlenstoff zu **Siliciumcarbid Si C,** das seiner großen Härte wegen unter dem Namen C a r b o r u n d u m als Schleifmittel Verwendung findet. Es leitet den elektrischen Strom sehr schlecht, kann daher auch zur Herstellung von Widerständen und elektrischen Öfen benutzt werden.

Wie Kohlenstoff, so kann auch Silicium Wasserstoffverbindungen bilden, die, wie besonders A. Stock bewiesen hat, die Zusammensetzung der entsprechenden Kohlenwasserstoffe zeigen (SiH_4 Monosilan, Si_2H_6 Disilan, Si_3H_8 Trisilan usw.) und auf die Fähigkeit zur Bildung von Ketten schließen lassen. Die Bindung ist jedoch eine sehr lockere, so daß die Siliciumwasserstoffe durch leichte Zersetzlichkeit ausgezeichnet sind.

Wird Silicium im Chlorstrom erhitzt, so entsteht das **Siliciumtetrachlorid Si Cl₄** als farblose Flüssigkeit vom Siedepunkt $56,9^0$, die sich mit Wasser sofort unter Bildung von Salzsäure und Kieselsäure zersetzt. Die entsprechende Fluorverbindung läßt sich am besten aus Flußsäure und Quarzsand erhalten:

$$Si O_2 + 4 HF = Si F_4 + 2 H_2 O.$$

Siliciumfluorid Si F₄ ist ein Gas von stechendem Geruch. Auf seiner Bildung beruht die Ätzung kieselsäurehaltiger Gläser durch Flußsäure (Glastinte) und das für die Analyse wichtige ,,Aufschließen'' der Silikate, die durch längeres Eindampfen mit Flußsäure unter Zusatz von Schwefelsäure in Sulfate umgewandelt werden, während die gesamte Kieselsäure als $Si F_4$ verflüchtigt wird.

Beim Einleiten des gasförmigen SiF_4 in Wasser entsteht unter Abscheidung von Kieselsäure die in reinem Zustand nicht bekannte Siliciumfluorwasserstoffsäure $H_2Si F_6$:

$$3 Si F_4 + 3 H_2O = H_2Si O_3 + 2 H_2Si F_6.$$

Diese Säure und ihre Salze dienen wegen ihrer hohen wachstumhemmenden Eigenschaften gegenüber Bakterien als Konservierungsmittel und Antiseptika (Montanin).

Siliciumdioxyd Si O₂ kommt in kristallisierter Form vielfach in der Natur vor: Q u a r z und B e r g k r i s t a l l, R a u c h t o p a s (braun gefärbt), A m e t h y s t (violett), C i t r i n (gelb), R o s e n q u a r z (rosa) und andere gefärbte Varietäten, die teilweise als Schmucksteine Verwendung finden. Zu amorphen Modifikationen des Siliciumdioxyds gehören A c h a t und O p a l. Die durch Schlagen an Stahl zur Erzeugung von Feuer seit Jahrtausenden benutzten F e u e r s t e i n e stellen ein sehr hartes Gemenge von Quarz und Opal dar, das in der Steinzeit zur Herstellung von Gerät und Waffen diente. Aus den Kieselpanzern von Diatomeen entsteht ein sehr lockeres, wasserhaltiges Sediment, das als Infusorienerde oder K i e s e l g u r zu mannigfaltigen Zwecken technisch benutzt wird: zum Aufsaugen von Flüssigkeiten (Nitroglyzerin), als Isoliermaterial, zur Filtration, als Verpackungsmaterial usw.

Bei ca. 1800^0 läßt sich Quarz im Knallgasgebläse oder in dem elektrischen Ofen verflüssigen. Die geschmolzene oder weiche Masse wird zu

Geräten aller Art verarbeitet (Heraeus, Hanau), die infolge des sehr geringen Ausdehnungskoeffizienten des Quarzes gegen Temperaturwechsel äußerst beständig sind. Auch andere physikalische Eigenschaften machen das Quarzglas wertvoll, so seine hohe Durchlässigkeit für ultraviolette Strahlen, die bei der Konstruktion von Quecksilberlampen (künstliche Höhensonne) benutzt wird.

Die Molekulargröße des Siliciumdioxydes entspricht nicht der einfachen Formel SiO_2, die nur die stöchiometrische Zusammensetzung geben soll. Wie schon die schwere Schmelzbarkeit und Flüchtigkeit, sowie die geringe chemische Reaktivität zeigen, handelt es sich bei den uns bekannten Formen des Siliciumdioxyds um umfangreichere Molekularkomplexe, deren Größe unbekannt ist. Fassen wir die Analogie mit dem Kohlenstoff ins Auge, so können wir SiO_2 wie CO_2 wohl als Säureanhydrid auffassen, doch fehlen genau definierte Säuren. Durch Schmelzen von Siliciumdioxyd mit Soda oder Pottasche entstehen Alkalisilikate, sog. Wassergläser, die je nach den Mengenverhältnissen wechselnde Zusammensetzung zeigen (Na_2SiO_3, $Na_2Si_2O_5$, $Na_2Si_3O_7$ usw.) Sie sind wasserlöslich, erhärten jedoch an der Luft zu einer glasähnlichen durchsichtigen Masse.

Versetzt man wäßrige Lösungen von Kalium- oder Natriumsilikat mit Salzsäure, so scheidet sich eine gallertartige Masse von wasserhaltigem SiO_2 ab. Eine einheitliche Kieselsäure zu erhalten gelingt nicht, vielmehr wird beim Trocknen nach und nach sämtliches Wasser abgespalten und das Anhydrid SiO_2 bleibt zurück. Wendet man bei obigem Versuch viel Salzsäure und wenig Wasserglas an, so entsteht keine Fällung, die Kieselsäure bleibt gelöst. Nach Entfernung des gleichzeitig entstehenden Kochsalzes läßt die genauere Prüfung jedoch leicht erkennen, daß es sich hier nicht um eine dissoziierte Lösung handelt. Es fehlt in ihr, wie auch in den wasserlöslichen Salzen, ein bestimmtes Anion, das man als dasjenige der Kieselsäure auffassen könnte. Infolgedessen entspricht letztere als Säure nicht der früher gegebenen exakten Definition. Bei dieser gelösten Kieselsäure begegnen wir zum erstenmal einem besonderen Verteilungszustand eines Körpers — dem kolloiden oder kolloidalen Zustand. Da die Chemie der Kolloide von hoher Wichtigkeit ist, vor allem zur Erklärung biologischer Prozesse, so sei an dieser Stelle eine kurze Besprechung der **Kolloidchemie,** die einen Teil der physikalischen Chemie ausmacht, eingeschaltet.

Zu der Auffassung des Begriffs kolloider Lösungen führten Diffusionsversuche, die in umfangreicher Weise zuerst Thomas Graham ausführte. Viele gelöste Stoffe, vor allem Säuren, Basen und Salze, zeigen eine hohe Diffusionsgeschwindigkeit, während andere, wie Kieselsäure, Eiweiß, Leim usw. kein oder nur geringes Diffusionsvermögen haben. Die Lösungen der letzteren nannte Graham kolloide Lösungen (colla

Leim). Da die Versuche durch Überschichten mit dem reinen Lösungsmittel sehr unbequem und ungenau sind, benutzte man an Stelle dieser „freien" Diffusion verdünnte Gallerten (erstarrte Gallerten aus Gelatine, Agar usw.), über die die zu prüfenden Lösungen geschichtet wurden. Gut diffundierende Stoffe wandern in die Gallerte hinein, was besonders bei solchen gefärbter Natur leicht zu erkennen ist, kolloidale Stoffe dagegen nicht (Fig. 14). Eine bessere Unterscheidung erreichte Graham durch die Anwendung von Membranen, z. B. aus Pergamentpapier oder Schweinsblase. Diese gestatten — wenn man mit ihnen z. B. einen Glaszylinder unten verschließt, die Lösung einfüllt und in Wasser einsetzt (Fig. 15) — den diffundierenden Stoffen den Durchgang, nicht aber den kolloiden. Die Diffusion gelöster Stoffe durch solche Membranen nannte Graham „Dialyse". Es lassen sich also auf diesem Wege durch öfteres Erneuern des Lösungsmittels, in das die nicht kolloiden Stoffe hineinwandern, reine kolloidale Lösungen gewinnen.

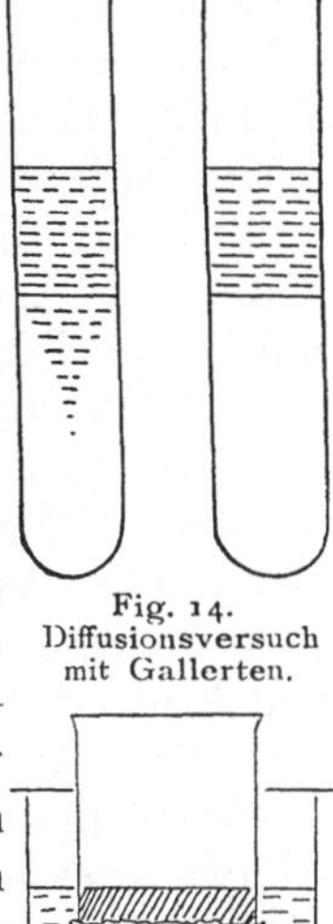
Fig. 14.
Diffusionsversuch mit Gallerten.

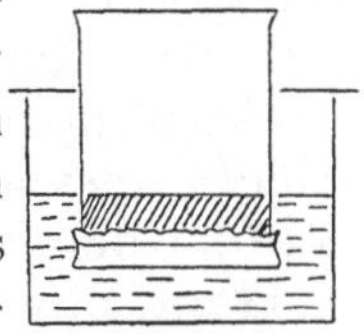

Fig 15. Dialyse.

Vergleichen wir nun einmal solche kolloidalen Lösungen mit den Lösungen der diffundierenden Stoffe. Gemeinsame Eigenschaften lassen sich zunächst finden, z. B. die Möglichkeit des Filtrierens durch Papierfilter oder Porzellan- und Tonkerzen. Erfüllt aber damit die kolloidale Lösung die Bedingung, die wir bei Lösungen normalerweise voraussetzen, nämlich die, daß eine molekulare Zerteilung vorliegt? Wenn wir z. B. Zucker in Wasser lösen, so müssen wir ja annehmen, daß die Moleküle voneinander getrennt werden und die Wassermoleküle sich dazwischen schieben. Ist dies auch bei den Kolloiden der Fall? Die Tatsache, daß ihre Lösungen durch das Filter gehen, gibt diese Sicherheit nicht, denn auch unlösliche Stoffe, z. B. Bariumsulfat, kann man so fein in Wasser aufschwemmen, daß sie die gleiche Eigenschaft haben. Die Erscheinung des „Durchlaufens" durch das Papierfilter ist dem analytischen Chemiker bei der Ausfällung vieler unlöslicher Stoffe bekannt. Da derartige Aufschwemmungen unlöslicher Stoffe gleichfalls nicht diffundieren und dialysieren, so könnte man geneigt sein, kolloidale Lösungen nur für Suspensionen zu halten. Demgegenüber bestand die Ansicht, daß kolloidale Lösungen echte Lösungen sind, wobei man allerdings zur Erklärung des Nichtdiffundierens und Nichtdialysierens einen besonderen Zustand des gelösten Körpers annehmen mußte.

Die moderne Kolloidchemie lehrt uns nun, daß es keine scharfen Unterschiede zwischen molekularen Lösungen, kolloiden Lösungen und mechanischen Zerteilungen gibt. Sie sind vielmehr von einem allgemeineren Gesichtspunkte aus zu betrachten, nämlich dem der „dispersen

Systeme". In einem dispersen Systeme befindet sich ein Stoff (Dispersoid) in einem anderen, dem Dispersionsmittel, mehr oder minder fein verteilt (Dispersitätsgrad). Mit dem Dispersitätsgrad ändern sich auch periodisch die chemischen und physikalischen Eigenschaften. Molekulare Lösungen sind höchstdisperse Systeme, von ihnen bis zu den grobdispersen Aufschwemmungen nimmt der Dispersitätsgrad ab. Einen mittleren Dispersitätsgrad besitzen die Kolloide. Alle Zwischenarten sind denkbar. Dementsprechend kann man annehmen, daß der kolloidale Zustand für jede Materie möglich ist. Das läßt sich für viele Stoffe beweisen. Schwefel z. B. ist in drei Dispersitätsabstufungen bekannt. Der kristallisierte Schwefel und die Schwefelblumen, in Wasser aufgeschlämmt, stellen den grobdispersen Zustand vor, die Schwefelmilch den kolloiden und eine Lösung in Schwefelkohlenstoff den molekulardispersen Zustand.

Wenn man trotzdem noch kolloide Lösungen unterscheidet, so geschieht dies lediglich aus praktischen Gründen, um den Dispersitätsgrad zu kennzeichnen. Die Grenzen sind willkürlich gezogen, und zwar an Hand physikalischer und physikalisch-chemischer Methoden. Einen Grenzwert gibt die Zuhilfenahme des Mikroskops, dessen äußerste Leistungsfähigkeit der Abbildung einen Wert von ca. $^1/_{10000}$ mm $= 0,1\,\mu$ ergibt. Grobe Dispersionen können durch das gewöhnliche Mikroskop erkannt werden, kolloidale Lösungen nicht. Die Filtration gibt ähnliche Werte, denn die feinsten Filter zeigen einen Porendurchmesser von ca. $1\,\mu$, Filterkerzen aus Ton und Porzellan ca. $0,2\,\mu$. Die Grenze zwischen kolloidem und molekulardispersem System geben die Berechnungen für die Dimensionen der typischen Moleküle, deren Durchmesser bis ca. $1\,\mu\mu$ beträgt. Das Stärkemolekül mit $5\,\mu\mu$ Durchmesser zählt schon zu den Kolloiden, und in der Tat hat Stärkelösung schon kolloide Eigenschaften. Folgendes Schema stellt die damit gegebene Einteilung zusammen (nach Wo. Ostwald):

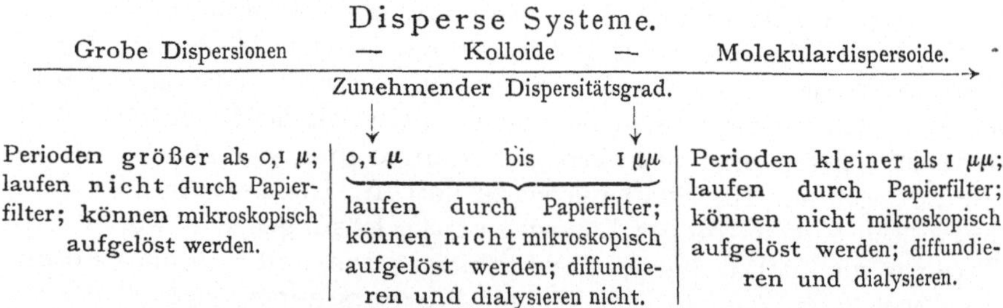

Disperse Systeme.

Grobe Dispersionen	—	Kolloide	—	Molekulardispersoide.

Zunehmender Dispersitätsgrad.

Perioden größer als $0,1\,\mu$; laufen nicht durch Papierfilter; können mikroskopisch aufgelöst werden.	$0,1\,\mu$ bis $1\,\mu\mu$ laufen durch Papierfilter; können nicht mikroskopisch aufgelöst werden; diffundieren und dialysieren nicht.	Perioden kleiner als $1\,\mu\mu$; laufen durch Papierfilter; können nicht mikroskopisch aufgelöst werden; diffundieren und dialysieren.

Bei der Herstellung kolloidaler Lösungen sind zwei Wege möglich. Man kann vom höchstdispersen Zustand, den molekularen Lösungen, ausgehen und deren Teilchen zusammenbringen, bis sie die Größenordnung der Kolloide erreichen — Kondensationsmethoden. Oder man geht

umgekehrt vom grobdispersen Zustand aus und nimmt eine weitere
Zerteilung vor, bis der kolloide Zustand erreicht wird — Disper-
sionsmethoden. Die einfachste Art der Kondensationsmethoden
beruht in der Ausfällung der Substanz, die kolloid gelöst werden soll,
aus einer molekularen Lösung unter Anwendung geeigneter Konzentrationen. Reduziert man z. B. eine Goldlösung, so schlägt sich das
Gold bei bestimmter Versuchsanordnung nicht sofort als grobdisperser
Niederschlag zu Boden, sondern es bleiben Komplexe von Molekülen
erhalten, deren Größenordnung die Entstehung einer kolloiden Lösung
bedingt. Die günstigsten Bedingungen dazu bieten sehr verdünnte und
sehr konzentrierte Lösungen, während mittlere Konzentrationen die
grobkörnigsten Niederschläge zur Folge haben. Eine Dispersions-
methode ist die elektrische Zerstäubung (nach Bredig) Läßt man in
einem Lösungsmittel den elektrischen Strom z. B. zwischen zwei Silber-
elektroden überspringen, so erzeugen Silberteilchen von der Größenordnung $0,1\mu - 1\mu\mu$ eine kolloide Lösung.

Auch unter den kolloiden Lösungen gibt es naturgemäß verschiedene
Dispersitätsgrade, die häufig durch charakteristische Färbungen gekenn-
zeichnet sind. Höchstdisperses Gold z B. bildet gelb bis orange gefärbte Lösungen, wie sie in der Lösung des Goldchlorids vorliegt; mit
fallendem Dispersitätsgrad geht die Farbe von Rot über Grün und Violett zu Blau über. Auch Silberkolloide sind in dieser Farbenskala hergestellt worden.

In molekularen Lösungen nimmt man (analog dem Gaszustand) eine
Bewegung der Moleküle an, die sich durch Diffusion und osmotischen
Druck kenntlich macht. Es liegt nahe, auch hier in einer Bewegung,
deren Geschwindigkeit abnimmt mit der Größe der Teilchen, eine Analogie der kolloiden und grobdispersen Lösungen zu suchen. Sie ist in
der Tat vorhanden, und zwar bei letzteren bereits lange bekannt. Genügend feine Suspensionen zeigen unter dem Mikroskop eine ständige
Bewegung ihrer Teilchen (Brownsche Bewegung). Es ist aber durch
Anwendung kurzwelligen Lichtes gelungen, auch in kolloiden Lösungen
eine solche Bewegung festzustellen (Ultramikroskop nach Siedentopf
und Zsigmondy), die wesentlich intensiver ist als die Brownsche
Bewegung. Damit kommt diese „innere Eigenbewegung" allen Disper-
soiden bei geeigneten Bedingungen zu. Sie gehorcht den gleichen Ge-
setzen und ist eine weitere Stütze des umfassenderen Begriffs der Dis-
persoide.

So befinden sich also kolloide Lösungen fortwährend im Zustande der
Bewegung und Zustandsänderung, und es ist charakteristisch, daß die
chemischen Prozesse der Lebensvorgänge sich in den kolloiden Lösungen der Zelle abspielen. Die Zustandsänderung kann bei langem Stehen
einer Lösung bis zur Störung des kolloiden Charakters gehen und zum

grobdispersen Zustand führen, der durch Fällungen bemerkbar wird. Diese Umwandlung nennt man Koagulation, die Koagulationsprodukte Gele. Die umgekehrte Reaktion, also die Erhöhung des Dispersitätsgrades durch Übergang des grobdispersen in den kolloiden Zustand, heißt in Anlehnung an die Auflösung von Eiweißstoffen durch Fermente Peptisation. Die nicht koagulierten kolloiden Lösungen werden als Sole bezeichnet.

Koagulation wird hervorgerufen außer durch Stehen auch durch Temperaturänderung, durch Zusatz von Elektrolyten, durch strahlende Energie (die Verbrennungen durch Radiumstrahlen sind Koagulationen des Gewebes) und durch Schütteln mit fein verteilten Pulvern, Kohle, Bariumsulfat usw. Eine Verhütung der Koagulation wird ermöglicht durch sog. Schutzkolloide, gewisse Körper, die selbst zu Emulsionen und kolloidem Zustand neigen, z. B. Eiweiß oder Gelatine. Manche dieser kolloiden Lösungen kann man sogar bis zur Trockne eindampfen und durch Auflösung wieder kolloid erhalten, was bei kolloiden Metalllösungen von Wichtigkeit ist (s. Kollargol S. 111).

Die Kolloidchemie ist nicht nur, wie erwähnt, zur Erklärung biologischer Prozesse von Interesse, sondern auch technisch vielfach von hoher Bedeutung. Sie stellt ein äußerst zukunftsreiches Gebiet der physikalisch-chemischen Forschung vor.

Analytisches. Verbindungen der Kieselsäure erzeugen in der Phosphorsalzperle eine weiße Trübung (Kieselskelett). Flußsäure bildet flüchtiges Siliciumfluorid SiF_4, das in Wasser eine Trübung von ausgeschiedener Kieselsäure hervorruft (Wassertropfenprobe).

Bor (Boron).

Zeichen B, Atomgewicht 11.

In den Staßfurter Salzlagern, in gewissen Teilen Italiens, sowie besonders in den westlichen Staaten von Nordamerika finden sich verschiedene Salze, welche das Element Bor enthalten. Es kann aus dem Oxyd durch Reduktion mit Magnesium oder Aluminium gewonnen werden, und zwar amorph oder in Form sehr harter schwarzglänzender Kristalle (Bordiamant). Praktische Verwendung hat es bisher nicht gefunden.

Versetzt man die Lösung eines Borsalzes mit Salzsäure, so fällt ein Körper von der Zusammensetzung **B(OH)₃** oder **H₃BO₃ Borsäure** in glänzenden, fettig anzufühlenden Schuppen aus. In kaltem Wasser ist er etwas, in heißem Wasser stärker löslich unter schwach saurer Reaktion. Mit Wasserdämpfen ist die Borsäure flüchtig und daher in den heißen Dämpfen (Fumarolen) enthalten, die in Toskana dem Boden entströmen.

Aus der Borsäure H_3BO_3, der **Orthoborsäure**, entsteht durch Kochen die **Metaborsäure** HBO_2, durch noch stärkeres Erhitzen verliert diese abermals Wasser und geht in die **Pyro-** oder **Tetraborsäure** über:

$$4\,HBO_2 = H_2B_4O_7 + H_2O.$$

Im Schmelzfluß erhält man schließlich das Anhydrid **B_2O_3 Bortrioxyd.**

Die Salze der Borsäuren heißen **Borate** und leiten sich von der Meta- und Pyrosäure ab. **Borax** ist Natriumtetraborat, $Na_2B_4O_7 + 10\,H_2O$.

Das Anhydrid B_2O_3 wie auch Borax selbst haben die Fähigkeit, Metalloxyde zu lösen:

$$CuO + B_2O_3 = Cu\,(BO_2)_2.$$

Anwendung wird von dieser Eigenschaft beim Löten gemacht. Das Lötmetall vermag nur reine Metalle zu verbinden, auf Metallflächen haftet aber stets eine Oxydhaut. Diese wird durch Borax und den heißen Lötkolben beseitigt. Auf der lösenden Wirkung des geschmolzenen Borax gegenüber Metalloxyden beruht auch seine Verwendung in der Analyse (Boraxperle), wo die meist charakteristisch gefärbten Metaborate zur Identifizierung der Metalle dienen können.

Borsäure vermag in Glas die Kieselsäure ganz oder zum Teil zu ersetzen. Man erhält auf diese Weise neue Glassorten, die sich durch erhöhten Glanz, Beständigkeit gegen Temperaturwechsel u. a. auszeichnen.

Wäßrige Borsäure hat sehr schwache antiseptische Wirkungen; eine 0,7%-Lösung tötet Staphylokokken noch nicht in einer Stunde ab. Trotzdem findet die Borsäure vor allem wegen ihrer Unschädlichkeit und Reizlosigkeit als Antiseptikum ausgedehnte Anwendung, und zwar sowohl in Lösung als auch in Salbenform. Zu Konservierungszwecken wird sie nur noch wenig benutzt und ist auf diesem Gebiet besonders von der Benzoesäure verdrängt worden.

Analytisches. Die flüchtige Borsäure färbt die Bunsenflamme grün. Die Reaktion wird begünstigt durch Überführung der Borsäure in leicht flüchtige Verbindungen mit Alkohol (Borsäureester), die mit grüngesäumter Flamme brennen. Zu diesem Zweck wird die zu untersuchende Substanz mit etwas Alkohol und conc. Schwefelsäure erhitzt und der entweichende Dampf angezündet.

Metalle.

Alkalimetalle.

Natrium, Kalium, Lithium, Rubidium, Cäsium.

Natrium.

Zeichen Na, Atomgewicht 23.

Natrium, Kalium, Lithium, Rubidium und Cäsium gehören zu der Gruppe der sog. Alkalimetalle. Sie zeigen in physikalischer und chemischer Hinsicht weitgehende Ähnlichkeit, so z. B. bezüglich der Wertigkeit, der leichten Zersetzlichkeit durch Wasser und der leichten Löslichkeit ihrer Salze.

Die weitaus größte Menge des auf der Erde vorhandenen Natriums ist an Chlor gebunden: **Natriumchlorid NaCl,** Kochsalz, Steinsalz. Es ist im Meerwasser in unermeßlichen Mengen in einer Konzentration von ca. 2,5 % vorhanden, woraus es durch Verdunstung des Wassers gewonnen wird (Salzgärten). Die größte Menge wird aus den Lagern des festen Salzes bergmännisch an vielen Orten abgebaut (Staßfurt, Berchtesgaden, Wieliczka in Galizien). Namen wie Halle, Salzwedel usw. deuten auf das Vorkommen von Salzlagern oder Salzquellen hin. Das Steinsalz kristallisiert wasserfrei in schön ausgebildeten regulären Würfeln. Für den Menschen ist es ein unentbehrlicher Bestandteil der Nahrung. Der Verbrauch beträgt pro Tag und Kopf rund 25 g.

Außer dem Steinsalz kommt nur noch das **Natriumnitrat NaNO₃,** der Chilesalpeter, in abbauwürdiger Form in der Natur vor. Doch liegt uns hierbei nicht an dem Na-, sondern an dem N-Gehalt der Verbindung, wie wir im Kapitel über den Stickstoff bereits gesehen haben. Zur Schießpulverbereitung ist der Chilesalpeter ungeeignet, weil er Wasser anzieht.

Weit verbreitet sind außerdem unlösliche Natriumverbindungen, vor allem mit anderen Metallen vereinigt in Form von Silikaten. Deren Verwitterung führt zu den besprochenen löslichen Natriumsalzen der Natur.

Herstellung. Die Herstellung von Metallen geschieht in der Technik in der Hauptsache auf zwei Wegen. Einmal durch Reduktion der Oxyde (falls Sulfide vorliegen, werden diese vorher geröstet) mit dem billigsten Reduktionsmittel, dem Kohlenstoff in Form von Koks. Ein Beispiel dafür war die Herstellung von Antimon Außerdem gibt die Elektrolyse geeigneter Verbindungsformen in sehr vielen Fällen eine bequeme Darstellungsmöglichkeit; sie ist gegeben für Orte, die über große Wasserkräfte und damit über billigen Strom verfügen. Sind die Metalle gegen Wasser empfindlich, so werden geschmolzene Stoffe oft unter Zusatz geeigneter Flußmittel elektrolysiert. Im anderen Falle, wie bei Schwermetallen, benutzt man gelöste Metallsalze. Natrium wurde von Davy (1807) zuerst durch Elektrolyse geschmolzenen Natriumhydroxyds gewonnen. Das heutige technische Verfahren beruht auf dem gleichen Prinzip.

Natrium ist ein weiches Metall, das sich mit dem Messer bequem schneiden und sich durch enge Öffnungen in Drahtform pressen läßt. Die Schnittfläche zeigt silberweißen Glanz, läuft aber sofort trüb an, bei feuchter Luft unter Bildung von Natriumhydroxyd:

$$2\,Na + O + H_2O = 2\,NaOH.$$

Mit Wasser reagiert es sehr heftig, indem Wasserstoff entwickelt und Hydroxyd gebildet wird:

$$2\,Na + 2\,H_2O = 2\,NaOH + H_2.$$

Es wird unter Petroleum aufbewahrt und findet im Laboratorium zu mannigfaltigen Reaktionen und zum Trocknen gewisser organischer Lösungsmittel vielseitige Anwendung.

Verbindungen. Als Ausgangsmaterial zur Herstellung der Verbindungen des Natriums dient vor allem das Kochsalz.

Natriumoxyd Na₂O entsteht durch vorsichtige Oxydation des metallischen Natriums bei Abwesenheit von Feuchtigkeit.

Natriumhydroxyd NaOH wurde früher meist aus Soda hergestellt. Zu diesem Zweck wird Sodalösung mit gelöschtem Kalk versetzt:

$$Na_2CO_3 + Ca(OH)_2 = CaCO_3 + 2\,NaOH.$$

In neuester Zeit wird Natriumhydroxyd hauptsächlich durch Elektrolyse einer Chlornatriumlösung hergestellt. Das an der Kathode zu erwartende metallische Natrium setzt sich mit dem Wasser zu Natronlauge und Wasserstoff um. An der Anode entsteht Chlor (man beobachte den Unterschied gegenüber der Darstellung von metallischem Na), das dabei als wichtiges Nebenprodukt gewonnen wird. Die Reaktion zwischen Chlor und Natronlauge wird durch geeignete Apparaturen (z. B. Diaphragma) verhindert. Das reinste Natriumhydroxyd erhält man durch Einwirkung von Wasser auf metallisches Natrium. Es wird in eisernen Schalen eingedampft und kommt in Stangen gegossen in den Handel. In wäßriger Lösung ist NaOH weitgehend in Ionen gespalten und reagiert stark alkalisch. Werden pflanzliche oder tierische Fette mit ihm gekocht, so erhält man unter Abspaltung von Glyzerin die festen Natronseifen.

Natriumperoxyd Na₂O₂ bildet sich bei lebhafter Verbrennung von metallischem Natrium an der Luft. Es mag merkwürdig erscheinen, daß das sonst nur einwertige Metall hier scheinbar zweiwertig auftritt. Man hat jedoch Veranlassung, sich die Struktur in folgender Weise vorzustellen:

$$Na - O - O - Na.$$

$Na_2 O_2$ gibt leicht die Hälfte seines Sauerstoffgehaltes ab und findet als Oxydations- und Bleichmittel Verwendung.

Natriumkarbonat Na₂CO₃, Soda, ist in kleinen Mengen in der Asche der Seepflanzen enthalten und wurde früher daraus gewonnen. Es ist ein Großhandelsartikel der chemischen Technik und findet ausgedehnte Anwendung. So ist es Rohstoff in der Seifen- und Glasindustrie sowie Ausgangsmaterial zur Darstellung anderer Natriumverbindungen. Zur Zeit der französischen Revolution trat in der neuen Republik ein empfindlicher Mangel an diesem wichtigen Stoffe ein, so daß der Wohlfahrtsausschuß ein Preisausschreiben für die Darstellung der Soda aus Kochsalz erließ. Die Lösung gelang Leblanc. Sein Verfahren besteht aus folgenden Reaktionen:

1. Kochsalz wird mit konzentrierter Schwefelsäure erhitzt, der leichtflüchtige Chlorwasserstoff entweicht:

$$2\,NaCl + H_2SO_4 = Na_2SO_4 + 2\,HCl.$$

2. Das entstandene Natriumsulfat wird mit Kohle und kohlensaurem Kalk $CaCO_3$ erhitzt. Dabei wird das Sulfat zu Sulfid reduziert:

$$Na_2SO_4 + 2\,C = Na_2S + 2\,CO_2.$$

Gleichzeitig setzt sich das entstandene Natriumsulfid Na_2S mit dem Kalk zu Natriumkarbonat Na_2CO_3 und Calciumsulfid CaS um:

$$Na_2S + CaCO_3 = Na_2CO_3 + CaS.$$

Die entstandene Schmelze wird vorsichtig ausgelaugt, damit nicht etwa beim Auslaugen die umgekehrte Reaktion:

$$Na_2CO_3 + CaS = Na_2S + CaCO_3$$

eintritt.

Dieses Verfahren hat lange Zeit den Markt mit Soda versehen. Seinem Erfinder blieb der materielle Lohn versagt: er endete 1806 durch Selbstmord im Armenhaus.

Die Nachteile des komplizierten Leblanc-Verfahrens lagen darin, daß zwei Nebenprodukte HCl und CaS entstehen, für die anfänglich keine Verwendung vorhanden war. Heute ist die als Nebenprodukt gewonnene Salzsäure von großem Wert, während CaS eine rationelle Verwendung noch nicht gefunden hat, wenn auch nach einigen Verfahren der wertvolle Schwefel noch verwertet wird.

Verbesserte Technik gestattete in der Mitte des vorigen Jahrhunderts dem Belgier Solvay ein neues Sodaverfahren, das 20 Jahre vorher von

Dyar und Hemming erfunden war, wirtschaftlich auszugestalten. Es beruht auf folgender einfacher Reaktion: Eine wäßrige Lösung von Kochsalz wird mit Ammoniak gesättigt, sodann unter Druck CO_2 eingeleitet. Aus dem Gemenge von Na, Cl', HCO_3' und NH_4'-Ionen fällt das in der Mutterlauge schwerlösliche Natriumbikarbonat $NaHCO_3$ zu Boden und kann entfernt werden:

$$NaCl + NH_3 + CO_2 + H_2O = NaHCO_3 + (NH_4)Cl.$$

Durch Erhitzen zerfällt es leicht in Soda und Kohlensäure:

$$2\,NaHCO_3 = Na_2CO_3 + H_2O + CO_2.$$

Aus dem in der Mutterlauge der ersten Reaktionsfolge verbleibenden Ammoniumchlorid NH_4Cl wird mit Hilfe von gelöschtem Kalk das Ammoniak wieder gewonnen:

$$2\,NH_4Cl + Ca(OH)_2 = 2\,NH_4OH + CaCl_2.$$

Außer Calciumchlorid entsteht also kein Nebenprodukt Die Solvayschen Verbesserungen bestanden darin, die maschinellen Einrichtungen so zu vervollkommnen, daß die unvermeidlichen Verluste an dem teuren Ammoniak auf ein Minimum herabgedrückt wurden.

Ein modernes und gleichzeitig einfaches Verfahren der Sodaherstellung beruht auf der Elektrolyse des Kochsalzes und darauffolgender Sättigung der gebildeten Natronlauge mit Kohlendioxyd (elektrolytisches Verfahren).

Natriumkarbonat kristallisiert mit zehn Molekülen Kristallwasser $Na_2CO_3 \cdot 10\,H_2O$. Die derben Kristalle verwittern leicht an der Luft unter Verlust von Kristallwasser. Durch Erhitzen erhält man die wasserfreie, sog. calcinierte Soda.

In Wasser ist das kohlensaure Natron leicht löslich; die Lösung reagiert stark alkalisch infolge hydrolytischer Spaltung (s. S. 77)

Natriumbikarbonat $NaHCO_3$, doppelkohlensaures Natron, saures Natriumkarbonat (Bullrichs Salz), ist erheblich schwerer in Wasser löslich als das sekundäre Salz (10 g in 100 g H_2O). Bekannt ist seine Verwendung als Brausepulver und als Hausmittel bei Magenverstimmung. Beim Erhitzen gibt es leicht CO_2 ab und geht in Soda über (s. oben). Ist es dem Bäckerteig beigemengt, so wird im Backofen durch die sich entwickelnde Kohlensäure das Gebäck aufgetrieben; es dient daher als Backpulver zum Ersatz der Hefe.

Von den anderen zahlreichen Na-Salzen seien hier nur die folgenden erwähnt:

Natriumsulfat Na_2SO_4, schwefelsaures Natron, nach seinem Entdecker Glaubersalz genannt, entsteht als Zwischenprodukt beim Leblanc-Verfahren. Es kristallisiert mit 10 Mol. H_2O.

Bekannt ist die Verwendung des Glaubersalzes als Abführmittel, daher die Bezeichnung Sal mirabile, das wunderbare Salz. Als billigeres Material ist es in der Glasfabrikation an die Stelle der Soda getreten. Durch Zusammenschmelzen mit Kieselsäure und Kohle erhält man **Wasserglas,** das seiner Löslichkeit in Wasser den Namen verdankt. Wir können uns diesen Schmelzprozeß in folgender Weise vorstellen: Die Kohle reduziert das Sulfat zu Sulfit:

$$Na_2SO_4 + C = Na_2SO_3 + CO$$

und die Kieselsäure verdrängt die schweflige Säure:

$$Na_2SO_3 + SiO_2 = Na_2SiO_3 + SO_2.$$

Diese beiden Formeln sind nur rein schematisch aufzufassen. Leichter kommt man zum Wasserglas mit Hilfe der Soda:

$$Na_2CO_3 + SiO_2 = Na_2SiO_3 + CO_2.$$

Wassergläser werden zum Schutz von Gemälden, zum Kitten von Glas und Porzellan benutzt, fanden auch während des Krieges als Seifenersatz in Pastenform weitverbreitete Anwendung, da sie durch ihren Alkaligehalt reinigend wirken.

Natriumbisulfit Na HSO$_3$, saures schwefligsaures Natron, das primäre Salz des eben erwähnten sekundären Natriumsulfites, zeigt saure Reaktion. Seine bleichende Wirkung findet technische Anwendung.

Phosphorsalz Na(NH$_4$) HPO$_4$, Natrium-Ammonium-Phosphat, geht durch Glühen in das Natrium-Metaphosphat NaPO$_3$ über:

$$Na(NH_4)HPO_4 = NaPO_3 + NH_3 + H_2O.$$

Dieses Metaphosphat vermag Metalloxyde mit charakteristischer Farbe zu lösen (Phosphorsalzperle in der Analyse).

Natriumbromid NaBr wird als Beruhigungsmittel medizinisch verwendet.

Natriumnitrit NaNO$_2$, durch Schmelzen des Nitrats mit Blei gewonnen:

$$NaNO_3 + Pb = NaNO_2 + PbO,$$

ist das wichtigste Salz der salpetrigen Säure und findet zur Herstellung der Diazofarbstoffe Anwendung.

Natriumthiosulfat Na$_2$S$_2$O$_3$ wurde bereits als Antichlor und Fixiersalz erwähnt (s. S. 41).

Natriumtetraborat Na$_2$B$_4$O$_7$, Borax, ist gleichfalls bereits besprochen worden (S. 89).

Natriumcyanid NaCN, das gebräuchlichste Salz der Blausäure, wird neuerdings aus metallischem Natrium, Ammoniak und Kohle gewonnen, wobei als Zwischenprodukt das Natriumamid NaNH$_2$ entsteht, das sich mit Kohle in NaCN umsetzt.

Analytisches. Natriumverbindungen färben, auch in kleinsten Mengen, die Flamme gelb. Die Salze sind durchweg gut wasserlöslich; von den Ausnahmen wurde das saure Natriumpyroantimoniat bereits erwähnt (s. S. 71).

Kalium.

Zeichen K, Atomgewicht 39,1.

Kalium kommt ebenso wie Natrium nicht frei in der Natur vor, wohl aber in Form von Salzen, die den Natriumverbindungen sehr ähnlich sind. Da sie ein unentbehrlicher Nährstoff für Pflanzen sind, hat ein umfassendes Suchen nach wirtschaftlich abbaufähigen Fundstätten in allen Staaten eingesetzt. Die größten Lagerstätten der Erde befinden sich in Deutschland, das dadurch früher eine Monopolstellung besaß (jetzt durchbrochen durch die Abtretung des Elsaß mit seinen Kaliwerken bei Mühlhausen). Die Steinsalzlager bei Staßfurt und anderen Orten sind seit alters bekannt und bergmännisch in Ausnutzung. Über dem Steinsalz finden sich hier Kalisalze von einigen Metern Mächtigkeit. Sie sind entstanden durch das Eintrocknen von abgeschnürten Meeresarmen oder Binnenseen, wobei sie sich gemeinsam mit Magnesiumsalzen infolge ihrer großen Wasserlöslichkeit zuletzt abschieden. Früher, als man ihre Bedeutung noch nicht kannte, räumte man sie weg, um zum Steinsalz zu gelangen, und nannte sie deshalb „Abraumsalze". Sie enthalten hauptsächlich folgende Verbindungen: Sylvin KCl (Kaliumchlorid), Carnallit $KCl \cdot MgCl_2 \cdot 6 H_2O$ (Doppelsalz aus Kalium- und Magnesiumchlorid), Kainit $KCl \cdot Mg SO_4 \cdot 3 H_2O$ (Doppelsalz aus Kaliumchlorid und Magnesiumsulfat), die als Düngemittel benutzt werden.

Des ferneren findet sich Kalium gebunden in Silikaten (Kalifeldspat), aus denen es durch Verwitterung frei wird. Bei lässig betriebener Landwirtschaft vermag „Brachliegen" der Felder den Boden an Kali wieder anzureichern. Das Wasser der Ozeane enthält reichlich 3 % Salze gelöst. Davon entfallen 78 % auf Natrium , 2 % auf Kaliumchlorid. Bei diesem Zahlenverhältnis ist natürlich an eine wirtschaftliche Nutzbarmachung der riesigen Kalivorräte unserer Meere nicht zu denken.

Die Asche der Landpflanzen enthält Kalium in Form von Kaliumkarbonat K_2CO_3 Man gewann es früher durch Auslaugen von Holzasche; das Buchenholz liefert 1,5 %. Um es rein weiß zu erhalten, wurde das eingedampfte Salz in eisernen Töpfen zur Verbrennung beigemengter organischer Stoffe geglüht; daher der Name Pottasche. Es leuchtet ein, daß diese Art der Gewinnung heute nicht mehr möglich ist, außer vielleicht in dem holzreichen Rußland.

Metallisches Kalium wird analog dem Natrium gewonnen, ist diesem sehr ähnlich und noch reaktionsfähiger.

Kaliumoxyd K$_2$O bildet sich bei vorsichtiger Oxydation; es geht mit Wasser unter starker Erwärmung in KOH, Kaliumhydroxyd, über:

$$K_2O + H_2O = 2\,KOH$$

Wirft man ein Stückchen Kalium auf Wasser, so bildet sich ebenfalls unter Wasserstoffentwicklung KOH:

$$K + H_2O = KOH + H.$$

Das **Kaliumhydroxyd KOH,** Ätzkali, ist ein viel gebrauchter Körper. Bei der eben angegebenen Darstellung gewinnt man ein besonders reines Produkt. Weniger rein wird es erhalten durch Kochen von Pottaschelösung mit gelöschtem Kalk:

$$K_2CO_3 + Ca(OH)_2 = 2\,KOH + CaCO_3.$$

CaCO$_3$ Calciumkarbonat fällt unlöslich aus.

Wie Natronlauge so läßt sich auch KOH elektrolytisch aus Kaliumchloridlösung gewinnen unter Abscheidung von freiem Chlor an der Anode. Das Wirtschaftliche dieses Verfahrens liegt darin, daß sämtliche Produkte KOH, Cl und H verwendbar sind. Durch Eindampfen in silbernen Schalen (Glas, selbst Platin wird bei höherer Temperatur angegriffen) wird das Kaliumhydroxyd als weißer fester Körper gewonnen und kommt in Stangen gegossen in den Handel. Es zieht begierig Kohlendioxyd und Feuchtigkeit aus der Luft an (Bildung von Pottasche $2\,KOH + CO_2 = K_2CO_3 + H_2O$) und zerfließt dabei. In Wasser löst es sich unter starker Wärmebildung und wirkt stark ätzend, daher „kaustisches" Alkali genannt. In Wasser gelöste Kalilauge ist weitgehend in die Ionen K′ und OH′ zerfallen und ist die stärkste Base.

Die Salze des Kaliums mit organischen Säuren, wie Stearin- und Palmitinsäure, sind die sog. grünen oder Schmierseifen. Mit Kochsalz lassen sie sich in die harten oder Kernseifen umsetzen:

$$K(C_{15}H_{31}CO_2) + NaCl = Na(C_{15}H_{31}CO_2) + KCl.$$

Palmitinsäure

Kaliumkarbonat oder Pottasche **K$_2$CO$_3$** wurde schon mehrfach erwähnt. Es ist eine weiße Masse, welche Feuchtigkeit aus der Luft anzieht und zerfließt. In wäßriger Lösung ist es stark hydrolytisch gespalten:

$$K_2CO_3 + H_2O = KHCO_3 + KOH$$

und reagiert infolgedessen alkalisch.

Kaliumbromid KBr wirkt ähnlich wie NaBr als Beruhigungsmittel.

Kaliumjodid KJ löst Jod mit brauner Farbe (Lugolsche Lösung) und findet vielfache therapeutische Verwendung.

Kaliumcyanid KCN wie NaCN.

Kaliumchlorat KClO$_3$, durch Einwirkung von Chlor auf heiße Kalilauge entstehend, gibt in der Hitze Sauerstoff ab. Seine desinfizierende Wirkung führt zur Benutzung in Gurgel- und Mundwässern.

Kaliumperchlorat $KClO_4$ wurde bereits bei der Überchlorsäure besprochen (s. S. 27).

Kaliumnitrat KNO_3, natürlich als indischer Salpeter vorkommend, wird aus Chilesalpeter und Chlorkalium hergestellt (Konversionssalpeter):

$$NaNO_3 + KCl = KNO_3 + NaCl.$$

Das Schwarzpulver enthält neben 13 % Kohle und 12 % Schwefel 75 % Kalisalpeter. Die Umsetzung bei der Explosion beruht auf der Oxydation der beiden erstgenannten Bestandteile durch den Sauerstoff des Salpeters und verläuft etwa im Sinne folgender Gleichung:

$$2 KNO_3 + S + 3 C = K_2S + 3 CO_2 + N_2.$$

K_2S ist der Hauptbestandteil des entstehenden lästigen Rauches.

Kaliumsilikat (Kaliwasserglas) entspricht dem Natronwasserglas und wird auf gleichem Wege gewonnen.

Analytisches. Kaliumverbindungen färben die Flamme violett. Bei Betrachtung durch blaues Kobaltglas (oder ein Prisma mit Indigolösung) wird bei gleichzeitiger Anwesenheit von Natriumverbindungen die gelbe Natriumflamme ausgeschaltet. Schwer löslich sind Kaliumplatinchlorid K_2PtCl_6 (s. S. 136), Kaliumperchlorat $KClO_4$ (s. S. 27) und Kaliumcobaltnitrit $K_3Co(NO_2)_6$ (s. S. 130).

Lithium.

Zeichen Li, Atomgewicht 6,94.

Das Element ist das leichteste Metall (spez. Gew. 0,59). Es zeigt in seinen Verbindungen manche Übereinstimmung mit K und Na. Das **Karbonat Li_2CO_3** und das **Phosphat Li_3PO_4** sind schwerer löslich als die betreffenden Natrium- und Kaliumverbindungen. Lithium enthaltende Mineralwässer (Friedrichsquelle in Baden-Baden) haben eine günstige Wirkung bei gichtischen Erkrankungen, da das harnsaure Lithium erheblich löslicher ist als die freie Harnsäure.

Analytisches. Lithiumverbindungen färben die Flamme karmoisinrot.

Erdalkalimetalle.

Calcium, Strontium, Barium.

Calcium.

Zeichen Ca, Atomgewicht 40,07.

Calcium, Strontium und Barium faßt man zusammen unter dem Namen der alkalischen Erden. Wie die Alkalimetalle, so bilden auch sie eine Gruppe, deren gemeinsame Eigenschaften sich auf ihre Wertigkeit, die Schwerlöslichkeit ihrer Sulfate und Karbonate u. a. erstreckt.

Calcium findet sich nicht elementar in der Natur. Überaus weit verbreitet sind dagegen seine Verbindungen. Die wichtigsten sind das Karbonat $CaCO$ (Kalkstein, Kreide, Marmor) und das Sulfat $CaSO$

(Gips). Calcium in Form des Phosphates und in geringerem Teil auch des Karbonates ist die Gerüstsubstanz der Knochen. Ferner sollen Kalksalze in den Säften des Organismus eine große Rolle spielen (Kalktherapie).

Die Darstellung des Metalles gelingt auf elektrolytischem Wege. Es ist ein weißes Metall, das von Wasser unter Bildung des Hydroxyds angegriffen wird, jedoch langsamer als die Alkalien.

Calciumoxyd CaO entsteht durch Erhitzen von $CaCO_3$:

$$CaCO_3 \rightleftharpoons CaO + CO_2.$$

Mit zunehmender Temperatur verschiebt sich der Vorgang nach rechts. Dieses „Brennen" des Kalkes wird in Kalköfen in größtem Maßstabe ausgeführt; denn der gebrannte Kalk CaO ist für verschiedene Zwecke ein sehr wichtiges Ausgangsmaterial.

Calciumhydroxyd Ca(OH)₂. Mit Wasser geht CaO in das Hydroxyd des Calciums über unter starker Erwärmung („Löschen" des Kalks):

$$CaO + H_2O = Ca(OH)_2.$$

Calciumhydroxyd (gelöschter Kalk) ist in Wasser wenig (1 : 800) löslich (**Kalkwasser**). Es wird deshalb meist in Form eines Breies, der sog. **Kalkmilch**, benutzt und stellt die billigste, daher technisch am meisten gebrauchte Base dar.

Mit Sand gemengt, findet der gelöschte Kalk seit alten Zeiten als **Luftmörtel** Verwendung bei Bauten. Er erhärtet, indem er unter dem Einfluß der Luftkohlensäure in Karbonat übergeht:

$$Ca(OH)_2 + CO_2 = CaCO_3 + H_2O.$$

Bei diesem Vorgang entsteht Wasser, daher die Feuchtigkeit neuer Bauten. Der Sand gibt dem Gemisch ein festeres Gerüst und ermöglicht den Zutritt der Luft.

Das **Calciumkarbonat $CaCO_3$,** Kalkstein, Kreide, Marmor (kristallisiert Kalkspat) bildet auf der Erdoberfläche weite Gebirgszüge (Kalkalpen, Jura) und ist in Wasser sehr schwer löslich (rund 1 : 70000). Bei Berührung mit Kohlendioxyd und Wasser wandelt es sich in das Bikarbonat um:

$$CaCO_3 + H_2O + CO_2 = Ca(HCO_3)_2.$$

Dessen Löslichkeit in Wasser ist wesentlich größer (rund 1 : 1000), weshalb in kalkreichen Gegenden das Wasser durch hohen Gehalt an Calciumbikarbonat die sog. „Härte" zeigt. Sie verschwindet beim Kochen, da die obengenannte Gleichung unter Austreibung der aufgenommenen Kohlensäure rückläufig wird und unlösliches Karbonat sich niederschlägt, das in Dampfkesseln zur Bildung von Kesselstein führt. Diese durch Kochen des harten Wassers zu beseitigende Härte nennt man „temporäre Härte".

Eine andere viel benutzte Verbindung des Calciums ist das Sulfat. Wie eingangs erwähnt, kommt es in großen Mengen in der Natur vor: **Calciumsulfat $CaSO_4 \cdot 2 H_2O$** Gips, Marienglas, oder Alabaster, ohne Kristallwasser als **Anhydrit**. Wird Gips auf 130^0 erhitzt, so verliert er einen Teil seines Kristallwassers. Er geht in ein wasserärmeres Hydrat $2 CaSO_4 \cdot 1 H_2O$ über. Der so erzeugte „gebrannte Gips" nimmt beim Anrühren mit Wasser dieses unter Erstarren wieder auf. Darauf gründet sich seine mannigfaltige Anwendung: Gipsverbände, Gipsabgüsse, Stuckarbeiten usw. Wird Gips über 200^0 erhitzt, so wird er „totgebrannt", d. h. das hierbei entstandene Anhydrit hat nicht mehr die Fähigkeit, rasch unter Erstarrung Wasser aufzunehmen.

Die Löslichkeit des Gipses in Wasser ist gering ($1 : 450$). Die Lösung findet als **Gipswasser** in der Analyse Anwendung. Da auch das natürliche Wasser, wenn es durch Gips enthaltenden Boden sickert, diesen auflöst, so ist hiermit die Ursache einer weiteren „Härte" gegeben, die durch Kochen nicht zu beseitigen ist: **bleibende** oder **permanente Härte**.

Beim Waschen mit Seife wirkt sowohl die temporäre als auch die bleibende Härte störend, da die Bestandteile der Seife mit den gelösten Calciumverbindungen in Reaktion treten.

Calciumphosphat $Ca_3(PO_4)_2$ ist bereits öfters erwähnt worden (s. S. 62). Lösliche Calciumphosphate dienen in Form des Superphosphats und der Thomasschlacke als Phosphordünger.

Calciumsulfit $CaSO_3$ findet keine Anwendung. Das saure Sulfit $Ca(HSO_3)_2$ dient zur Herstellung des Zellstoffs; denn behandelt man mit ihm Holz unter Kochen, so löst es dessen inkrustierende Bestandteile.

Calciumchlorid $CaCl_2$, ein Nebenprodukt der Solvay-Industrie, ist in wasserfreiem Zustand stark hygroskopisch und findet daher als Trockenmittel Verwendung.

Calciumhypochlorit $Ca(ClO)_2$, unterchlorigsaures Calcium, ist ein Bestandteil des durch Einwirkung von Chlor auf gelöschten Kalk entstehenden **Chlorkalks.** Dieser gibt bei Einwirkung von Säuren, schon der Kohlensäure der Luft, Chlor ab und bietet daher eine bequeme Anwendungsform desselben, z. B. zu Desinfektionszwecken (Latrinen, Viehställe, für Wunden als Dakinsche Lösung).

Calciumkarbid CaC_2 entsteht durch Erhitzen von gebranntem Kalk mit Kohle im elektrischen Ofen:

$$CaO + 3 C = CaC_2 + CO$$

Es setzt sich mit Wasser in Calciumhydroxyd und Azetylen C_2H_2 um:

$$CaC_2 + 2 H_2O = Ca(OH)_2 + C_2H_2.$$

Calciumcyanamid $CaCN_2$, Kalkstickstoff, s. S. 46.

Calciumsilikat $CaSiO_3$ bildet gemengt mit Natrium- und Kaliumsilikat das **Glas**. Zur technischen Herstellung desselben werden Soda

(Pottasche), Quarz und Kalk zusammengeschmolzen, wobei die Kohlensäure der Karbonate durch Kieselsäure ausgetrieben wird. Die Soda kann durch das billigere Natriumsulfat ersetzt werden.

Natronglas ist ein Natriumcalciumsilikat, leicht schmelzbar, zu Gegenständen des täglichen Lebens meist benutzt (Fensterglas). Kaliglas, Kaliumcalciumsilikat, ist schwer schmelzbar und dient seiner größeren Widerstandsfähigkeit gegen chemische Einflüsse wegen zur Herstellung von bestimmten Gerätschaften (Verbrennungsröhren). Jenaer Glas ersetzt die Kieselsäure mehr oder weniger durch Borsäure und enthält außerdem Ba, Al und Zn. Es ist gegen Temperaturwechsel weniger empfindlich und für manche Laboratoriumszwecke unentbehrlich. Flintglas enthält an Stelle von Calcium Blei als Base. Da es stark lichtbrechende Eigenschaften hat, wird es zu optischen Zwecken gebraucht. Crownglas ist eine bestimmte Sorte des Kalicalciumglases.

Analytisches. Calciumverbindungen färben die Flamme gelbrot. In essigsaurer Lösung fällt Ammoniumoxalat das schwerlösliche Calcium·oxalat aus.

Strontium.

Zeichen Sr, Atomgewicht 87,63.

Vorkommen in der Natur als Karbonat (Strontianit) und Sulfat (Coelestin). Das Metall und seine Verbindungen zeigen weitgehende Ähnlichkeit mit dem Calcium. Flüchtige Salze färben die Flamme rot, weshalb besonders das Nitrat in der Feuerwerkerei zur Bereitung des bengalischen Rotlichtes verwendet wird. Zur Entzuckerung der Melasse bei dem sog. Strontianitverfahren wird das Hydroxyd gebraucht.

Barium.

Zeichen Ba, Atomgewicht 137,37.

Das in großer Menge natürlich vorkommende Sulfat führt wegen seines hohen spezifischen Gewichtes den Namen Schwerspat; es hat dem Element den Namen gegeben (gr. barys schwer).

Auch die Bariumverbindungen ähneln denjenigen des Calciums.

Bariumhydroxyd Ba(O H)$_2$ ist leicht löslich und eine starke Base. Als Barytwasser wird es zum Nachweis der Kohlensäure benutzt.

Bariumsuperoxyd BaO$_2$ entsteht durch Erhitzen des Oxyds an der Luft und gibt bei noch höherer Temperatur den Sauerstoff wieder ab (veraltete Methode der Sauerstoffgewinnung).

Bariumchlorid BaCl$_2$, in Wasser löslich, dient als analytisches Reagens auf S O$_4$-Ionen: es fällt in salzsaurer Lösung.

Bariumsulfat BaSO$_4$, weiß, in Wasser und Säuren unlöslich. Es wird als Anstrichfarbe (Permanentweiß, mit Zinksulfid Lithopone) und zur Appretierung des Papieres benutzt, bei Röntgenuntersuchungen des Magens und Darmes als Kontrastmittel. Lösliche Bariumsalze sind giftig.

Analytisches. Bariumsalze färben die Flamme grün (Grünfeuer), worauf sich neben der Fällung des unlöslichen Sulfats der analytische Nachweis gründet.

Magnesiumgruppe.

Magnesium, Zink, Cadmium, Quecksilber.

Magnesium.

Zeichen Mg, Atomgewicht 24,32.

Metallisches Magnesium ist ein stark reaktionsfähiger Körper und findet sich deshalb nicht in elementarem Zustande in der Natur. Seine Verbindungen jedoch sind weit verbreitet. Das Vorkommen in den Staßfurter Salzlagern wurde schon erwähnt. Von den Silikaten seien nur die bekannteren Talk, Meerschaum und Asbest genannt. Das Karbonat $MgCO_3$, Magnesit, findet sich in größten Mengen in Euböa. Neuerdings ist es auch am Zobten in Schlesien in abbauwürdiger Menge gefunden. Es ist ein wichtiger Rohstoff für die Gewinnung von Magnesiumoxyd MgO und Kohlendioxyd, da es beim Erhitzen leicht in diese beiden Bestandteile zerfällt. Die Dolomiten, ein Teil der Alpen, bestehen aus einem isomorphen Gemenge von $MgCO_3$ und $CaCO_3$ und haben diesem Gemisch den Namen Dolomit gegeben.

Magnesium findet sich im Chlorophyll der Pflanzen, wo es bei der Assimilation der Kohlensäure eine wichtige Rolle spielt.

Metallisches Magnesium wird auf elektrolytischem Wege gewonnen. Es ist von silberweißer Farbe, überzieht sich jedoch an der Luft, die immer etwas Feuchtigkeit enthält, mit einer grauen, festhaftenden Oxydschicht, die es vor weiterer Einwirkung schützt. Verwendung findet es zu Legierungen, die sich durch niedriges spezifisches Gewicht auszeichnen (z. B. mit Aluminium das Magnalium, Elektronmetall). An der Luft erhitzt, verbrennt es mit blendend weißem Licht, das reich an photographisch wirksamen Strahlen ist, daher seine Verwendung zur Herstellung von Blitzlichtpulver. Zu diesem Zwecke wird Magnesiumfeile mit Oxydationsmitteln gemengt, welche den zur Verbrennung nötigen Sauerstoff liefern.

Das **Magnesiumoxyd MgO** ist ein weißes, lockeres Pulver (gebrannte Magnesia); es ist sehr schwer schmelzbar und findet Verwendung zur Herstellung feuerfester Steine. In der analytischen Chemie werden Stäbchen von Magnesiumoxyd zum Ersatz von Platindrähten in manchen Fällen verwandt. Mit Wasser geht Magnesiumoxyd langsam in das Hydroxyd $Mg(OH)_2$ über:

$$MgO + H_2O = Mg(OH)_2.$$

Eine solche Lösung reagiert alkalisch, aber weit schwächer als KOH oder $Ba(OH)_2$. Als mildes Alkali findet daher Magnesiumoxyd unter dem Namen Magnesia usta therapeutische Anwendung zur Abstumpfung der Magensäure bei Sodbrennen.

Natronlauge fällt aus Lösungen das **Magnesiumhydroxyd Mg (O H)₂** als weißen, voluminösen Niederschlag:

$$MgCl_2 + 2\,NaOH = Mg(OH)_2 + 2\,NaCl.$$

Ammoniak fällt $Mg(OH)_2$ nur unvollständig, bei Anwesenheit von Salmiak NH_4Cl überhaupt nicht. Denn das Vorhandensein von NH_4-Ionen drängt die Dissoziation der NH_4OH-Moleküle zurück. Auf dem gleichen Grund beruht die in der Analyse wichtige Erscheinung, daß Ammoniumkarbonat nach Zusatz von NH_4Cl das Magnesium nicht ausfällt.

Die theoretische Erklärung soll mit Hilfe des Massenwirkungsgesetzes gegeben werden. Bei dem Beispiel auf S. 47 wurde eine gegensätzliche Erscheinung, nämlich die Fällung von $NaCl$ auf Zusatz von HCl zu einer gesättigten Kochsalzlösung erörtert. Das Ausbleiben des Niederschlages von Magnesiumkarbonat ist in folgender Weise zu erklären:

Soll $MgCO_3$ ausfallen, so muß in der Gleichung

$$\frac{Mg^{..} \cdot CO_3''}{MgCO_3} = k$$

das Produkt $Mg^{..} \cdot CO_2''$, das „Löslichkeitsprodukt", durch Anreicherung der CO_3-Ionen überschritten werden. Eine mit reichlich NH_4Cl versetzte Lösung läßt jedoch CO_3''-Ionen nicht in genügender Zahl übrig, da durch Anreicherung der NH_4''-Ionen die Dissoziation des Ammoniumkarbonates zurückgedrängt wird. Diese gehorcht normalerweise der Gleichung

$$\frac{2\,NH_4^{\cdot} \cdot CO_3''}{(NH_4)_2\,CO_3} = k.$$

Der Zähler wird nun durch Erhöhung des Faktors NH_4 (durch das weitgehend dissoziierte NH_4Cl) vergrößert, zur Erhaltung der Größe k muß also auch der Nenner größer werden, d. h. die Menge des molekularen Anteils. Dieser kann keine Fällung des Magnesiums bewirken, sondern nur die CO_3''-Ionen, deren Zahl — wie erörtert — zur Überschreitung des Löslichkeitsproduktes nach Zusatz von NH_4Cl nicht mehr ausreicht.

Magnesiumchlorid MgCl₂ · 6 H₂O ist ein stark hygroskopisches Salz. Die feuchte und in Streubüchsen so unangenehm backende Beschaffenheit des Kochsalzes rührt von Beimengungen von $MgCl_2$ her.

Wird Magnesiumoxyd mit konzentrierter $MgCl_2$-Lösung befeuchtet, so erstarrt nach einiger Zeit die Mischung zu einer festen zementartigen Masse (Sorel-Zement) Dieser Magnesiazement findet in verschiedenster Weise umfangreiche Anwendung, z. B. zur Herstellung von Kunststeinen (Anker-Steinbaukasten).

Magnesiumsulfat MgSO₄, in den Staßfurter Lagern als Kieserit $MgSO_4 \cdot 1\,H_2O$, als Bittersalz $MgSO_4 \cdot 7\,H_2O$ von bitterem Geschmack, vorkommend, ist ein Abführmittel und in manchen Brunnen wie Kissingen ein wirksamer Bestandteil.

Magnesia alba ist ein Gemenge von $MgCO_3$ und $Mg(OH)_2$. Es kommt in Ziegelsteinform in den Handel, wird verwandt als weiße Deckfarbe, als mildes Alkali in der Medizin und Kosmetik (Zahnpulver).

Magnesiamixtur ist ein Gemisch von $MgCl_2$, NH_4Cl und NH_3 und gibt mit phosphorsauren Salzen eine Fällung von tertiärem Ammoniummagnesiumphosphat $Mg(NH_4)PO_4 \cdot 6\,H_2O$. Beim Glühen geht letzteres in das gut wägbare Pyrophosphat $Mg_2P_2O_7$ über. Auf diese Weise kann sowohl Phosphorsäure als auch Magnesium qualitativ und quantitativ bestimmt werden. Im Organismus bildet·das Magnesiumammoniumphosphat Blasen- und Nierensteine.

Analytisches. Magnesiumsalze werden durch Ammoniumkarbonat nach vorherigem Zusatz von NH_4Cl nicht gefällt. Mit Dinatriumphosphat entsteht ein Niederschlag von $Mg(NH_4)PO_4$.

Zink (Zincum).

Zeichen Zn, Atomgewicht 65,37.

Zink findet sich gebunden als Karbonat $ZnCO_3$ (Zinkspat oder Galmei) und als Sulfid ZnS (Zinkblende) in der Natur, in Deutschland hauptsächlich in Oberschlesien.

Zur Gewinnung des Metalls werden die Erze geröstet und das entstandene Oxyd wird mit Kohle reduziert. Bei der hohen Temperatur der Reaktion geht das Zink dampfförmig über und wird in Vorlagen verdichtet. Das Metall ist bläulich-weiß, spröde, schmilzt bei 418^0 und siedet bei 920^0. An der Luft verbrennlich zu Zinkoxyd ZnO, löst es sich in Säuren leicht auf und findet im Laboratorium hauptsächlich Verwendung zur Wasserstoffherstellung im Kippschen Apparat. Eisen wird durch einen Überzug von Zink gegen Wasser widerstandsfähiger gemacht. Wichtige Legierungen sind Messing (Zink und Kupfer) und Neusilber oder Alpakka (Zink, Kupfer und Nickel).

Zinkoxyd ZnO, meist durch Glühen des Karbonats dargestellt, ist weiß, bei höherer Temperatur gelb. Verwendung als Malerfarbe, Zinkweiß und Rinmanns Grün (mit Kobaltoxyd), und als Zusatz zu Salben (Flores zinci).

Zinkhydroxyd $Zn(OH)_2$ fällt aus löslichen Zinksalzen auf Zusatz von Natronlauge als weißer, gelatinöser Niederschlag aus:

$$Zn SO_4 + 2\,NaOH = Na_2SO_4 + Zn(OH)_2.$$

Im Überschuß des Fällungsmittels löst es sich jedoch wieder auf:

$$Zn(OH)_2 + 2\,NaOH = Na_2ZnO_2 + 2\,H_2O.$$

In letzterem Fall bildet sich also das Salz einer Säure von der Form $H_2(ZnO_2)$, weshalb angenommen werden muß, daß Zinkhydroxyd — wenn auch infolge seiner schweren Löslichkeit nur in sehr kleinem Maße — gleichzeitig dissozieren kann in zwei Arten:

$$Zn(OH)_2 = Zn^{\cdot\cdot} + 2\,OH' \text{ und}$$
$$Zn(OH)_2 = H_2^{\cdot\cdot} + ZnO_2''.$$

Mit starken Basen, z. B. in vorliegendem Falle Natronlauge, reagiert die zweite Dissoziationsform unter Bildung eines Salzes, **Natriumzinkat**

Na₂ZnO₂. Nach Verbrauch des kleinen dissoziierten Anteils des Hydr-oxyds bilden sich rasch neue Ionen aus dem Niederschlag nach, bis dieser schließlich völlig gelöst ist. Säuren gegenüber reagiert $Zn(OH)_2$ aber nach der anderen Dissoziationsweise als Base und bildet in der gewohn-ten Weise unter Neutralisation ein Salz der betreffenden Säure:

$$Zn(OH)_2 + H_2SO_4 = ZnSO_4 + 2\,H_2O.$$

Das Zink kann also sowohl als Kation als auch in einem Anion vorkom-men. Solche Substanzen, die gleichzeitig als Säure und Base reagieren können, nennt man **amphoter** („beiderseitig").

Auch mit Ammoniak ergeben Zinksalze, z. B. Zinksulfat, eine Fällung des Hydroxyds, die sich im Überschuß auflöst. In der Lösung liegt eine „komplexe" Verbindung, ein „Metallammin", vor von der Zu-sammensetzung $[Zn(NH_3)_4]^{..}\,SO_4{}''$, in der das Kation durch eine Zu-sammenlagerung, einen Komplex von Zink und Ammoniak, gebildet wird (näheres über komplexe Salze s. S. 117).

Zinkchlorid $ZnCl_2$ entsteht beim Auflösen von Zink in Salzsäure und bildet eine weiße, zerfließliche Substanz. Wegen seiner Ätzwirkung wird es mitunter medizinisch angewandt.

Zinksulfat $ZnSO_4$, auch Zinkvitriol genannt (Zincum sulfuricum), ist ein in verdünnter Lösung oft benutztes mildes desinfizierendes und ad-stringierendes Mittel (Augenwasser).

Zinksulfid ZnS, weiß, wird wie das Oxyd als Malerfarbe benutzt, mit $BaSO_4$ gemengt als Lithopone.

Analytisches. Schwefelwasserstoff fällt nur in neutraler oder essig-saurer Lösung weißes ZnS aus, nicht aber bei Gegenwart von Mineral-säuren (Salzsäure, Schwefelsäure, Salpetersäure).

Sind diese starken Säuren zugegen, so bewirkt die große Anzahl der vorhandenen H-Ionen eine Zurückdrängung der Dissoziation des H_2S, so daß die nunmehr noch in geringer Anzahl vorhandenen S''-Anionen nicht ausreichen, das Löslichkeitsprodukt des ZnS zu überschreiten. Es tritt also keine Fällung ein.

Cadmium.

Zeichen Cd, Atomgewicht 112,4.

Das Element ist ein sehr häufiger Begleiter des Zinks, dem es sehr ähnlich ist, in dessen Erzen. Auch die Verbindungen sind völlig analog. In der physiologischen Wirkung ähneln sie den Zink- und den Silbersalzen. In der Analyse fällt mit H_2S das gelbe Cadmium-sulfid CdS aus, das auch als Malerfarbe Verwendung findet.

Quecksilber (Hydrargyrum = flüssiges Silber).

Zeichen Hg, Atomgewicht 200,6.

Das Quecksilber ist das einzige Metall, das bei gewöhnlicher Tem-peratur flüssig ist; es ist wegen dieser Eigenheit besonders für physika-lische Zwecke unentbehrlich. Elementar nur in geringen Mengen ein-geschlossen in Gestein vorkommend, findet sich das Sulfid reichlicher in der Natur als Zinnober HgS (Almaden in Spanien, Idria in Krain usw.). Beim Rösten desselben verbrennt der Schwefel zu SO_2, und metallisches Quecksilber destilliert über.

Bei -39^0 erstarrt das Quecksilber, bei 360^0 siedet es. Der Dampf, der sehr giftig ist, ergibt bei Bestimmung des Molekulargewichts den Wert 200, d. h. das Atomgewicht. Es befindet sich also Quecksilberdampf im atomaren Zustand, wie es bei allen Metalldämpfen der Fall ist.

Das Quecksilber hat eine geringe Affinität zum Sauerstoff und steht in bezug auf Luftbeständigkeit und geringe Angreifbarkeit durch kalte Salzsäure und Schwefelsäure den Edelmetallen nahe. Mit Metallen vereinigt es sich zu sog. Amalgamen, die je nach den Mengenverhältnissen fest oder flüssig sind. Ihre Bildung beruht teils auf Lösungs-, teils auf Verbindungsvorgängen. Amalgame des Goldes, Silbers oder Zinns werden zu Zahnfüllungen verwendet.

In einer Salbengrundlage feinst emulgiert, bildet Quecksilber ein unter dem Namen graue Salbe (Unguentum Hydrargyri cinereum) bekanntes wichtiges Heilmittel, das eine spezifische Wirkung gegen Syphilis hat.

In seinen Verbindungen ist das Quecksilber ein- und zweiwertig; die Salze werden als Mercuro- und Mercuriverbindungen unterschieden.

Mercurochlorid HgCl, Quecksilberchlorür, Calomel (Hydrargyrum chloratum mite) fällt als sehr schwer löslicher Niederschlag ($1 : 7\,000\,000$ Teile Wasser) aus gelösten Mercurosalzen mit Salzsäure oder Chloriden aus:
$$HgNO_3 + NaCl = HgCl + NaNO_3.$$

Der Niederschlag ist weiß, amorph und auch in verdünnten Säuren nahezu unlöslich. Zu therapeutischen Zwecken (Abführmittel) wird Calomel sehr viel angewandt.

Mit Ammoniak färbt sich HgCl grau bis schwarz. Diese Reaktion, deren Farbtönung das Kalomel seinen Namen verdankt (gr. kalos schön, melas schwarz), beruht auf dem Übergang in die Mercuriform unter Abscheidung metallischen Quecksilbers, das durch seine feine Verteilung schwarz erscheint:
$$2\,HgCl + 2\,NH_3 = NH_2HgCl + Hg.$$

Mercurichlorid, HgCl₂, Quecksilberchlorid, Sublimat (Hydrargyrum bichloratum) verdankt seinen Namen der Darstellung aus Quecksilbersulfat und Natriumchlorid, wobei es durch Sublimation gewonnen wird:
$$HgSO_4 + 2\,NaCl = HgCl_2 + Na_2SO_4.$$

Andere Herstellungsmethoden benutzen die Auflösung von Quecksilberoxyd in Salzsäure oder Quecksilber in Königswasser.

Sublimat kristallisiert in weißen Prismen. Es ist ein heftiges Gift, das bei Dosen von über 0,2 g tödlich wirkt. Als Gegengift werden eiweißhaltige Substanzen angewandt. Die wäßrige Lösung wirkt stark desinfizierend. Die Löslichkeit in Wasser ist mäßig (bei Zimmertemperatur 1 : 15), besser in Alkohol (1 : 2). Kochsalzzusatz steigert erstere durch Bildung eines komplexen Salzes $Na_2[HgCl_4]$, weshalb die zur leichteren Dosierung benutzten und zur Vermeidung von Verwechslungen mit Eosin rot gefärbten Tabletten Kochsalz enthalten. Gleichzeitig wird durch das neutral reagierende Komplexsalz die saure Reaktion des Quecksilberchlorids, die eine Koagulation des Eiweißes zur Folge hat und damit nur eine oberflächliche Wirkung ermöglicht, beseitigt.

Die Desinfektionswirkung des Sublimats beruht auf ionisiertem Quecksilber, es gehört daher zur Klasse sog. Desinfektionsmittel erster Ordnung, deren Wirkung auf Ionen beruht. Ist diese auf Moleküle zurückzuführen, so spricht man von Desinfektionsmitteln zweiter Ordnung. Der Vergleich der Desinfektionswirkung verschiedener Quecksilbersalze mit ihrer Ionisation hat bewiesen, daß sie mit wachsender Ionisierung größer wird. Somit wirken verdünnte Sublimatlösungen vergleichsweise stärker als konzentriertere, weshalb gewöhnlich Lösungen von 1 : 1000 zur Anwendung kommen. Der erwähnte Zusatz von Kochsalz, der nach dem Massenwirkungsgesetz die Anzahl der Quecksilberionen verringert, ist nicht ohne Einfluß und darf nicht zu hoch sein; er beträgt gewöhnlich 50%. Wegen der hygroskopischen Eigenschaft derart zusammengesetzter Tabletten müssen sie trocken aufbewahrt werden.

Quecksilbercyanat $Hg(CNO)_2$, Quecksilberoxycyanid (Hydrargyrum oxycyanatum), ist gleichfalls ein viel benutztes und sehr gutes Desinfektionsmittel. Die käuflichen Präparate entsprechen meist nicht der theoretischen Zusammensetzung. Der Vorzug des Quecksilbercyanats beruht auf geringerer Giftigkeit und geringerer Reizwirkung auf die Haut. Auch Instrumente werden von den gebrauchten Konzentrationen weniger angegriffen.

Quecksilberjodid HgJ_2 ist eine scharlachrot gefärbte Substanz, die auf Zusatz von KJ zu Sublimat entsteht. Der Niederschlag löst sich in überschüssigem KJ zu der komplexen Verbindung $K_2(HgJ_4)$ auf, die mit Kalilauge gemengt das zum Nachweis von Ammoniak benutzte Neßlersche Reagens vorstellt (s. S. 56).

Auf Zusatz von Ammoniak zu Sublimatlösungen fällt die Verbindung $HgNH_2Cl$ aus, die bereits bei der Schwärzung des Mercurochlorids mit Ammoniak erwähnt wurde. Sie ist weiß gefärbt und heißt weißer Präzipitat (Hydrargyrum praecipitatum album). Der weiße Präzipitat ist ein Bestandteil vieler Salben.

Mercurioxyd HgO, in einer gelben und einer roten Modifikation bekannt, entsteht beim Erhitzen des Quecksilbers an der Luft. Über 400° zerfällt es wieder in seine beiden Komponenten. Auf dieser Bindung und Abgabe des Sauerstoffs beruhte die Entdeckung des Gases und die erste Luftanalyse durch Lavoisier (1774).

Mercurisulfid HgS, natürlich als roter Zinnober vorkommend, entsteht in der Analyse beim Einleiten von Schwefelwasserstoff in Quecksilbersalzlösungen in einer schwarz gefärbten Modifikation.

Analytisches. Quecksilberverbindungen ergeben auf Zusatz von Soda bei trockener Erhitzung metallisches Quecksilber in Form von Tröpfchen *oder eines Spiegels. Mercuroverbindungen werden von Salzsäure als un-löshliches weißes $HgCl$ ausgefällt, das mit Ammoniak schwarz wird. Mer-curisalze ergeben beim Einleiten von H_2S schwarzes HgS. Quecksilber-chlorid wird durch das starke Reduktionsmittel Zinnchlorür $SnCl_2$ zu Kalomel und weiterhin zu schwarzgrauem Quecksilber reduziert:*

$$2\,HgCl_2 + SnCl_2 = 2\,HgCl + SnCl_4$$
$$2\,HgCl + SnCl_2 = 2\,Hg + SnCl_4.$$

Kupfergruppe.

Kupfer, Silber, Gold.

Kupfer (Cuprum).

Zeichen Cu, Atomgewicht 63,57.

Kupfer findet sich gediegen an einigen Stellen unserer Erde, z. B. am Oberen See in Nordamerika. Von seinen zahlreichen Erzen seien genannt das Rotkupfererz Cu_2O, die basischen Karbonate Malachit $CuCO_3 \cdot Cu(OH)_2$ und Kupferlasur $2\,CuCO_3 \cdot Cu(OH)_2$, der Kupferglanz Cu_2S, der Kupferkies $CuFeS_2$.

Die sauerstoffhaltigen Erze werden zur Darstellung des Metalles mit Kohle reduziert, die Schwefel und Eisen enthaltenden Erze müssen zur Abscheidung dieser Beimengungen einem etwas umständlicheren Verfahren unterworfen werden. Das bei der Verhüttung erhaltene Rohkupfer ist für elektrische Zwecke ungeeignet, weil geringe Beimengungen die elektrische Leitfähigkeit stark heruntersetzen. Ein sehr reines Metall (99,9 %) gewinnt man aus dem Rohkupfer durch Elektrolyse auf nassem Wege. Zu diesem Zwecke wird es als Anode in eine Kupfersulfatlösung hineingehängt, als Kathode dient eine Platte reinen Kupfers. Beim Stromdurchgang schlägt sich auf letzterer reines Kupfer aus der Lösung nieder. Von der Anode, an der sonst Sauerstoff auftritt, wird für jedes an der Kathode niedergeschlagene Kupferatom ein neues Atom in Lösung geschickt. Der Gehalt der Kupfersulfatlösung bleibt also unverändert. Die Verunreinigungen des Rohkupfers bleiben in Lösung oder fallen zu Boden.

Das metallische Kupfer hat die bekannte rote Farbe. Außerordentlich groß ist seine Zähigkeit, daher seine Verwendung zu Führungsringen bei Geschossen. Seine Leitfähigkeit für Wärme und Elektrizität ist nur wenig geringer als die des Silbers, des besten Leiters in dieser Beziehung. Es schmilzt bei 1080 °.

Von den Legierungen des Kupfers ist seit alten Zeiten (1000 v. Chr.) die Bronze im Gebrauch, die härter und zäher als Kupfer ist. Sie setzt sich aus Kupfer und Zinn in wechselnden Mengen zusammen. Messing besteht aus Kupfer und Zink, Neusilber aus Kupfer, Zink und Nickel.

In der Galvanoplastik wird die nichtleitende Matrize an der Oberfläche durch Anpinseln mit Graphit leitend gemacht und auf dieser Schicht elektrolytisch Kupfer niedergeschlagen. Der so erhaltene Überzug ist ablösbar und hat die willkommene Eigenschaft, alle Einzelheiten des Urbildes mit größter Genauigkeit wiederzugeben.

Während trockene Luft das Kupfer nicht angreift, verwandelt feuchte Luft seine Oberfläche in basisches Karbonat. Die grüne Farbe dieser Verbindung — Patina — ist bei Denkmälern gern gesehen. Dieser Überzug bringt noch den Vorteil mit sich, daß er das darunter liegende Kupfer vor weiterer Einwirkung schützt. Salpetersäure löst Kupfer leicht auf zum Nitrat, Schwefelsäure erst in der Hitze zum Sulfat; beide Säuren werden durch den entstehenden Wasserstoff reduziert:

$$3\,Cu + 8\,HNO_3 = 3\,Cu\,(NO_3)_2 + 2\,NO + 4\,H_2O$$
$$Cu + 2\,H_2SO_4 = Cu\,SO_4 + SO_2 + 2\,H_2O.$$

Die verdünnten Säuren greifen Kupfer nicht an.

Eigenartig ist die Einwirkung von Ammoniak auf Kupfer. Bei gleichzeitigem Zutritt von Sauerstoff bildet sich eine komplexe Verbindung $[Cu\,(NH_3)_4]\,(OH)_2$ Amminokuprihydroxyd. Diese intensiv blau gefärbte Lösung — Schweitzers Reagens — vermag Zellulose aufzulösen und findet Anwendung bei der Fabrikation der Kunstseide.

Organische Säuren, wie sie in den Pflanzen enthalten sind, greifen Kupfer mit Unterstützung des Sauerstoffs an. Man darf wohl Speisen in kupfernen Kesseln kochen, aber nicht darin stehen lassen.

In seinen Verbindungen tritt das Kupfer ähnlich dem Quecksilber ein- und zweiwertig auf; die einwertigen Verbindungen werden Cupro- oder Kupferoxydul-, die zweiwertigen Cupri- oder Kupferoxydsalze genannt. Bei den Chlorverbindungen wird wie auch bei anderen Chloriden die einwertige als Chlorür, die zweiwertige als Chlorid bezeichnet. Neuerdings kommt eine dritte und wohl die einfachste Nomenklatur in Aufnahme, die auch bisher bei allen besprochenen Verbindungen, die von Elementen verschiedener Wertigkeit gebildet werden, in Anwendung kommen kann. Sie besteht in dem Einsetzen der Wertigkeit hinter den Namen des fraglichen Elementes und soll von uns als Beispiel bei den Kupferverbindungen durchgeführt werden. Es wird das einwertige Chlorkupfer als Kupfer (1)-Chlorid (sprich: Kupfer—eins—Chlorid), das zweiwertige als Kupfer (2)-Chlorid bezeichnet.

Cuprooxyd, Kupferoxydul, Kupfer (1)-Oxyd Cu_2O erhält man als schönes rotes Pulver bei der Reduktion von Kupfersalzen mit Traubenzucker. Es wird als Anstrichfarbe für Schiffsböden benutzt, weil die Giftigkeit des Kupfers das Anwachsen von Muscheln und Pflanzen u. a. erschwert.

Cuprochlorid, Kupferchlorür, Kupfer (1)-Chlorid, von der Zusammensetzung $Cu\,Cl$ (nach der Dampfdichtebestimmung besteht das Molekül aus $2\,CuCl = Cu_2Cl_2$), ist in Wasser unlöslich, löslich in konzentrierter Salzsäure und Ammoniak. Diese Lösungen vermögen Kohlenoxyd zu binden; es entsteht ein unbeständiger Körper von der Zusammensetzung $Cu_2Cl_2 \cdot CO \cdot 2\,H_2O$.

Cuprioxyd, Kupferoxyd, Kupfer (2)-Oxyd, entsteht beim Glühen von Kupfer an der Luft; es ist von schwarzer Farbe. Die Affinität zwischen Kupfer und Sauerstoff ist nicht sehr groß; Wasserstoff und andere Reduktionsmittel, wie Methylalkohol, vermögen dem Kupferoxyd leicht den Sauerstoff zu entreißen unter Bildung des roten Metalles. Deshalb findet es wichtige Anwendung zur Oxydation organischer Verbindungen, besonders bei der „Elementaranalyse"

Cuprihydroxyd, Kupferhydroxyd, Kupfer (2)-Hydroxyd $Cu\,(OH)_2$, entsteht als hellblauer, voluminöser Niederschlag beim Versetzen einer Kuprisalzlösung mit Natronlauge

$$Cu\,SO_4 + 2\,NaOH = Cu\,(OH)_2 + Na_2SO_4.$$

Beim Erwärmen geht der Niederschlag unter Wasserabspaltung in schwarzes CuO über. In Ammoniak ist Kuprihydroxyd löslich mit tiefblauer Farbe unter Bildung des oben erwähnten Tetramminncuprihydroxydes.

Sind in einer Kupfersalzlösung Weinsäure oder andere organische Stoffe, welche OH-Gruppen enthalten, zugegen, so ergibt Natronlauge keine Fällung, sondern nur eine tiefblaue Farbe. Das Kupfer ist an die Hydroxylgruppen der Weinsäure gebunden. Aus einer solchen Lösung, Fehlingsche Lösung, fällen reduzierende Substanzen in der Hitze rotes Cu_2O, nachdem zunächst das gelbe Kupfer (1)-Hydroxyd $Cu(OH)$ sich gebildet hat. Auf dieser Reduktion beruht der qualitative und quantitative Nachweis des Traubenzuckers (z. B. im Harn).

Herstellung Fehlingscher Lösung:

Das Reagens wird am besten in zwei getrennt aufzubewahrenden Lösungen bereitet: a) Kupferlösung (Fehling I): 69,278 g $CuSO_4$ werden in Wasser gelöst und auf 1000 ccm aufgefüllt. b) Tartratlösung (Fehling II): 173 g Seignettesalz werden in 400 ccm Wasser gelöst und mit 100 ccm einer Natronlauge versetzt, die 516 g $NaOH$ im Liter enthält. Man mische ca. 5 ccm der Kupferlösung mit ebensoviel Tartratlösung und benutze dieses frisch bereitete Gemisch zum Versuch.

Das wichtigste Kuprisalz ist das **Cuprisulfat $CuSO_4$ · 5 H_2O,** Kupfer (2)-Sulfat, Kupfervitriol. Es bildet schöne blaue Kristalle. Bei schwachem Erhitzen verliert es vier Moleküle Kristallwasser, das fünfte erst bei 200^0. Das entwässerte Sulfat sieht weiß aus und zieht unter Blaufärbung begierig Wasser an. (Nachweis von Wasser, z. B. im Alkohol.) In der Landwirtschaft findet das Kupfersulfat umfangreiche Anwendung zur Bekämpfung des Brandpilzes auf dem Saatweizen, der Peronospera in den Weinbergen und Kartoffelfeldern. Hölzer werden zur Verhinderung der Fäulnis mit Kupfersulfat getränkt.

Grünspan entsteht bei der Einwirkung von Essigsäure und Luft auf Kupfer; das entstandene Produkt ist ein basisches essigsaures Kupfer (Kupferazetat) von wechselnder Zusammensetzung.

Beim Versetzen von Kupfersulfat mit Salzen der arsenigen Säure entsteht ein grüner Niederschlag von Kupferarsenit: Scheeles Grün. In der Siedehitze bildet sich aus essigsaurem Kupfer und arseniger Säure das Schweinfurter Grün, eine Verbindung von Kupferarsenit mit Kupferazetat. Beide Farbstoffe sind sehr giftig.

Das Kupfer wird aus seinen Salzlösungen durch Metalle, welche ihm in der elektrischen Spannungsreihe vorangehen, wie Zink, Eisen usw., metallisch ausgefällt. Es haben also diese Metalle das größere Bestreben, positive Ladung aufzunehmen und als Ionen in Lösung zu gehen. Die Kraft, mit der ein Element elektrische Ladung an sich zu reißen und festzuhalten bestrebt ist, nennt man seine Elektroaffinität. Eisen hat also die größere Elektroaffinität, es ist elektroaffiner als Kupfer. Taucht man daher einen eisernen Schlüssel in eine Kupfersulfatlösung, so überzieht er sich mit rotem Kupfer.

Die Bildungsenergie von $ZnSO_4$ ist größer als die von $CuSO_4$. Wenn also aus einer $CuSO_4$-Lösung das Kupfer durch Zink ausgefällt wird, so wird Energie frei. Diese Energie erscheint im Daniellelement als elektrische Energie. Hier steht Zink in Zinksulfat und durch eine poröse Tonzelle getrennt Kupfer in Kupfersulfat. Wird das Element „geschlossen", so schlägt sich Kupfer nieder, während Zink in Lösung geht.

Die Giftigkeit der Kupferverbindungen haben wir schon öfters erwähnt. Kleinere Gaben bis 0,1 g den Tag über werden vom Menschen meist ohne Schaden vertragen, doch treten mitunter Reizungen der Niere auf; größere Gaben wirken als Brechmittel. Während bei anderen Metallsalzen das Erbrechen erst eintritt, wenn größere Zerstörungen in der Magenschleimhaut angerichtet sind, tritt die Wirkung beim Kupfersulfat (nicht beim Grünspan!) nach 5—10 Minuten **auf,** bevor Schädigungen eingetreten sind.

Bei Phosphorvergiftungen ist Kupfersulfat ein Gegenmittel, sowohl als Brechmittel, als auch aus dem Grunde, weil sich der Phosphor mit Phosphorkupfer überzieht und in phosphorige Säure übergeht.

Analytisches. Flüchtige Kupferverbindungen färben die Bunsenflamme grün. Schwefelwasserstoff gibt in salzsaurer Lösung eine schwarze Fällung von Kupfersulfid CuS:

$$CuSO_4 + H_2S = H_2SO_4 + CuS.$$

Kaliumferrocyanid erzeugt einen rotbraunen Niederschlag:

$$K_4FeCy_6 + 2\,CuSO_4 = Cu\,FeCy_6 + 2\,K_2SO_4.$$

Silber (Argentum).

Zeichen Ag, Atomgewicht 107,88.

Silber wird gediegen in größerer Menge als in Verbindungen in der Natur angetroffen. In den Mineralien ist es an Schwefel gebunden (Ag_2S Silberglanz, $Ag_2S \cdot Cu_2S$ Silberkupferglanz) sowie auch an Chlor (AgCl Hornsilber). Es kommt ferner vergesellschaftet mit Kupfer, Blei, Arsen, Wismut vor.

Bei der Verhüttung der Erze mischt es sich den Metallen bei. Aus der Kupferlegierung wird das Silber bei der elektrolytischen Reinigung des Kupfers gewonnen. Die Trennung vom Blei wird im sog. Treibprozeß (Kupellation) ausgeführt. Hierbei wird das silberhaltige Blei unter Luftzutritt auf „Treibherden" geschmolzen, das Blei oxydiert sich zu Bleiglätte, welche abfließt, das Silber reichert sich an. Schließlich erhält man ein 95proz. Silber, welches durch seinen schönen Glanz gegen die unscheinbare Bleiglätte absticht (Silberblick). Bei anderen Verfahren wird das Silber zur Abscheidung aus der Gangart mit Quecksilber amalgamiert (Amalgamierungsprozeß) oder das Chlorid und Sulfid an Natriumcyanid gebunden (Cyanidlaugerei).

Silber ist eines der schönsten Metalle. Es besitzt große Polierfähigkeit und Zähigkeit; so läßt sich 1 g zu einem Draht von 2 km Länge ausziehen. In reinem Zustande ist es zu weich, um als Gebrauchsmetall zu dienen, Kupferzusatz steigert jedoch die Härte [bedeutend. Der Silbergehalt einer Legierung wird in Tausendstel angegeben. 800 bedeutet also 80prozentiges Silber. Das früher als Spiegelbelag benutzte Zinnamalgam ist jetzt durch das Silber, das aus ammoniakalischen Lösungen durch Reduktionsmittel niedergeschlagen wird, gänzlich verdrängt.

Chemisch gehört Silber zu den edlen Metallen, d. h. zu den Metallen, die vom Luftsauerstoff nicht angegriffen werden. Gegen Schwefelwasserstoff ist es jedoch sehr empfindlich; es verfärbt sich unter Bildung des schwarzen **Schwefelsilbers Ag_2S.** Durch Behandeln mit Cyankali, welches Schwefelsilber auflöst, erhält es seine schöne Farbe wieder. In Salpetersäure ist es leicht, in Schwefelsäure schwer löslich. Salzsäure greift Silber nur unvollkommen an, da sich an der Oberfläche unlösliches Chlorsilber $AgCl$ bildet.

Durch Reduktion von Silbernitrat unter geeigneten Bedingungen erhält man kolloidales Silber, Argentum colloidale, Kollargol. Die Lösung sieht rotbraun aus und wird bei der antiseptischen Wundbehandlung angewandt, sowie zu intravenösen Injektionen. Um die kolloidalen Lösungen vor Koagulation zu schützen, setzt man Schutzkolloide, z. B. eiweißartige Stoffe, hinzu. Auch lockere komplexe Verbindungen mit Eiweiß lassen sich herstellen (Protargol), die zwar durch langsame Ionisation des Silbers bakterizide Eigenschaften, speziell gegen Gonokokken, aber nicht die adstringierenden und ätzenden des Höllensteins zeigen.

Silberoxyd Ag_2O. Wird eine Lösung von Silbernitrat mit Alkalilauge versetzt, so entsteht nicht, wie man erwarten sollte, Silberhydroxyd $AgOH$, sondern eine grauschwarze Fällung von der Zusammensetzung Ag_2O. Wird letzteres in Wasser aufgeschlämmt, so nimmt das Wasser alkalische Reaktion an, ein Zeichen, daß ein geringer Teil Silberoxyd sich mit Wasser nach der Gleichung umsetzt:

$$Ag_2O + H_2O = 2\,Ag^{\cdot}OH'.$$

Die Bindung zwischen Silber und Sauerstoff ist sehr locker. Bereits von 160° an beginnt Silberoxyd sich in seine Komponenten zu spalten.

Mit Ammoniak bildet sich aus Silbernitrat anfangs gleichfalls Ag_2O, löst sich aber im Überschuß leicht wieder auf unter Bildung eines komplexen Salzes $[Ag(NH_3)_2](OH)$. Diese Lösung, **ammoniakalische Silberlösung** genannt, wird durch reduzierende Substanzen zu metallischem Silber reduziert, das sich entweder als braunschwarzer Niederschlag oder als Spiegel an den Wänden des Reaktionsgefäßes niederschlägt (Spiegelherstellung s. oben).

Das wichtigste lösliche Silbersalz ist das **Silbernitrat $AgNO_3$,** Argentum nitricum. Es kristallisiert in Tafeln und ist leicht in Wasser ($1:0,6$) und in Alkohol ($1:14$) löslich; die wäßrige Lösung reagiert neutral. Bei 200^0 schmilzt es ohne Zersetzung und kann in Stangen gegossen werden. In dieser Form ist es auch im Handel zu haben: lapis infernalis Höllenstein. Abgesehen von der Bequemlichkeit in der medizinischen Anwendung, vor allem als Ätzmittel, ist diese Form darum vorzuziehen, weil sie frei von salpetersäurehaltiger Mutterlauge ist. In Berührung mit organischen Stoffen zersetzt sich Silbernitrat unter Reduktion zu metallischem schwarzen Silber. Die mitunter entstehenden lästigen Silberflecke an den Händen, in der Wäsche u. dgl. kann man entfernen durch Behandeln mit Jod-Jodkaliumlösung. Es bildet sich gelbes Silberjodid, das sich in Natriumthiosulfat löst.

Sämtliche Silbersalze sind lichtempfindlich. An erster Stelle stehen die Salze des Chlors, Broms und Jods. **Chlorsilber $AgCl$** erhält man beim Versetzen von Silbernitrat mit Salzsäure, Kochsalz oder irgendeinem anderen Chlorid.

$$Ag + Cl' = AgCl.$$

Der Niederschlag ist käsig, in Wasser, Salz- und Salpetersäure kaum löslich. Im Lichte färbt er sich bläulich. In konzentriertem Kochsalz ist Chlorsilber merklich, in Ammoniak, Cyankali und Natriumthiosulfat leicht löslich unter Bildung komplexer Ionen.

$$AgCl + 2 NH_3 = [Ag(NH_2)_2]Cl,$$
$$AgCl + 2 KCN = K[Ag(CN)_2] + KCl,$$
$$2 AgCl + 2 Na_2S_2O_3 = Na_2[Ag_2(S_2O_3)_2] + 2 NaCl.$$

Bei ca. 500^0 schmilzt Silberchlorid und erstarrt bei Abkühlung zu einer hornähnlichen Masse, die sich mit dem Messer schneiden läßt. Daher der Name Hornsilber für das natürlich vorkommende Chlorsilber.

Silberbromid $AgBr$, Bromsilber, entsteht beim Zusammengeben von Silbernitrat und löslichen Bromiden als gelblicher käsiger Niederschlag, der im Lichte nur langsame Veränderung erleidet. In Ammoniak ist er schwerer löslich als Chlorsilber, leicht dagegen in Thiosulfat.

Silberjodid AgJ, Jodsilber, fällt aus Silbernitrat bei Zusatz von Jodkalium als gelber käsiger Niederschlag unlöslich in Ammoniak, löslich in Natriumthiosulfat.

Die Halogensilberverbindungen finden in der Photographie zur Herstellung lichtempfindlicher Platten und Papiere umfangreiche Anwendung.

Die Trockenplatten, die jetzt fast ausschließlich in der photographischen Praxis Anwendung finden, werden in folgender Weise hergestellt: In einer warmen, in der Kälte erstarrenden Gelatinelösung wird aus Silbernitrat und Bromsalzen Silberbromid gefällt. Der Niederschlag ist von kolloidaler Beschaffenheit, da die Gelatine als Schutzkolloid wirkt. Durch kürzeres oder längeres Erwärmen läßt sich die Teilchengröße variieren. Je größer das Korn, desto größer die Empfindlichkeit. Die Masse wird auf Glasplatten gegossen und getrocknet. Im Lichte erleidet das Bromsilber eine Spaltung; das freie Brom wird wahrscheinlich von der Gelatine aufgenommen, das freie Silber ist kolloidal von unverändertem Bromsilber adsorbiert. Es genügt schon kurze Belichtungszeit, eine Schwärzung der Platte oder ein Bild ist jedoch nicht zu erkennen. Wird nun die belichtete Platte in der Dunkelkammer in eine reduzierende Flüssigkeit (Entwickler) gebracht, so setzt die Reduktion an den belichteten Stellen ein; das vom Licht veränderte Halogensilber wird zu metallischem Silber reduziert, die Platte wird „entwickelt". Damit sie sich im Tageslicht nicht weiter verändert, löst man unzersetztes Silbersalz mit Natriumthiosulfat (Fixiersalz) heraus, das Bild wird „fixiert". Man erhält ein „Negativ", d. h. ein Bild mit umgekehrten Helligkeitswerten. Um ein „Positiv" zu erhalten, kopiert man das Bild auf ein mit Bromsilbergelatine überzogenes lichtempfindliches Papier, das darauf wie die Trockenplatte entwickelt und fixiert wird. Benutzt man ein mit Chlorsilbergelatine hergestelltes Papier (Auskopierpapier), so ist ein Hervorrufen des Bildes durch Entwicklung überflüssig, da sich das Chlorsilber bei Belichtung schon sichtbar verfärbt. Es ist also in diesem Fall nur ein Fixieren nötig. Die entstandenen Bilder haben jedoch einen unschönen und wenig haltbaren Farbton. Um diesen zu verbessern, werden sie „getont", d. h. in eine Gold- oder Platinlösung gebracht. Beim Kupfer wurde schon erwähnt, daß dieses Metall durch unedlere, elektronegativere Metalle, wie Eisen, aus seinen Lösungen metallisch ausgefällt wird. Der gleiche Vorgang spielt sich auch hier ab. Silber ist unedler als Gold oder Platin. Wird eine Salzlösung dieser beiden Metalle mit metallischem Silber zusammengebracht, so geht Silber in Lösung, Gold oder Platin scheidet sich metallisch ab. Letzteres gibt auf photographischen Bildern schöne schwarze, Gold wärmere braune Töne.

Analytisches. Silbersalze werden durch H Cl als AgCl gefällt, unlöslich in HNO_3, löslich in Ammoniak. Schwefelwasserstoff erzeugt schwarzes Ag_2S.

Gold (Aurum).

Zeichen Au, Atomgewicht 197,2.

Seiner Edelmetallnatur entsprechend, kommt das Gold hauptsächlich gediegen vor (Transvaal, Australien, U. S. A.). Ursprünglich in Gestein eingeschlossen, gelangt es durch dessen Verwitterung in die Geröllmassen und Flußsande. Früher durch einfaches Waschen, wobei das spezifisch schwere Metall zurückblieb, gewonnen, wird es heute meist, ähnlich dem Silber, mit Quecksilber oder Cyannatrium herausgelöst. Verunreinigende andere Metalle werden durch Auskochen mit Salpetersäure beseitigt.

Gold ist ein Metall von charakteristischer gelber Farbe und starkem Glanz. Sein spezifisches Gewicht ist sehr hoch (19,3). Als geschmeidigstes aller Metalle läßt es sich zu feinster Folie aushämmern, echtes

Blattgold. Bei 1064° schmilzt es. An der Luft bleibt es unverändert, löst sich nur in Königswasser. Wegen seiner Weichheit muß es zu praktischer Benutzung mit Silber oder Kupfer legiert werden. Auch hier wird der Feingehalt mit $^1/_{1000}$ (früher mit Karat) angegeben, z. B.: $^{1000}/_{1000}$ (24 karätig) reines Gold, $^{585}/_{1000}$ (14 karätig), $^{333}/_{1000}$ (8 karätig).

Durch geeignete Reduktion seiner Lösungen scheidet sich Gold leicht kolloidal in verschiedenen Farben ab (s. S. 87).

In seinen Verbindungen ist Gold ein- und dreiwertig, Auro- und Auriverbindungen, und bildet infolge seiner geringen Elektroaffinität leicht komplexe Salze.

Goldcyanür AuCN gibt mit überschüssigem KCN das komplexe Kaliumaurocyanid $KAu(CN)_2$, das zur galvanischen Vergoldung dient.

Goldchlorid $AuCl_3$ entsteht bei Einwirkung von Chlor auf Gold. Mit HCl bildet sich die Aurichlorwasserstoffsäure $HAuCl_4$, deren Kaliumsalz als **Chlorgoldkalium** (Goldsalz) im Handel ist. Es wird hauptsächlich in der Photographie zur Herstellung von Tonbädern gebraucht.

Erdmetalle.

Aluminium, seltene Erden.

Aluminium (alumen Alaun).

Zeichen Al, Atomgewicht 27,1.

In bezug auf die Häufigkeit des Vorkommens in der Natur steht das Aluminium an der Spitze der Metalle, und zwar findet es sich ausschließlich in Form von Verbindungen. Das Oxyd, Al_2O_3, kristallisiert mit Beimengungen verschiedener Metallsalze in schön gefärbten Varietäten, die als Schmucksteine Verwendung finden (Rubin, Saphir, Korund). Ein unreines Oxyd ist der Schmirgel, ein wasserhaltiges der sehr wichtige Bauxit. Als einfaches Silikat sei der Ton genannt, der in reinster Form Kaolin heißt. Außerordentlich häufig ist das Vorkommen zusammengesetzter aluminiumhaltiger Silikate in Form der den größten Bestandteil der Erdrinde ausmachenden Gesteine, wie Granit, Basalt, Schiefer, Feldspat und Glimmer.

Die Gewinnung des Aluminiums geschieht nur noch auf elektrolytischem Wege aus einer Schmelze von reinem Aluminiumoxyd, meist gereinigtem Bauxit, dem als Flußmittel Flußspat oder Kryolith ($3NaF$ $\cdot AlF_3$) zugesetzt wird. Infolge der dazu benötigten großen Elektrizitätsmengen ist die Darstellung nur an Orten wirtschaftlich, wo Wasserkraft zur Verfügung steht.

Das Aluminium wird bei der seit langer Zeit gebräuchlichen und auch heute noch aus praktischen Gründen angewandten Einteilung der Metalle nach dem spezifischen Gewicht zu den Leichtmetallen gerechnet, zu denen u. a. noch die Alkalien, Erdalkalien und das Magnesium gehören. Verglichen mit den Schwermetallen, deren Hauptvertreter das Eisen ist, kommen die Leichtmetalle in der Natur bei weitem verbreiteter vor und ihre ausgedehntere Benutzung zur Herstellung von Metallgegenständen des täglichen Lebens muß ein erstrebenswertes Ziel der Zukunft sein, zumal für Deutschland, das an Eisenerzen und anderen Schwermetallverbindungen arm ist.

Das geringe spezifische Gewicht des Aluminiums (2,7) führt zu seiner Verwendung im Luftschiff- und Flugzeugbau, zu Geschirren, Apparaten usw. Auch Aluminiumlegierungen sind wertvoll, z. B. Aluminiumbronzen (Al, Cu), Magnalium und Elektronmetall (Mg, Al, Zn).

Beim Erhitzen an der Luft verbrennt Aluminium in feiner Verteilung mit greller Lichterscheinung (daher als Zusatz zum Blitzlicht gebraucht) und unter Entwicklung großer Wärmemengen zu dem Oxyd Al_2O_3:

$$4\,Al + 3\,O_2 = 2\,Al_2O_3 + 2 \quad 390 \text{ Cal.}$$

Infolge der starken Affinität zu Sauerstoff ist das Aluminium eines unserer stärksten Reduktionsmittel, das auch sehr beständige Sauerstoffverbindungen reduziert (siehe Si, B und Cr aus den Oxyden). Die Reduktion von Eisenoxyd Fe_2O_3 findet praktische Verwendung bei dem sog. Thermitverfahren (Goldschmidt). Thermit ist ein Gemenge von Aluminium und Eisenoxyd, das, an einer Stelle entzündet, bei dem so eingeleiteten exothermen Prozeß Temperaturen von ca. 3000^0 erzeugt und daher zur Schweißung von Metallen benutzt wird, wobei das reduzierte Eisen, bei der hohen Temperatur weißflüssig, als Bindemittel dient.

Aluminiumhydroxyd Al (OH)₃ entsteht bei Fällung von Aluminiumsalzlösungen mit Ammoniak als weiße Gallerte:

$$AlCl_3 + 3\,NH\,OH = Al\,(OH)_3 + 3\,NH_4Cl.$$

Es bildet sich auch durch Zugabe von Natronlauge, löst sich jedoch im Überschuß der letzteren unter Bildung von Natriumaluminat auf, da es wie das Zink amphoteren Charakter hat:

$$Al\,(OH)_3 + 3\,NaOH = Na_3Al\,O_3 + 3\,H_2O.$$

Auffallenderweise entsteht Aluminiumhydroxyd auf Zusatz von Natriumkarbonat oder Ammoniumsulfid an Stelle des zu erwartenden Karbonats bzw. Sulfids. Wir haben hier ein typisches Beispiel der S. 77 besprochenen Hydrolyse. Das Wasser wirkt infolge seiner geringen Dissoziation in $H\cdot + OH'$ spaltend auf die primär gebildeten Salze ein, und Al (OH)₃ fällt als unlösliches Spaltprodukt aus:

$$\text{I. } Al_2\,(SO_4)_3 + 3\,(NH_4)_2S = Al_2S_3 + 3\,(NH_4)_2SO_4,$$
$$\text{II. } Al_2S_3 + 6\,H\cdot OH' = 2\,Al\,(OH)_3 + 3\,H_2S.$$

Aluminiumchlorid Al Cl₃, aus Aluminium und Salzsäure entstehend, ist eine zerfließliche Masse, die wasserfrei in der organischen Chemie zur Abspaltung von Halogenwasserstoff Verwendung findet.

Aluminiumsulfat Al$_2$ (SO$_4$)$_3$ · 18 H$_2$O reagiert in wäßriger Lösung (Hydrolyse ohne Fällung) sauer, da es aus schwacher Base und starker Säure besteht. Mit Kaliumsulfat eingedampft, kristallisiert eine Verbindung beider Sulfate aus, der **Alaun K Al(SO$_4$)$_2$** · 12 H$_2$O. Alaune sind allgemein Doppelsulfate, deren Metalle ein- und dreiwertig sind. Kalium kann durch andere einwertige Elemente oder Radikale ersetzt werden (Na, K, Li, N H$_4$·), während auch andere dreiwertige Metalle (Fe···, Cr···) die Stelle des Aluminiums einnehmen können.

Alaun kommt natürlich als Alaunstein vor, woraus er technisch gewonnen wird. Er ist ein mildes Antiseptikum von adstringierender Wirkung, das medizinisch (Gurgelmittel) angewandt wird. Da Farbstoffe durch das sich aus dem Alaun abscheidende Aluminiumhydroxyd auf der Faser fixiert werden, wird er als Beizmittel benutzt.

Aluminiumazetat, essigsaures Aluminium, ist in wäßriger Lösung nicht beständig, sondern bildet teils lösliche, teils unlösliche basische Salze. Zu ersteren gehört die sog. „essigsaure Tonerde", im Handel als ungefähr 8prozentige wäßrige Lösung erhältlich, die antiseptisch wirkt und deshalb bei Entzündungen, zu Verbänden und Umschlägen mit Vorliebe angewandt wird. Bei längerem Stehen zersetzt sich die essigsaure Tonerde durch fortschreitende Hydrolyse unter Bildung schwer löslicher basischer Azetate. Diese besitzen gleichfalls therapeutischen Wert und können, da sie erst im alkalischen Darmsaft zur Lösung und Spaltung kommen, zu innerlicher Verwendung gebraucht werden. Durch Anlagerung anderer Komponenten läßt sich die Wirkung erhöhen (Aluminium acetico-tartaricum, essigweinsaure Tonerde, Alsol, zu Umschlägen und Spülungen, Aluminium acetico-tannicum, Altannol, gegen infektiöse Diarrhöen, Aluminium acetico-benzoicum, Oxymors, bei Oxyuriasis).

Aluminiumsilikat, durch Eisen verunreinigt in großen Mengen als Ton vorkommend, der nach Anrühren mit Wasser knetbar (plastischer Ton) und beim Trocknen und Glühen hart wird, dient seit alters zur Herstellung von Gefäßen und Ziegelsteinen.

Der gebrannte Ton ist infolge seiner Porosität luft- und wasserdurchlässig. Erstere Eigenschaft ermöglicht die Lüftung der Wohnräume durch die Ziegelsteinmauern hindurch. Um Gefäße wasserdicht zu machen, werden sie mit einer Glasur überzogen, die bei billigen Ton- und Steingutwaren in der Weise erzeugt wird, daß in die Glühöfen eingeworfenes Kochsalz beim Verdampfen die Oberfläche mit einem leicht schmelzbaren Natriumaluminiumsilikat überzieht.

Kaolin oder Porzellanerde ist sehr reines kieselsaures Aluminium.

Mischt man zur Herstellung von **Porzellan** Kaolin mit Quarz und Feldspat in geeigneten Gewichtsverhältnissen, so ergibt diese Masse beim starken Brennen (1400^0) einen durchscheinenden, glasartigen „Scherben", indem der Feldspat schmilzt und eine Sinterung eintritt. Vorher muß sie, damit die Form erhalten bleibt und nicht „schwindet", getrocknet und leicht gebrannt werden (Rohbrand 900^0). Dann erst gelangt sie nach Aufbringen einer leicht schmelzbaren Glasur (Feldspatpulver, Gips) in das Scharffeuer (Garbrand).

Zement oder Wassermörtel unterscheidet sich von dem bereits erwähnten, aus Sand und gelöschtem Kalk hergestellten Luftmörtel durch seine Unlöslichkeit in Wasser. Er wird aus Ton, Sand und kohlensaurem Kalk in Schacht- oder Drehöfen bei Weißglut hergestellt. In manchen Gegenden kommen derartige Gemenge in der Natur vor. Nach Zermahlen des Glühproduktes, der „Klinker", entsteht ein Pulver, das sich mit Wasser löscht und nach dem Abbinden hart und wasserunlöslich wird. Durch Beimengung von Kies und Sand entsteht der für Bauzwecke wichtige **Beton.**

Chamotte ist eine durch Glühen von einem an leicht schmelzbaren Bestandteilen armen Ton entstehende feuerfeste Masse, die als Baustein für Hochöfen, für chemische Apparaturen der Großtechnik usw. eine bedeutende Rolle spielt.

Ultramarin (lapis lazuli), ein geschätzter blauer Farbstoff, wird künstlich hergestellt durch Erhitzen von Ton, Soda, Schwefel und Holzkohle bei Luftzutritt. Die chemische Konstitution ist nicht mit Gewißheit festgestellt.

Analytisches: Schwefelammonium fällt weißes gallertiges Aluminiumhydroxyd. Dieses ist in Natronlauge löslich, nicht aber in Ammoniak.

Doppelsalze und komplexe Salze. Bei der Bildung des Alauns aus Kaliumsulfat und Aluminiumsulfat drängt sich die Frage nach der Art und dem Ursprung der die Bindung der beiden Sulfate bewirkenden Kraft auf. Beide wurden ja bisher als in sich gesättigt, ohne verfügbare freie Valenz, angenommen. Sie gehören zur Gruppe der Verbindungen „höherer Ordnung", die aus Bestandteilen niederer oder erster Ordnung sich zusammensetzen. Unter letzterem Begriff faßt man Verbindungen zusammen, in deren Molekül ein Atom oder mehrere gleichartige an ein anderes Atom gebunden sind, z. B. HCl, NH_3, H_2O. Wenn NH_3 sich mit HCl zu NH_4Cl vereinigt, so entsteht eine Verbindung zweiter Ordnung. Solche Aneinanderlagerung ist sehr häufig, z. B. bei allen bisher besprochenen komplexen Verbindungen.

Die Erklärung ist oft unter Zuhilfenahme verschiedener Wertigkeit möglich. Der dreiwertige Stickstoff in NH_3 geht in die fünfwertige Form über, kann also H und Cl zu NH_4Cl binden. Sehr häufig ist jedoch eine solche höhere Wertigkeit nicht bekannt oder aus theoretischen Gründen unmöglich, so beim Alaun. Hier setzt die **Wernersche Theorie der Nebenvalenzen** ein, die wir in folgender Weise erklären wollen:

Der Begriff der Einwertigkeit, Zweiwertigkeit usw. besagt nicht, daß die betreffenden Elemente jeweils genau gleiche Bindungsenergie — also freie elektrische Ladung — besitzen. Demnach bleiben nach Entstehung neuer Verbindungen stets Energieüberschüsse frei, wie z. B. im Magnetfeld die Kraftlinien sich nicht völlig binden. Träte eine völlige Absättigung ein, so müßte der betreffende Körper sehr indifferent und chemischer Beeinflussung nicht unterworfen sein. Es könnten nur physikalische Methoden, z. B. Erwärmung, Bestrahlung, elektrische Entladung eine Spaltung bewirken. Jede chemische Reaktion setzt dagegen einen, wenn auch noch so kleinen Energieüberschuß voraus, an dem die Reaktion angreift. Hier ist also gewissermaßen die schwache Stelle der Verbindung. Je größer diese Energieüberschüsse sind, desto reaktionsfähiger ist die Verbindung, je kleiner, desto reaktionsträger. Bei der

Verbindung CO, dem Kohlenoxyd, ist ein erheblicher Betrag freier Energie verfügbar, der die leichte Reaktionsfähigkeit des Gases, z. B. seine Verbrennung zu CO_2, zur Folge hat. Auch bei Kohlendioxyd ist er noch nicht verschwunden, denn dieses vermag H_2O anzulagern und in H_2CO_3 überzugehen. Deshalb sind in den Verbindungen der höchsten Oxydationsstufen der Elemente keineswegs „neutrale", in sich gesättigte Körper zu erblicken. Auch hier liegen Energieüberschüsse vor, sei es von dem ursprünglichen Element kommend, sei es überschießende Ladung der Substituenten. Kaliumsulfat und Aluminiumsulfat, trotzdem Verbindungen höherer Ordnung, sind also noch befähigt, chemische Reaktionen einzugehen, ihre Affinitätsüberschüsse in Reaktion mit anderen Verbindungen treten zu lassen. Sind die anfangs sich bildenden Anlagerungsprodukte nicht beständig, so treten Veränderungen, Spaltungen ein. Bleiben die Komponenten jedoch im Molekül zusammen, so bilden sich Doppelsalze oder Komplexsalze. Werner nennt diese Bindungen im Gegensatz zu den „Hauptvalenzen" der ursprünglichen Körper „Nebenvalenzen".

Beim Lösen in Wasser zeigt sich die Art und Weise, wie in den durch die Absättigung der Nebenvalenzen entstandenen Molekülen die Bindung der Atome vor sich ging. Bei den Doppelsalzen bilden sich als stabilste Ionisierungsformen die Ionen der ursprünglichen Bestandteile, d. h. das Wasser hebt zunächst die durch die Nebenvalenzen erzeugte Bindung auf. Im Doppelsalz ist also vor der Lösung eine Umgruppierung der Atome in den ursprünglichen Molekülen wahrscheinlich nicht vor sich gegangen. Die Lösung zeigt daher nur die Ionen der zusammengelagerten Moleküle und der Alaun dissoziert wie folgt:

$$KAl(SO_4)_2 = K\cdot + Al\cdots + 2\,SO_4''.$$

Sehr häufig aber weisen die beim Lösen entstehenden Ionen auf eine Umgruppierung der Atome in den sich durch die Nebenvalenzen bindenden Molekülen hin. Ein Beispiel: Gefälltes Silbercyanid $AgCN$ löst sich in überschüssigem KCN auf, indem die Nebenvalenzen beider Moleküle sich binden. Im Anlagerungsprodukt $AgCN \cdot KCN$ tritt aber eine Verschiebung ein, wahrscheinlich eine Folge verschieden großer Aufladung der Atome mit positiver und negativer Elektrizität. Das erkennen wir daraus, daß in der wäßrigen Lösung nicht mehr Ionen $Ag\cdot$, $K\cdot$ und CN' vorhanden sind, sondern eine elektrolytische Dissoziation eintritt im Sinne

$$AgCN \cdot KCN = K\cdot + AgCN_2'.$$

Es entstehen also in diesen Fällen neue, zusammengesetzte Ionen, die man als „komplexe Ionen" definiert. Bei der Schreibweise der komplexen Salze wird das komplexe Ion zum Ausdruck gebracht, z. B. $K[AgCN_2]$.

Zusammenfassend kann man also sagen: Doppelsalze haben in Lösung die Ionen der ursprünglichen einfacheren Bestandteile, komplexe Salze erzeugen neue, zusammengesetzte Ionen, die völlig anderer Natur sind.

Wie erkennt man nun, ob eine Verbindung Doppelsalz oder Komplexsalz ist? Dafür gibt es verschiedene Anhaltspunkte:

1. Der gegebenen Definition folgend, muß das Doppelsalz alle Ionenreaktionen der Komponenten geben, Alaun z. B. die Reaktionen des $K^{\cdot}$, $Al^{\cdots}$ und SO_4''-Ions. Auf Zusatz von Ammoniak z. B. fällt das Aluminiumhydroxyd aus. Komplexe Ionen dagegen sind neue Gebilde, die ganz andere Ionenreaktionen zeigen, die „anormale Reaktionen" geben. So fällt aus dem komplexen gelben Blutlaugensalz $K_4[Fe(CN)_6]$, wo das Eisen in dem komplexen Ion $FeCN_6''''$ vorliegt, mit $(NH_4)_2S$ kein FeS aus. Der Analytiker, dessen Analysenmethoden häufig nur auf normale Ionen eingestellt sind, muß also solche komplexen Salze unter Umständen beseitigen, z. B bei der Fällung der Schwefelammoniumgruppe.

2. Ein weiterer Unterschied liegt in der elektrischen Überführung, d. h. in der Art der Abscheidung bei der Elektrolyse. Eisen in normal dissozierten Lösungen ist Kation, scheidet sich also an der Kathode ab. Dagegen wandert das Komplexion $FeCN_6''''$ zur Anode.

3. Bei der Bildung komplexer Ionen nimmt die Leitfähigkeit durch die Verringerung der Ionenzahl ab: Sie ist nicht mehr gleich der Summe der Leitfähigkeiten der ursprünglichen Komponenten:

$$\underbrace{Zn^{\cdots} + SO_4'' + 6NH_4^{\cdot} + 6OH'}_{\text{16 Ladungen}} = \underbrace{[Zn(NH_3)_6]^{\cdots} + SO_4''}_{\text{4 Ladungen}} + 6H_2O.$$

Die Gleichung besagt, daß eine auf Zusatz überschüssigen Ammoniaks zu einer Zinksulfatlösung entstehende Lösung des komplexen Zinkamminhydroxyds $[Zn(NH_3)_6](OH)_2$ eine kleinere Leitfähigkeit hat, als sich aus den Leitfähigkeiten von Zinksulfat und Ammoniak berechnet.

4. Eine „anormale Löslichkeit" deutet gleichfalls auf Komplexionen hin. $AgCN$ sollte auf Zusatz von KCN durch Anreicherung der CN'-Ionen nach dem Massenwirkungsgesetz schwerer löslich werden (s. das Beispiel der Ausfällung von $NaCl$ durch HCl S. 47). Statt dessen tritt Auflösung ein.

Wenn wir so zu einer Zweiteilung in Doppelsalze und komplexe Salze kommen, so muß doch bemerkt werden, daß in den wenigsten Fällen die Bildung der komplexen Ionen quantitativ verläuft. Meist finden sich komplexe Ionen neben ionisierten Anteilen der ursprünglichen Komponenten vor. Überwiegen erstere, sind also die anormalen Reaktionen wie bei K_4FeCN_6 vorherrschend, so reden wir von „stark komplexen" Verbindungen. Treten aber die komplexen Ionen der Zahl nach zurück, zeigen sich also meist die normalen Reaktionen, so liegen „schwach komplexe" Salze vor.

Es herrscht zwischen den Stammionen und den komplexen Ionen ein Gleichgewichtszustand, dessen Grenzfall mit dem praktisch völlig verschwindenden komplexionisierten Anteil das Doppelsalz ist. Bindet man die ursprünglichen Ionen in der Lösung einer schwach komplexen Substanz, so bilden sie sich aus den Komplexionen nach, bis letztere schließlich ganz verschwinden können. So können aus Lösungen schwach komplexer Salze durch normale Reaktion gegenüber geeigneten Reagentien quantitative Fällungen eintreten, z. B. wird das Cadmium aus der Lösung des schwach komplexen Salzes $K_2[Cd(CN)_4]$ als CdS völlig gefällt. Umgekehrt kann aus stark komplexionisierten Lösungen das komplexe Ion gebunden und durch diese Verschiebung des Gleichgewichts ganz beseitigt werden, so aus dem stark komplexen $K_4[FeCN_6]$ mit Kupfersulfat das Eisen völlig als $Cu_2[FeCN_6]$ herausgefällt werden.

Wir unterscheiden komplexe Kationen und komplexe Anionen, wie das Beispiel der schon erwähnten Silbersalze $K \cdot [Ag(CN)_2]'$ und $[Ag(NH_3)_2] \cdot Cl'$ zeigt.

Die Anzahl elektrischer Ladungen ist je nach der Bildungsweise gesetzmäßig festgelegt:

a) Entsteht das Komplexion durch Anlagerung von neutralen (nicht ionisierten) Gruppen, wie NH_3, an das „Stammion", so enthalten Komplexion und Stammion die gleiche Anzahl elektrischer Ladungen:

$$Ag \cdot + 2 NH_3 \longrightarrow [Ag(NH_3)_2] \cdot$$

b) Lagern sich Ionen an das Stammion an, so ist die elektrische Ladung gleich der algebraischen Summe der Ladung der Ionen:

$$Ag \cdot + 2 CN' \longrightarrow [Ag(CN)_2]'$$
$$(1 +) + (2 -) \longrightarrow (1 -).$$

Es ist auffllend, daß die Zahl der in dem Komplexion an das Stammatom gebundenen Atome oder Atomgruppen sehr häufig 4 oder 6 ist. Diese Zahl nennt Werner die Koordinationszahl.

Beispiele:

$$K_2[Ni(CN)_4]\ [Cu(NH_3)_4]SO_4$$
$$K_4[Fe(CN)_6],\ K_2[PtCl_6],\ [Zn(NH_3)_6]SO_4,\ K_3[Co(NO_2)_6]$$

Erst wenn diese vier oder sechs „Koordinationsstellen" innerhalb des komplexen Moleküls besetzt sind, können ionisierbare Komplexe auftreten.

Die seltenen Erden.

Von den vielen Elementen, die hier zu nennen wären, wie Thor, Cer, Lanthan, Yttrium, Ytterbium, Scandium usw., sei nur auf die beiden erstgenannten, nämlich Thor und Cer kurz eingegangen, da sie in der Beleuchtungstechnik eine bedeutende Rolle spielen. In Silikat- und Phosphat-Form sind diese beiden Elemente im Monazitsande enthalten. Durch Aufschließen mit konzentrierter Schwefelsäure werden sie in die Sulfate übergeführt. Da das oxalsaure Salz selbst in saurer Lösung unlöslich ist, so lassen sie sich in dieser Form leicht von anderen Elementen trennen.

Thoriumnitrat $Th(NO_3)_4 \cdot 12H_2O$ ist sehr leicht in Wasser und Alkohol löslich. Mit Cernitrat gemengt, so daß die Oxyde im Verhältnis 99:1 stehen, dient es zum Tränken der Glühstrümpfe, die aus Pflanzenfasern (Baumwolle, Ramie) gewebt sind in einer Form, die sich dem heißesten Teile der Bunsenflamme anpaßt. Beim Veraschen hinterbleibt ein Skelett, das in der Gaslampe mit intensiver, dem Tageslichte nahekommender weißer Farbe erstrahlt. Andere Mischungsverhältnisse zwischen Thor und Cer, als das oben angegebene, ergeben erheblich schlechtere Lichtausbauten. Die Strahlung des nach seinem Erfinder Auer von Welsbach genannten Auerlichtes ist selektiv ($=$ auswählend) und zwar in der Richtung, daß die Wellenlängen, für die unser Auge empfindlich ist, bevorzugt werden.

Thorium gehört zu den radioaktiven Elementen (s. Kapitel über Radioaktivität).

Das **Cer** wird in metallischem Zustande durch Elektrolyse seines geschmolzenen Chlorides gewonnen. Seine Eisenlegierung gibt beim Reiben an Stahl lange, heiße Funken und veranlaßte das Wiederaufleben der alten Feuerzeuge, allerdings in weit verbesserter Form.

Eisengruppe.

Chrom, Uran, Molybdän, Wolfram, Mangan, Eisen, Nickel, Kobalt.

Chrom (Chromium).

Zeichen Cr, Atomgewicht 52,0.

Das wichtigste Chromerz ist der Chromeisenstein $FeO \cdot Cr_2O_3$. Wird diese Verbindung mit Kohle im elektrischen Ofen reduziert, so erhält man eine Chromeisenlegierung, die man dem Stahl zusetzt, um ihn härter und zäher zu machen. Das metallische Chrom erhält man für sich allein, wenn man Chromoxyd Cr_2O_3 nach dem Goldschmidtschen Verfahren mit Aluminium reduziert.

In seinen Verbindungen tritt Chrom in drei Wertigkeitsstufen auf: zwei-, drei- und sechswertig. Als zwei- und dreiwertiges Element hat es basischen, als sechswertiges sauren Charakter und zeigt Ähnlichkeit mit dem sechswertigen Schwefel. Sämtliche Chromverbindungen haben schöne lebhafte Farben, daher auch der Name von dem griechischen chroma Farbe.

Die zweiwertigen Chromverbindungen zeigen starke Neigung, in den dreiwertigen Zustand überzugehen; sie besitzen keine Bedeutung

Chromioxyd Cr_2O_3 ist im geglühten Zustande ein grüner Körper. Da er sich in Glasflüssen löst, indem er diese gleichfalls grün färbt, findet er in der Glas- und Porzellanmalerei Anwendung. Ein wasserhaltiges Oxyd $2\,Cr_2O_3 \cdot 3\,H_2O$ ist Guignets Grün oder Chromgrün, eine Ersatzfarbe des giftigen Schweinfurter Grüns.

Aus Chromisalzlösungen fällt auf Zusatz von Alkalien das **Chromihydroxyd $Cr(OH)_3$** in Gestalt von bläulichgrünen Flocken aus. Gegenüber starken Alkalien zeigt es schwach sauren Charakter und bildet Chromite.

Chromisulfat $Cr_2(SO_4)_3$ löst sich in kaltem Wasser mit violetter Farbe. Beim Erwärmen der Lösung geht die Farbe in Grün über. Beim Erkalten kristallisieren Oktaeder mit $18\,H_2O$ Kristallwasser, isomorph dem Aluminiumsulfat. Die Ähnlichkeit mit diesem Salze zeigt sich auch darin, daß Chromisulfat mit Kaliumsulfat einen Alaun (Chromalaun) von der Zusammensetzung $KCr(SO_4)_2 \cdot 12\,H_2O$ bildet. Weitere Ähnlichkeit des dreiwertigen Chroms mit dem dreiwertigen Aluminium besteht noch darin, daß das Hydroxyd $Cr(OH)_3$ ebenfalls mit organischen Farbstoffen Farblacke bildet und in der Färberei deshalb als Beize Verwendung findet. Erwähnt sei noch, daß Chromisalze das Leder gerben: Chromleder.

Erhitzt man Chromoxyd oder ein Chromsalz mit Soda unter Mitwirkung eines Oxydationsmittels (Salpeter oder Luftsauerstoff), so erhält man eine gelbe Schmelze, welche aus **Natriumchromat Na₂CrO₄** besteht:

$$Cr_2O_3 + 2\,Na_2CO_3 + 3\,O = 2\,Na_2CrO_4 + 2\,CO_2.$$

Die Chromsäure ist analog der Schwefelsäure zusammengesetzt und enthält Chrom in sechswertiger Form. Aus der Lösung des Natriumchromates Na_2CrO_4 läßt sie sich durch Zusatz von Schwefelsäure nicht abscheiden, sondern geht sofort in ihr Anhydrid CrO_3 über, das bei genügender Konzentration in braunroten Nadeln ausfällt.

Chromtrioxyd CrO₃ ist ein starkes Oxydationsmittel. Alkohol, Äther, Ammoniak entzünden sich, wenn sie damit in Berührung kommen; es geht dabei über in Chromioxyd

$$2\,CrO_3 = Cr_2O_3 + 3\,O.$$

Die Chromsäure ist eine zweibasische Säure, von der man auch saure Salze erwarten sollte. Versucht man aus dem normalen Natriumchromat das saure Salz $NaHCrO_4$ durch Zusatz der berechneten Menge Schwefelsäure herzustellen nach der Gleichung

$$Na_2CrO_4 + H_2SO_4 = NaHCrO_4 + NaHSO_4,$$

so deutet schon der Umschlag der Farbe von gelb in rot an, daß hier eine weitere chemische Reaktion eingetreten ist:

$$2\,NaHCrO_4 = Na_2Cr_2O_7 + H_2O.$$

Beim Eindampfen der Lösung bleibt **Natriumbichromat Na₂Cr₂O₇** in roten Kristallen zurück. Die Bichromate besitzen die doppelte Oxydationsfähigkeit der Chromate. Jedes Molekül kann sechs Atome Wasserstoff oxydieren, das der Chromate nur drei. So werden aus Jodkaliumlösungen sechs Atome Jod frei gemacht:

$$K_2Cr_2O_7 + 6\,HJ + 4\,H_2SO_4 = K_2SO_4 + Cr_2(SO_4)_3 + 7\,H_2O + 6\,J.$$

Von den normalen Chromaten sei noch erwähnt das gelbe Bleichromat $PbCrO_4$, wasserunlöslich, als Malerfarbe verwendet, das rote Silberchromat Ag_2CrO_4, wasserunlöslich, löslich in Salpetersäure und in Ammoniak.

Eine schädliche Wirkung der Chromsäure auf den menschlichen Körper beschreibt K. A. Hofmann wie folgt:

„Im Magen wirkt die Chromsäure wie auch ihre Salze als starkes **Gift**, doch mahnt der starke, saure, ätzende Geschmack vor unfreiwilliger Vergiftung. Bei der sehr ausgedehnten Verwendung von Chrompräparaten in der Technik muß man wissen, daß alle Chromverbindungen, wenn sie in Staubform in die Nase gelangen, eine eigentümliche Zerstörung der Nasenscheidewand und weiterhin der tiefer liegenden Organe veranlassen. Hierfür genügt schon die dauernde Beschäftigung mit chromgebeizten Geweben, wie sie bei Näherinnen vorkommt."

Analytisches. Alle Chromverbindungen geben, mit Soda und Salpeter geschmolzen, die gelbe Chromatschmelze. Mit $(NH_4)_2S$ fällt (auch bei Chromat und Dichromat durch die Reduktionswirkung von $(NH_4)_2S$ infolge Hydrolyse schmutziggrünes Chromihydroxyd $Cr(OH)_3$ aus. Wasserstoffsuperoxyd erzeugt die in Äther mit blauer Farbe lösliche Überchromsäure $HCrO_5$.

Molybdän.

Zeichen Mo, Atomgewicht 96.

Große Ähnlichkeit mit dem Chrom zeigt das Molybdän. So bildet es u. a. ein Säureanhydrid MoO_3 Molybdäntrioxyd. Die Säure selbst H_2MoO_4 läßt sich im Gegensatz zur Chromsäure aus den Molybdaten durch Zusatz starker Säuren in Form weißer Kristallblättchen ausfällen, die sich jedoch in überschüssiger Säure wieder auflösen. Phosphorsäure gibt mit Ammoniummolybdat in salpetersaurer Lösung beim Erwärmen einen gelben kristallinen Niederschlag.

Wolfram.

Zeichen W, Atomgewicht 184.

Gleichwie das Molybdän, so zeigt auch das Wolfram in seinen Verbindungen Ähnlichkeit mit denen des Chroms. Das metallische Wolfram erhält man aus seinen Oxyden durch Reduktion mit Aluminium. Es hat einen sehr hohen Schmelzpunkt (3100^0) und wird zur Herstellung von Metallfadenlampen benutzt. Dem Stahle zugesetzt, verleiht es diesem sehr große Härte (Wolframstahl, Werkzeugstahl).

Uran (Uranium).

Zeichen U, Atomgewicht 238,2.

Für die Gewinnung von Uran und seinen Verbindungen kommt hauptsächlich die Pechblende (Joachimsthal in Böhmen) in Betracht. Das Metall gewinnt man durch Glühen des Uranchlorürs UCl_4 mit Natrium.

$$UCl_4 + 4Na = U + 4NaCl.$$

Es dient wie auch Urankarbid UC_2 als Katalysator bei der Synthese von Ammoniak aus Stickstoff und Wasserstoff.

In seinen Verbindungen tritt das Uran vier- und sechswertig auf. **Uranoxydul UO_2** ist ein schwarzes Pulver, das beim Erhitzen an der Luft in **Uranoxyduloxyd $U_3O_8 = UO_2 \cdot 2UO_3$** übergeht.

Uranoxyd UO_3 ist das Anhydrid der Uransäure H_2UO_4, welche rein als gelbe Substanz erhältlich ist. Von ihr leitet sich die Diuransäure $H_2U_2O_7$ ab, deren Salze beständig sind.

Die Urangläser verdanken ihr gelbes, grün fluoreszierendes Aussehen dem Uranoxyd.

Eine Reihe von Salzen enthält als Base die zweiwertige Gruppe UO_2, Uranyl genannt, z. B. **Uranylnitrat $UO_2(NO_3)_2 \cdot 6H_2O$** oder **Uranyl-Sulfat $UO_2SO_4 \cdot 3H_2O$.**

Am Uran und seinen Verbindungen wurde zuerst das Auftreten einer Strahlung beobachtet (Becquerel 1894).

Mangan (Manganum).

Zeichen Mn, Atomgewicht 54,93.

Wichtige Erze des Mangans sind der Braunstein MnO_2, der Hausmannit Mn_3O_4 und der Manganspat $MnCO_3$. Sie finden sich meist in Gesellschaft mit Eisenerzen. Das metallische Mangan, erhältlich aus seinen Oxyden durch Reduktion mit Aluminium, wird nur in Legierungen verwandt, hauptsächlich mit Kupfer (Manganbronze, ausgezeichnet durch Festigkeit und Härte) und mit Eisen (Spiegeleisen mit 5 bis 20% Mn, Ferromangan mit 30 bis 80% Mn).

In seinen Verbindungen tritt das Mangan zwei-, drei-, vier-, sechs- und siebenwertig auf.

Die Salze des zweiwertigen Mangans wie **Manganochlorid $MnCl_2$** oder **Manganosulfat $MnSO_4$** sind rosa gefärbt. Beim Versetzen mit Alkalien fällt aus ihnen ein weißes Hydroxyd $Mn(OH)_2$ nieder. Unter dem Einfluß des Luftsauerstoffes geht dieses unter Bräunung in ein vierwertiges Oxydhydrat von der Zusammensetzung $MnO(OH)_2$ über. Mit Schwefelalkalien geben Manganosalze einen charakteristischen fleischfarbenen Niederschlag von **MnS, Mangansulfid.**

Die Verbindungen des dreiwertigen Mangans, die Manganisalze, beanspruchen kein Interesse.

Vierwertiges Mangan ist im **Braunstein** oder Pyrolusit **MnO_2** enthalten. Dieser ist ein wichtiges Oxydationsmittel; unter Abgabe von Sauerstoff geht er in das zweiwertige Mangan über, z. B.

$$MnO_2 + 4\,HCl = MnCl_2 + 2\,H_2O + Cl_2.$$

Nach diesem Vorgang werden große Mengen Chlor gewonnen.

Sehr wesentlich ist dabei, daß das Manganchlorür $MnCl_2$ sich wieder in den vierwertigen Zustand zurückverwandeln läßt und von neuem benutzt werden kann. Zu diesem Zwecke wird aus dem Manganchlorür durch Zusatz von gelöschtem Kalk das Manganohydroxyd gefällt,

$$MnCl_2 + Ca(OH)_2 = Mn(OH)_2 + CaCl_2,$$

das durch Einpressen von Luft in das Manganoxydhydrat $MnO(OH)_2$ sich verwandelt. Dieses Hydrat zeigt schwach saure Eigenschaften, so daß man seine Formel auch schreiben könnte H_2MnO_3. Mit Calciumhydroxyd tritt teilweise eine Umsetzung ein gemäß der Gleichung

$$Ca(OH)_2 + H_2MnO_3 = CaMnO_3 \text{ (Calciummanganit)} + 2\,H_2O.$$

Das sich absetzende Gemenge von $MnO(OH)_2$ und $CaMnO_3$ heißt **Weldon**schlamm und entwickelt ebenso wie Braunstein mit Salzsäure Chlor.

KaliummanganatK_2MnO_4, wie Kaliumchromat durch die Oxydationsschmelze entstehend, ist eine grüne Verbindung, die äußerst leicht sich durch Oxydation zersetzt und dabei in das Kaliumpermanganat übergeht (Chamaeleon minerale).

Kaliumpermanganat $KMnO_4$, übermangansaures Kali, ist das Kaliumsalz der in reinem Zustand nicht bekannten Übermangansäure $HMnO_4$, deren Anhydrid Mn_2O_7 eine grüne, leicht zersetzliche Flüssigkeit bildet. Infolge seiner Oxydationswirkung wirkt Kaliumpermanganat desinfizierend und fäulnishemmend.

Analytisches. Die Mangansalze erzeugen eine grüne Oxydationsschmelze. Mit Bleisuperoxyd und conc. HNO_3 gekocht, geben alle Manganverbindungen die violette Lösung der Übermangansäure. Schwefelammonium fällt fleischfarbenes MnS.

Eisen (Ferrum).

Zeichen Fe, Atomgewicht 55,84.

Das wertvollste aller Metalle für den Menschen ist das Eisen. Die Eigenschaften, die es so nützlich machen, sind 1. seine verhältnismäßig einfache Gewinnung aus häufig vorkommenden Erzen, 2. seine hohe mechanische Festigkeit und Elastizität, 3. seine Fähigkeit, vorübergehend oder dauernd magnetisch zu werden. In Ägypten läßt sich die Eisenbearbeitung schon von 1500 v. Chr. an nachweisen, in Griechenland von 1000 v. Chr., in Rom von 600 v. Chr. an.

Metallisch hat man das Eisen an einigen Stellen gefunden, doch ist es in diesen Fällen kosmischen Ursprungs (Meteore). Technisch wichtig sind diese Funde nicht, jedoch dadurch interessant, daß sie die auf andere Weise wahrscheinlich gemachte Annahme stützen, daß das Innere auch unseres Erdkörpers aus Eisen besteht.

Das wertvollste, weil reinste, Eisenerz ist der Magneteisenstein Fe_3O_4, der in Schweden in größerer Menge vorkommt. Von anderen Eisenerzen seien genannt: der Roteisenstein oder Eisenglanz Fe_2O_3, das Brauneisenerz oder Limonit, ein wasserhaltiges Oxyd, der Pyrit oder Eisenkies FeS_2 und der Eisenspat $FeCO_3$. Durch Verwitterung des letzteren ist die phosphorreiche Minette (Lothringen) entstanden. Organisch ist das Eisen im roten Blutfarbstoff gebunden.

Die Reduktion der Eisenoxyde, die aus den Sulfiden gegebenenfalls erst durch Rösten gewonnen werden müssen, erfolgt durch Koks in hohen Schachtöfen, den Hochöfen (s. Fig. 16).

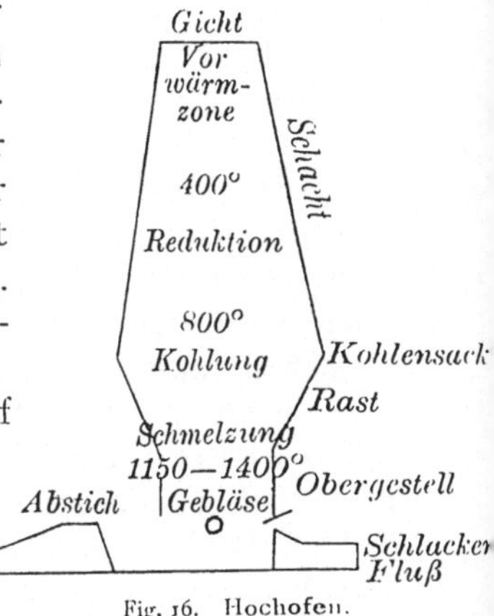

Fig. 16.   Hochofen.

Die Verunreinigungen der Erze (die sog. Gangart) wie Kalk und Magnesia oder Kieselsäure und Ton werden durch geeignete Zusätze (Zuschlag) in leicht schmelzbare Schlacken übergeführt. Basische Verunreinigungen verlangen einen Zuschlag von Kieselsäure, saure einen solchen von Kalk. Der Hochofen ist ohne Unterbrechung Tag und Nacht in Betrieb. In den unteren Teil des Ofens wird der sog. Gebläsewind, durch Winderhitzer auf ca. 800^0 vorgewärmt, eingeblasen. Die Beschickung mit Erz, Koks und Zuschlag geschieht durch einen am oberen Teil des Ofens in Form eines Kegels angebrachten Verschluß. Die Massen gelangen infolgedessen zunächst in den kältesten Teil des Ofens, die Vorwärmzone von ca. 400^0. In der darauffolgenden Reduktionszone geht bei ca. 800^0 die Reduktion des Eisenoxyds zu metallischem Eisen vor sich, ohne daß die Schmelztemperatur des letzteren erreicht wird. Erst in der nun folgenden Kohlungszone schmilzt das Eisen durch Aufnahme von Kohle, da mit diesem Prozeß ein Sinken des Schmelzpunktes eintritt. Auch die Schlacke bildet sich in dieser Zone und sammelt sich oberhalb des flüssigen Eisens gleichfalls geschmolzen an. Beide werden durch Abstechen getrennt abgelassen.

Die eigentliche Reduktion wird nicht durch die Kohle, sondern durch das bei der unvollkommenen Verbrennung erzeugte Kohlenoxyd bewirkt. Es stellt sich ein Gleichgewichtszustand ein im Sinne der Gleichung

$$Fe_3O_4 + 4\,CO \rightleftarrows 3\,Fe + 4\,CO_2.$$

Durch einen Überschuß von CO wird das Gleichgewicht zugunsten des metallischen Eisens verschoben. Infolgedessen sind die den Hochöfen entströmenden „Gichtgase" noch reich an Kohlenoxyd und brennbar. Ihre Verwertung, z. B. zum Vorwärmen des Gebläsewindes in den Winderhitzern und zum Betrieb von Gaskraftmaschinen, bedeutet den wichtigsten Fortschritt der Eisenverhüttung in der neuesten Zeit.

Das im Hochofen erzeugte Eisen enthält ca. 5 % Kohlenstoff, daneben Si, Mn, P, S. Man nennt es Roheisen. Graues Roheisen, das zu Gußzwecken benutzt wird, hat durch teilweise Ausscheidung des Kohlenstoffes in Form von Graphit ein körnig-kristallinisches Gefüge. Weißes Roheisen besitzt gleichfalls Kohlenstoff, aber in gebundener Form als Karbid, Spiegeleisen entsteht durch Beimengung von 5 bis 20 % Mangan. Mehr als 30 % Mangan erzeugen Ferromangan.

Diesen Roheisensorten fehlt eine wichtige Eigenschaft, die Schmiedbarkeit. Sie schmelzen, ohne vorher weich und hämmerbar zu werden. Die Schmiedeeisen, die zweite Gruppe der Eisensorten, sind charakterisiert durch weniger als 1,7 % Kohlenstoff. Sie sind in der Kälte dehnbar, in der Hitze schmiedbar und schweißbar. Die Technik unterscheidet zwei Sorten des Schmiedeeisens: a) Schweißeisen durch Umschmelzen und Zusammenschweißen hergestellt; es ist nicht ganz schlackenfrei. Schweißstahl hat mehr als 0,3 % Kohlenstoff. b) Flußeisen, aus Roheisen in geschmolzenem Zustande bereitet, enthält keine Schlackenteile. Auch hier gibt es einen Stahl, der mehr als 0,3 % Kohlenstoff enthält, Flußstahl.

Die Verfahren der Herstellung des Schweißeisens und Schweißstahles (z. B. der Frischprozeß und der Puddelprozeß) liefern heute nur noch geringe Mengen des Schmiedeeisens. Erst die Verfahren der Herstellung des Flußeisens und Flußstahles, bei denen das entkohlte Eisen flüssig bleibt, konnten die großen Mengen des heute benötigten Schmiedeeisens und Stahls erzeugen. Das wichtigste derartige Verfahren ist der Bessemerprozeß, bei dem das Roheisen in einem birnenförmigen, ausgießbaren Gefäß (Konverter) geschmolzen und Luft hindurchgeblasen wird. Der Kohlenstoff verbrennt dabei, Schwefel, Phosphor und Silicium werden in die Oxyde übergeführt. Sie müssen durch eine basische Ausfütterung der Birne aus gebranntem Dolomit (Thomas-Prozeß) gebunden werden. Als Nebenprodukt entsteht die phosphorsäurereiche Thomasschlacke, die ein gutes Düngemittel ist.

Das zweite wichtige Verfahren der Gewinnung von Flußeisen und Flußstahl ist der Siemens-Martin-Prozeß, bei dem Roheisen mit Abfällen von Schmiedeeisen (Schrott) verschmolzen wird.

In seinen Verbindungen tritt das Eisen teils zweiwertig, teils dreiwertig auf. Man unterscheidet sie durch die Bezeichnung Eisenoxydul = Ferro- und Eisenoxyd = Ferri-Verbindungen.

Ferrooxyd FeO hat keine Bedeutung.

Aus Ferrosalzlösungen, z. B. aus dem durch Lösen von Eisen in Salzsäure entstehenden Ferrochlorid $FeCl_2$, fällt Natronlauge **Ferrohydroxyd Fe (OH)₂** als grünlich-weißen voluminösen Niederschlag, der sich an der Luft durch Oxydation zu Ferrihydroxyd $Fe(OH)_3$ bräunt.

$$2\,Fe(OH)_2 + H_2O + O = 2\,Fe(OH)_3.$$

Das wichtigste Eisenoxydulsalz ist das **Ferrosulfat $FeSO_4 \cdot 7\,H_2O$**, Eisenvitriol, das man in reinem Zustande durch Auflösen von Eisen in Schwefelsäure erhält; beim Einengen der Lösung scheidet es sich in großen grünen Kristallen ab. Es findet umfangreiche Verwendung in der Tintenfabrikation — mit Tannin bildet es schwarze Eisentannate in der Färberei als Beizmittel, in der Gerberei als Desodorierungsmittel. Beim Liegen an feuchter Luft überzieht es sich mit basischem Ferrisulfat. Weit beständiger in dieser Beziehung ist ein Doppelsalz $FeSO_4 \cdot (NH_4)_2SO_4 \cdot 6H_2O$, das Mohrsche Salz.

Das **Ferrokarbonat $FeCO_3$** (der Spateisenstein der Natur) löst sich in kohlesäurehaltigem Wasser etwas als Bikarbonat $Fe(HCO_3)_2$ und bildet den Bestandteil der Stahlwässer. Beim Stehen an der Luft scheidet sich infolge Oxydation durch Sauerstoff aus solchen Wässern braunes Ferrihydroxyd aus.

Ferrosalze gehen durch Oxydation leicht in Ferrisalze über, wie an dem Beispiel des Ferrohydroxyds bereits gezeigt wurde. Man spricht ganz allgemein von einer „Oxydation", wenn ein mehrwertiges Element von der tieferen Wertigkeitsstufe in die höhere übergeht. Oft ist dazu Sauerstoff nicht nötig, z. B. wenn $FeCl_2$ in $FeCl_3$ sich verwandelt. Es ist daher der Begriff der Oxydation (s. S. 7) unter Berücksichtigung der Tatsache, daß es sich bei diesen Reaktionen um eine Änderung in der Zahl der gebundenen Elektrizitätsquanten handelt, wie folgt zu definieren: Bei Oxydationen werden positive Ladungen zugeführt oder negative Ladungen entzogen.

Umgekehrt wäre die Reduktion in allgemeinerer Auffassung zu deuten als ein Hinzubringen von negativer Ladung oder eine Entziehung von positiver Ladung.

Ferrioxyd Fe_2O_3, dessen natürliches Vorkommen bereits gestreift wurde, entsteht durch Glühen von Eisenverbindungen bei Luftzutritt. Es ist ein rotes Pulver, das unter dem Namen Polierrot oder Caput mortuum als Poliermittel angewandt wird. Viehsalz verdankt seine rötliche Farbe einem Denaturierungszusatz von Fe_2O_3.

Ferrihydroxyd $Fe(OH)_3$ entsteht als rotbraune Fällung bei Zusatz von Alkalihydroxyd oder Ammoniak zu Ferrisalzlösungen:

$$FeCl_3 + 3NH_4OH = Fe(OH)_3 + 3NH_4Cl.$$

Es ist ein Gegenmittel bei Arsenvergiftungen, da es mit arseniger Säure in unlösliches Eisenarsenit $FeAsO_3$ übergeht.

Ferrichlorid $FeCl_3$ ist das häufigst gebrauchte Ferrisalz. Man stellt es aus Ferrochlorid $FeCl_2$ mit Chlor dar als gelbe, zerfließliche Masse. In der Medizin wird es, teils in Wasser gelöst, teils in Watte eingetrocknet, als blutstillendes Mittel angewandt. Seiner Verwendung werden jedoch durch die Ätzwirkung, die allen Eisensalzen in geringem Maße eigen ist, Grenzen gesetzt. Die Lösungen sind hydrolytisch gespalten und reagieren sauer:

$$FeCl_3 + 3H_2O \rightleftharpoons Fe(OH)_3 + 3HCl.$$

Das **Ferriazetat,** essigsaures Eisen, wird beim Kochen seiner wäßrigen Lösungen quantitativ hydrollsiert.

Ferrisulfat Fe$_2$(SO$_4$)$_3$ entsteht aus Eisenvitriol bei Luftzutritt. Mit Alkalisulfaten und Ammoniumsulfat bildet es Alaune, z. B. Fe(NH$_4$)(SO$_4$)$_2 \cdot$ 12 H$_2$O, Eisenammoniakalaun.

Besonderes Interesse erfordern die Cyanverbindungen des Eisens. In ihnen zeigt sich die Neigung des schwach elektro-positiven Eisenkations zur Bildung komplexer Salze.

Ferrocyanid Fe(CN)$_2$ fällt auf Zusatz von Kaliumcyanid als rötlichbraun gefärbter Niederschlag aus:

$$FeSO_4 + 2\,KCN = Fe(CN)_2 + K_2SO_4.$$

In vier Molekülen des überschüssigen Kaliumcyanids löst es sich warm mit schwach gelber Farbe im Sinne folgender Gleichung

$$Fe(CN)_2 + 4\,KCN = K_4[Fe(CN)_6].$$

Ferrocyankalium K$_4$[Fe(CN)$_6$] wurde früher durch Erhitzen von stickstoffhaltigen tierischen Stoffen (z. B. Blut) mit Eisenfeilspänen und Kaliumkarbonat gewonnen. Nach Auslaugen mit heißem Wasser kristallisiert das Salz in großen Tafeln. Die Gewinnung geschieht jetzt hauptsächlich aus der Reinigungsmasse der Leuchtgasfabriken.

Das gelbe Blutlaugensalz ist ein typisches Beispiel für ein stark komplexes Salz. In wäßrigen Lösungen finden sich in überwiegendem Maße die Kationen des Kaliums und die komplexen Anionen Fe(CN)$_6$''''. Sie zeigen deshalb „anormale" Reaktionen; so bleiben sämtliche Reaktionen des Ferroeisens, z. B. die Fällung mit (NH$_4$)$_2$S, aus.

Auf Zusatz von Salzsäure fällt die sehr unbeständige freie Säure H$_4$Fe(CN)$_6$ in weißen kristallinen Blättchen aus. Das Ferrisalz dieser Säure Fe$_4$[Fe(CN)$_6$]$_3$, aus gelbem Blutlaugensalz und Ferrichlorid entstehend, ist schön blau gefärbt (Berlinerblau). Die Kupferverbindung ist rotbraun Cu$_2$Fe(CN)$_6$.

Ferricyanid Fe(CN)$_3$ wird ähnlich dem Ferrocyanid gewonnen:

$$FeCl_3 + 3\,KCN = Fe(CN)_3 + 3\,KCl.$$

Es löst sich im Überschuß von drei Molekülen Cyankalium zu K$_3$[Fe(CN)$_6$]:

$$Fe(CN)_3 + 3\,KCN = K_3[Fe(CN)_6].$$

Ferricyankalium K$_3$[Fe(CN)$_6$], rotes Blutlaugensalz, wird nicht in der eben beschriebenen Weise, sondern durch Oxydation von Ferrocyankalium technisch hergestellt:

$$2\,K_4[Fe(CN)_6] + Cl_2 = 2\,K_3[Fe(CN)_6] + 2\,KCl.$$

In bezug auf die Dissoziation in wäßriger Lösung gilt das von dem gelben Blutlaugensalz Gesagte. Von den Salzen der Ferricyanwasserstoffsäure wird das Ferrosalz, Ferroferricyanid Fe$_3$[Fe(CN)$_6$]$_2$ als tiefblauer Körper (Turnbulls Blau) hergestellt.

Ferrirhodanid Fe(CNS)$_3$ bildet sich als blutrot gelöste Substanz aus Ferrisalz und Ammoniumrhodanid

$$FeCl_3 + 3\,NH_4CNS = Fe(CNS)_3 + 3\,NH_4Cl.$$

Ammoniumrhodanid ist das empfindlichste Reagens auf Ferrisalze, z. B. im Trinkwasser.

Nitroprussidnatrium Na$_2$Fe(CN)$_5$NO kristallisiert in rubinroten Prismen. Es gibt mit löslichen Sulfiden eine violette Färbung (empfindliches Reagens).

Eisensalze finden seit langer Zeit therapeutische Anwendung in dem Bestreben, eine Vermehrung der roten Blutkörperchen zu erzielen (Anämie, Chlorose). Sowohl metallisches Eisen

(Ferrum reductum), das sich im Magen lösen soll, als auch anorganische Salze (Ferrum carbonicum usw.) werden allein oder mit Arsen, Jod, Lecithin u. a. kombiniert, verabreicht. Auch das Eisen als Hämoglobin (Hämatogen) dient zu diesem Zweck.

Analytisches. Ferro- und Ferrisalze werden durch $(NH_4)_2S$ als schwarzes Eisensulfid FeS, löslich in verdünnten Säuren, gefällt. $Fe^{..}$-Salze können mit $K_3[Fe(CN)_6]$ als Turnbulls Blau, $Fe^{...}$-Salze mit $K_4[FeCN_6]$ als Berliner Blau oder mit $(NH_4)CNS$ als $Fe(CNS)_3$ identifiziert werden.

Nickel (Niccolum).

Zeichen Ni, Atomgewicht 58,7.

Nickel kommt im Meteoreisen in kleineren Mengen gediegen vor. In Mineralien, von Kobalt begleitet, als **Nickelglanz** (NiAsS), **Kupfernickel** (NiAs) und **Garnierit** (Nickel-Magnesiumsilikat). Fundorte sind z. B. Neukaledonien, Ontario, in Deutschland in kleinen Mengen.

Die Gewinnung des Nickels geschieht durch den üblichen Röst- und Reduktionsprozeß und durch Elektrolyse der Nickelsalze. Das Metall ist silberweiß von schönem Glanz und luftbeständig. Man plattiert daher Eisenbleche mit Nickel oder vernickelt Metallgegenstände auf galvanischem Wege. Nickelstahl (ca. 4 % Ni) wird wegen seiner Härte zu Panzerplatten und Geschossen verarbeitet. Neusilber, Alpakka und Argentan bestehen aus wechselnden Mengen von Kupfer, Nickel und Zink. Auffallend ist das starke Färbevermögen des Nickels in Legierungen. Die deutschen Nickelmünzen haben 75 % Cu und 25 % Ni.

Fein verteiltes Nickel hat wie Platin starke katalytische Wirkung. Es wird daher zur Beschleunigung der Anlagerung von Wasserstoff an Öle zur Erzeugung fester Fette (Fetthärtung) benutzt:

In seinen Verbindungen ist Nickel zwei- und dreiwertig. Die Nickelisalze sind unbeständig und nur das schwarze Nickelihydroxyd $Ni(OH)_3$ analytisch von Interesse. Das meist gebrauchte Nickelosalz ist das **Nickelsulfat NiSO₄,** grün gefärbt; es gibt mit Ammoniumsulfat ein Doppelsalz $NiSO_4 \cdot (NH_4)_2SO_4$, das zur Bereitung der galvanischen Nickelbäder dient.

Mit Kohlenoxyd bildet Nickel das **Kohlenoxyd-Nickel** „Nickelcarbonyl" **Ni(CO)₄,** das technisch zur Darstellung reinen Nickels und zur Trennung von Kobalt, das eine gleiche Verbindung nicht gibt, benutzt wird.

Analytisches. Nickelsulfid NiS fällt im Analysengang auf Zusatz von $(NH_4)_2S$ schwarz aus; es ist in verdünnter HCl unlöslich. Mit überschüssigem Cyankali entsteht aus Nickellösungen das schwach komplexe Salz $K_2[Ni(CN)_4]$, aus dem mit Natronlauge und Bromwasser schwarzes Nickelihydroxyd $Ni(OH)_3$ gefällt wird. (Unterschied von Co, dessen entsprechende Verbindung $K_3[Co(CN)_6]$ stark komplex ist und nicht gefällt wird.)

Kobalt (Cobaltum).

Zeichen Co, Atomgewicht 59.

Mit Nickel zusammen ist Kobalt als Speiskobalt $CoAs_2$ und Glanz-kobalt $CoAsS$ in der Natur zu finden. Durch Reduktion des Oxydes mit Wasserstoff oder nach dem Goldschmidtschen Verfahren wird das Metall gewonnen. Letzteres ist rötlich-weiß, wie Eisen und Nickel magnetisch, jedoch praktisch von keiner Bedeutung.

Die Salze des Kobalts, die das Metall zwei- und dreiwertig zeigen, sind in wasserhaltigem Zustand rot, in wasserfreiem blau. Verdünnte, nahezu farblose Lösungen, z. B. des Kobaltonitrats $Co(NO_3)_2$ oder Ko-baltochlorids $CoCl_2$ auf Papier geschrieben, sind nicht sichtbar, zeigen aber nach dem Abdampfen des Wassers die kräftigere Färbung des wasserfreien Salzes und lesbare Schrift (sympathetische Tinte).

Kobaltooxyd, Co O, Kobaltoxydul, färbt Glasflüsse blau und findet daher in der Glas- und Porzellanindustrie Anwendung. Ein feingepulvertes Kobaltglas ist die S m a l t e, die als Maler-farbe gebraucht wird.

Analytisches. Kobaltsalze werden durch $(NH_4)_2S$ als schwarzes CoS gefällt, das sich wie NiS verhält. Kaliumnitrit in essigsaurer Lösung er-zeugt einen gelben Niederschlag von Kaliumkobaltnitrit $K_3[Co(NO_2)_6]$. Die Borax- und Phosphorperle ist tiefblau.

Zinngruppe.

Zinn, Blei, Wismut.

Zinn (Stannum).

Zeichen Sn, Atomgewicht 118,7.

Das wichtigste Zinnerz ist der Z i n n s t e i n SnO_2 (Cornwall, Ostindien), aus dem das Metall, nachdem die Beimengungen (Fe, Cu, Cu und As) durch Rösten und Auswaschen beseitigt sind, durch Reduktion mit Kohle gewonnen wird.

Zinn ist ein silberweißes Metall, das sich sehr leicht aushämmern läßt zu Folien verschiedener Stärke, die man S t a n n i o l nennt. Bei tiefer Tem-peratur zu einem grauen Pulver von geringerem spezifischen Gewicht (5,85 gegenüber 7,3 des kristallinen Metalls) zerfallend, schmilzt es bei 232^0. Durch Eintauchen von Stahlblechen in die geschmolzene Masse wird „Weißblech" erzeugt, das durch den Überzug von Zinn vor Oxy-dation geschützt ist. Auch Kupfergegenstände werden verzinnt. Als Legierungen des Zinns wurden bereits erwähnt die B r o n z e (mit Cu) und das B r i t a n n i a m e t a l l (mit Antimon). Mit Blei (50 %) entsteht das S c h n e l l o t und die G l o c k e n s p e i s e (25 %).

Zinn tritt in seinen Verbindungen zweiwertig und vierwertig auf: Stannosalze und Stannisalze. Von den beiden Hydroxyden $Sn(OH)_2$ und $Sn(OH)_4$ ist ersteres häufiger basisch, letzteres reagiert hauptsäch-lieh als Säure. Die Stannosalze werden teilweise durch Wasser hydrolysiert und sind durch den leichten Übergang in die höhere Oxydationsstufe starke Reduktionsmittel. Die Stanniverbindungen, in denen Zinn als Kation vorliegt, werden durch Wasser nahezu völlig gespalten, die Salze der Zinnsäure, die Stannate, sind ziemlich beständig.

Von den Stannoverbindungen ist nur das **Stannochlorid $SnCl_2$,** Zinnchlorür, von Bedeutung. Es entsteht beim Auflösen von Zinn in warmer Salzsäure und bleibt beim Abdampfen in farblosen Kristallen $SnCl_2$ $2 H_2O$ zurück. In stark verdünnter wäßriger Lösung tritt teilweise Hydrolyse ein, die durch Zusatz von Salzsäure verhindert werden kann.

Mit Natronlauge wird aus Zinnchlorürlösung zunächst das weiße **Stannohydroxyd $Sn(OH)_2$** gefällt, das sich im Überschuß löst zu Natriumstannit Na_2SnO_2:

$$SnCl_2 + 2 NaOH = Sn(OH)_2 + 2 NaCl,$$
$$Sn(OH)_2 + 2 NaOH = Na_2SnO_2.$$

Das Natriumstannit (oft „alkalische Zinnchlorürlösung" genannt) und das Zinnchlorür wirken als starke Reduktionsmittel, ersteres in alkalischer, letzteres in saurer Lösung verwendbar. Mit $SnCl_2$ läßt sich Sublimatlösung bis zum Quecksilber reduzieren (s. S. 107), ebenso Goldchloridlösung zu einer purpurrot gefärbten, kolloidalen Lösung von Gold (Cassiusscher Goldpurpur), in der durch Hydrolyse gebildete Zinnsäure als Schutzkolloid wirkt.

$$3 SnCl_2 + 2 AuCl_3 = 3 SnCl_4 + 2 Au.$$

Interessant ist das Verhalten von Zinnchlorür gegenüber schwefliger Säure. Auch diese ist für gewöhnlich ein kräftiges Reduktionsmittel, wird aber gegenüber dem stärkeren Zinnchlorür in die Rolle des Oxydationsmittels gedrängt. Beim Kochen der zusammengegebenen Lösungen wird H_2SO_3 zu Schwefel und Schwefelwasserstoff reduziert. Zinnchlorür geht gleichzeitig in Zinnchlorid über, das mit H_2S gelbes SnS_2 ausfallen läßt. Es sind also Oxydation und Reduktion, wie bereits aus manchen Beispielen ersichtlich war, relative Begriffe!

Stannosulfid SnS, Zinnsulfür, wird aus Stannolösungen durch H_2S als schwarzbrauner Niederschlag gefällt.

Stannichlorid $SnCl_4$, Zinnchlorid, durch Einwirkung von Chlor auf Zinn oder Zinnchlorür entstehend, ist eine farblose Flüssigkeit, die an feuchter Luft unter Nebelbildung sich zersetzt. Es ist dies eine Folge der auch in wäßriger Lösung eintretenden Hydrolyse:

$$SnCl_4 + 4 H_2O = 4 HCl + Sn(OH)_4.$$

Mit NH_4Cl bildet $SnCl_4$ ein Komplexsalz $(NH_4)_2SnCl_6$, das unter dem Namen Pinksalz als Beize in der Kattundruckerei benutzt wird.

Orthozinnsäure H_4SnO_4, als die saure Form des amphoteren $Sn(OH)_4$ aufzufassen, ist sehr unbeständig und verliert Wasser unter Bildung von **H_2SnO_3, Metazinnsäure.** Die Verhältnisse liegen hier wie in den Kieselsäuren; weder die Orthosäure H_4SnO_4, noch die Metasäure H_2SnO_3 sind als definierte Verbindungen gefaßt, es bildet sich vielmehr beim

Erwärmen unter allmählicherem Wasserverlust das Anhydrid SnO_2. Die Salze leiten sich jedoch durchweg von der Säure H_2SnO_3 ab, z. B. das unter dem Namen „Präpariersalz" als Beize verwendete Natriumsalz $Na_2SnO_3 \cdot 3 H_2O$, weshalb diese kurzweg als **Zinnsäure** bezeichnet wird. Sie liegt in zwei Modifikationen vor. Die **α-Zinnsäure** geht leicht mit Basen und Säuren Reaktion ein, wobei sie z. B. mit HCl das Zinnchlorid $SnCl_4$, mit Natronlauge das gerade erwähnte Salz Na_2SnO_3 bildet. Die α-Stannate sind mit Ausnahme des Kalium- und Natriumsalzes in Wasser unlöslich, worin sich eine weitere Analogie der α-Zinnsäure mit der Kieselsäure kundgibt.

β-Zinnsäure ist eine in Alkalien sehr schwer lösliche Modifikation der Verbindung H_2SnO_3, die sich durch einen weit kleineren Dispersitätsgrad auszeichnet. Sie geht deshalb die Reaktionen der α-Zinnsäure, die eine besondere feinverteilte Form darstellt, nur sehr langsam ein. Erhalten wird sie durch Erhitzen von Zinn mit Salpetersäure. Da sie trotz ihrer Schwerlöslichkeit die Phosphorsäure zu Stanniphosphat bindet, so wird sie in der Analyse zur Beseitigung der letzteren benutzt.

Zinndioxyd SnO_2. Das Anhydrid der Zinnsäure ist dem natürlichen Zinnstein analog. Es ist heiß gelb, kalt weiß. In der Glas- und Emailleindustrie wird es als Mittel zur Erzeugung einer weißen Trübung (Milchglas) verwendet.

Stannisulfid SnS_2, Zinnsulfid, wird durch H_2S aus Stannilösungen als gelber Niederschlag gefällt. Bei der technischen Herstellung bleibt es in Form gelber Flitter, die als „Mussivgold" oder „Bronzepulver" benutzt werden, zurück.

Analytisches. Die mit H_2S gefällten Sulfide SnS (braunschwarz) und SnS_2 (gelb) lösen sich wie die Arsen- und Antimonsulfide in gelbem Schwefelammonium auf unter Bildung von Sulfosalzen. Sowohl SnS als auch SnS_2 bilden ein Sulfostannat, da SnS durch Schwefelaufnahme in die höhere Oxydationsform übergeht:

$$\left.\begin{array}{l} SnS_2 + (NH_4)_2S = (NH_4)_2SnS_3 \\ SnS + (NH_4)_2S + S = (NH_4)_2SnS_3 \end{array}\right\} Ammoniumsulfostannat.$$

Zweiwertige Zinnverbindungen werden durch ihre Reduktionswirkung z. B. gegenüber $HgCl_2$ in salzsaurer Lösung erkannt. Stannisalze, mit Na_2SO_4 in das Stannisulfat $Sn(SO_4)_2$ übergeführt, zeigen auf Zusatz von H_2O weiße Fällung der Zinnsäure durch starke hydrolytische Spaltung.

Blei (Plumbum).

Zeichen Pb, Atomgewicht 207.1.

Das wichtigste Bleierz ist der Bleiglanz PbS. Aus ihm gewinnt man das metallische Blei, indem man ihn röstet, wodurch er teils in Bleioxyd PbO ($PbS + 3O = PbO + SO_2$), teils in Bleisulfat $PbSO_4$ ($PbS + 2O_2 = PbSO_4$) übergeht. Man leitet den Prozeß in der Weise, daß noch unveränderter Bleiglanz übrig bleibt, der beim weiteren Erhitzen — nunmehr bei Luftabschluß — folgende Umsetzungen eingeht:

$$2\,PbO + PbS = 3\,Pb + SO_2,$$
$$PbSO_4 + PbS = 2\,Pb + 2\,SO_2.$$

Auch durch Glühen von Bleiglanz mit Eisen kann das Metall hergestellt werden:

$$PbS + Fe = FeS + Pb.$$

Das Blei, ein weiches Metall von bläulichweißer Farbe, schmilzt bei 330°. Es findet ausgedehnte Verwendung in Akkumulatoren, als Röhrenmaterial bei Wasserleitungen, mit Antimon legiert als Letternmetall, mit Zinn legiert als Schnellot.

An der Luft überzieht sich das Blei mit einer grauen Oxydschicht. Von reinem Wasser wird es nicht angegriffen, jedoch wirkt lufthaltiges Wasser unter Bildung von Bleihydroxyd ein: $Pb + H_2O + O = Pb(OH)_2$. Salpetersäure löst Blei leicht zu Bleinitrat $Pb(NO_3)_2$, desgleichen Essigsäure, während Schwefelsäure und Salzsäure es in kompakter Masse wenig angreifen.

Bleioxyd PbO, Bleiglätte, bildet ein gelbrotes Pulver, durch Erhitzen von Blei an der Luft entstehend (Kupellation). Es ist in Wasser etwas, in heißer Kalilauge gut löslich (Plumbit) und wird in der Glasfabrikation und zur Herstellung von Bleiverbindungen benutzt. Fette werden durch Bleioxyd verseift; das fettsaure Blei ist der wirksame Bestandteil der adstringierend wirkenden Bleipflaster

Bleihydroxyd Pb(OH)$_2$, weiß, hat amphoteren Charakter und löst sich daher in Alkalien.

Bleinitrat Pb(NO$_3$)$_2$ und **Bleiazetat Pb(C$_2$H$_3$O$_2$)$_2$** finden als am besten lösliche Salze des Bleis häufige Verwendung, z. B. in Filtrierpapier aufgesaugt als Reagenzpapiere auf Schwefelwasserstoff, der schwarzes PbS ausscheidet. Bleiazetat (Bleizucker), auch als wasserlösliches basisches Salz (Bleiessig) fanden in der Medizin früher ihrer kühlenden und adstringierenden Wirkung wegen Verwendung.

Bleichlorid PbCl$_2$ ist in kaltem Wasser schwer, in heißem besser löslich.

Bleijodid PbJ$_2$ scheidet sich aus heißeren Lösungen in goldgelben Flittern ab.

Bleisulfat PbSO$_4$ ist in Wasser unlöslich, in Natronlauge, weinsaurem und essigsaurem Ammonium löslich.

Bleichromat PbCrO$_4$, gelbrot, findet als Malerfarbe Anwendung (Chromgelb).

Bleikarbonat PbCO$_3$ (Weißbleierz der Natur) bildet basische Salze, die als **Bleiweiß** ihrer guten Deckkraft wegen dem Zinkweiß, Permanentweiß und Lithopone vorgezogen werden. Doch hat Bleiweiß den Nachteil, durch Schwefelwasserstoff allmählich geschwärzt zu werden.

Bleidioxyd PbO$_2$, in dem Blei vierwertig ist, bildet ein dunkelbraunes Pulver, das bei höherer Temperatur in PbO und O zerfällt. Mit Salzsäure entwickelt es Chlor:

$$PbO_2 + 4\,HCl = PbCl_2 + Cl_2 + 2\,H_2O.$$

Bleidioxyd hat sauren Charakter und verhält sich analog dem Kohlendioxyd. Mit heißer konzentrierter Kalilauge entsteht eine unbeständige Verbindung K_2PbO_3 (analog K_2CO_3). Bleidioxyd ist ein wirksames Oxydationsmittel (Zusatz zu der Zündmasse der Streichhölzer).

Durch vorsichtiges Erhitzen (300—400^0) von PbO an der Luft entsteht ein Bleioxyd von der Zusammensetzung **Pb_3O_4, Mennige,** das als Bleisalz der hypothetischen Säure H_4PbO_4 aufgefaßt werden kann: $Pb_2(PbO_4)$. Mennige ist von roter Farbe und wird als Malerfarbe verwendet. Mit verdünnter Salpetersäure behandelt, ergibt es Bleinitrat und Bleidioxyd.

Blei und seine sämtlichen Verbindungen sind giftig. Sie wirken hauptsächlich auf den Darmkanal, der eine Zusammenziehung erleidet. Dem infolgedessen bei Diarrhöen und Typhus erreichten Heilerfolge steht die durch den Übergang von Blei in das Blut bedingte Giftwirkung entgegen. Auch die äußerliche Anwendung in Form von Lösungen, Salben und Pflastern geht mehr und mehr zurück. Die technische Verwertung von Blei in seinen Legierungen und von Bleiverbindungen (Bleiweiß, Ölfarben) bringt für die damit beschäftigten Personen im Laufe der Zeit die Gefahr chronischer Bleivergiftung mit sich. Gefäße, die zu Speisen verwendet werden, dürfen keinerlei Blei enthalten, da organische Säuren, z. B. Essigsäure, bei Luftzutritt lösend wirken. Die Verwendung des Bleis zu Wasserleitungsrohren ist unbedenklich. Das Leitungswasser enthält meistens Calciumbikarbonat und Gips. Diese greifen das Blei unter Bildung einer unlöslichen festhaftenden Schicht von basischem Bleikarbonat und Bleisulfat an, die es vor weiterer Einwirkung und Auflösung schützen. Nur stark kohlensäurehaltige Wasser lösen das Blei durch Bildung des sauren Bleikarbonates etwas auf.

Analytisches. Verdünnte HCl fällt aus Bleisalzlösungen das Blei teilweise als Chlorid aus. Schwefelwasserstoff erzeugt einen Niederschlag von schwarzem PbS, Schwefelsäure von weißem Sulfat und K_2CrO_4 einen solchen von gelbem $PbCrO_4$.

Wismut (Bismutum).

Zeichen Bi, Atomgewicht 208,0.

Wismut ist in geringer Menge auf der Erdoberfläche anzutreffen. Es findet sich meist gediegen. Von seinen Erzen sei genannt der Wismutglanz Bi_2S_3.

Das gediegene Wismut wird durch Ausschmelzen von der Gangart getrennt. Das Sulfid Bi_2S_3 wird durch Rösten in das Oxyd Bi_2O_3 übergeführt und dieses durch Kohle zu metallischem Wismut reduziert. Letzteres reinigt man von seinen Verunreinigungen wie Arsen, Blei usw., indem man es in geschmolzenem Zustande über eine geneigte Eisenplatte laufen läßt, wobei die schwerer schmelzenden Beimengungen zurückbleiben (Saigern). Für medizinische Zwecke reines Wismut erhält man durch Glühen des oxalsauren Wismutes.

Das Metall ist von rötlich weißem, an der Luft beständigem Glanze. Da es sehr spröde ist, läßt es sich leicht pulvern. Beim Schmelzen (270^0) zieht es sich zusammen und dehnt sich beim Erstarren wieder aus. Diese Eigenschaft besitzt auch die für Klischees benutzte Legierung aus gleichen Teilen, Wismut, Blei und Zinn. Sie vermag daher die Feinheiten des Originals wiederzugeben. Das Woodsche Metall ist eine Legierung aus Wismut, Blei, Zinn und Cadmium und schmilzt bereits bei 60^0.

Beim Erhitzen an der Luft verbrennt das Wismut zu Bi_2O_3. In Salzsäure ist es unlöslich, leicht dagegen in Salpetersäure zum Wismutnitrat $Bi(NO_3)_3$, worin es, wie in allen Verbindungen, dreiwertig ist.

Wismutoxyd Bi_2O_3 ist ein gelbes Pulver, in Wasser und Alkalien unlöslich.

Wismuthydroxyd $Bi(OH)_3$ erhält man als weißen Niederschlag, wenn man Wismutsalze in wäßriger Lösung mit Ammoniak oder Alkalilauge versetzt. Beim Kochen spaltet es Wasser ab.

Wismutnitrat $Bi(NO_3)_3 \cdot 5\ H_2O$ bildet große farblose Kristalle, welche in wenig Wasser klar löslich sind. Wird die Lösung verdünnt, so scheidet sich ein weißer Niederschlag von basischen Wismutnitraten ab, deren Zusammensetzung zwischen $Bi(OH)(NO_3)_2$ und $BiO(NO_3)$ schwankt.

Bismutum subnitrium, basisches Wismutnitrat (Magisterium Bismuti), findet medizinische Anwendung, äußerlich früher zu Umschlägen in der Wundbehandlung, jetzt noch bei Verbrennungen (Wismutbrandbinde), innerlich bei Magenkrämpfen, bei Magen- und Darmgeschwüren, bei Diarrhöen, teilweise als schattengebendes Mittel in der Röntgentechnik. In neuerer Zeit bevorzugt man der größeren Billigkeit halber das Bariumsulfat als Kontrastmittel (Citobarium). Den Körpersäften einverleibt, wirken Wismutsalze wie alle Schwermetallsalze giftig. In den Fäces wird das Wismut aus Sulfid ausgeschieden.

Wismuttrichlorid $BiCl_3$ wird durch unmittelbare Einwirkung von Chlor auf metallisches Wismut dargestellt. Durch viel Wasser wird es zum Wismutoxychlorid $BiOCl$ zersetzt.

Bismutum subgallicum, basisch gallussaures Wismut, Handelsname Dermatol, wird als Jodoformersatz viel in der Wundbehandlung gebraucht. Es ist ein gelbes Pulver, das den Vorteil besitzt, geschmackund geruchlos zu sein.

Andere organische Wismutverbindungen, wie basisch salizylsaures Wismut, werden teils innerlich, teils äußerlich angewandt.

Analytisches. Lösliche Wismutsalze werden bei stärkerem Verdünnen mit Wasser unter Ausscheidung weißer basischer Salze leicht hydrolytisch gespalten. Schwefelwasserstoff fällt das schwarzbraune Wismutsulfid Bi_2S_3, unlöslich in verdünnten Säuren, aus. Alkalische Zinnchlorürlösung reduziert Wismutsalze zu schwarzgefärbtem, metallischem Wismut.

Platingruppe

Platin, Palladium, Rhodium, Iridium, Ruthenium, Osmium.

Platin (Platinum).

Zeichen Pt (plata spanisch = Silber), Atomgewicht 195,2.

Mit einer Reihe ähnlicher Metalle (Ruthenium, Rhodium, Palladium, Osmium, Iridium) legiert findet sich Platin gediegen in Körnern oder Blättchen in den sog. Platinsanden vor (Ural, Südamerika, Australien). Mit Hilfe komplizierter Trennungsmethoden, z. B. verschiedener Löslichkeit der Bestandteile in Königswasser, gelingt die Reinherstellung des Metalles.

Platin ist ein grauweißes Metall vom spezifischen Gewicht 21,4, das einen sehr hohen Schmelzpunkt (1750^0) besitzt. Seine Verarbeitung geschieht daher in der Knallgasflamme, wo es leicht geschmolzen wird. Bei Weißglut ist es schweißbar. Wegen seiner Zähigkeit läßt es sich zu dünnen Drähten ausziehen oder zu Blechen hämmern. Chemischen Einflüssen gegenüber sehr indifferent, ist es das gegebene Material zur Herstellung stark beanspruchter Arbeitsgeräte des Laboratoriums, von Tiegeln, Schalen, Elektroden. Weitere Verwendung findet es als Stromzuleitung für die Kohlen- oder Metallfäden elektrischer Birnen, da es den gleichen Ausdehnungskoeffizienten wie Glas besitzt. Auch die Zahntechnik und die photographische Industrie brauchen große Mengen des Metalls.

Fein verteiltes Platin, durch Glühen oder Reduktion geeigneter Verbindungen gewonnen, heißt P l a t i n s c h w a m m oder P l a t i n m o h r. Es hat in dieser Form starke katalytische Wirkung, die meist auf der Adsorption von Gasen beruht (Verwendung in D ö b e r e i n e r s Zündmaschine, als Kontaktmasse bei der Schwefelsäureherstellung usw.).

Man merke: Platingegenstände dürfen heiß nicht in Berührung gebracht werden mit Kohlenstoff (leuchtende Flamme!), Phosphor und Silicium (die es spröde machen), mit Metallen (die damit leichter schmelzbare Legierungen bilden), mit geschmolzenen Alkalien (die Platinate bilden).

Platin ist in seinen Verbindungen zwei- und vierwertig, Platino- und Platinisalze. Von ersteren sei nur genannt das **Platinocyanid,** Platincyanür $Pt(CN)_2$, das komplexe Salze liefert, von denen $K_2Pt(CN)_4$ und $BaPt(CN)_4$ (Kaliumplatincyanür und Bariumplatincyanür) in festem Zustande stark fluoreszieren und ultraviolette Strahlen, Röntgen- und Radiumstrahlen sichtbar machen. Für Röntgenstrahlen undurchsichtige Gegenstände bilden sich daher auf einem mit $BaPt(CN)_4$ überzogenem Schirm als dunkle Stellen ab.

Platinichlorid $PtCl_4$ entsteht bei Auflösung von Platin in Königswasser. Wie fast alle Platinverbindungen geht es leicht komplexe Verbindungen ein, in denen es stets Bestandteil des Anions ist. So wird Salzsäure angelagert unter Bildung von **Platinchlorwasserstoffsäure** H_2PtCl_6, deren Kalium- und Ammoniumsalz K_2PtCl_6, Kaliumplatinichlorid oder Kaliumchoroplatinat, und $(NH_4)_2PtCl_6$, analog oder Platinsalmiak genannt, schwer löslich sind und analytische Anwendung zur Fällung, besonders des Kaliums, finden.

Palladium Pd, Atomgewicht 107, löst sich leicht in heißer Salpetersäure, schwer in Salzsäure und Schwefelsäure bei Luftzutritt. In der Wärme absorbiert Palladiummohr große Mengen Wasserstoff, wodurch dieser zu Reduktionswirkungen besonders befähigt ist. In den Verbindungen ist Palladium dem Platin ähnlich. **Palladiumchlorür PdCl$_2$** findet in der organischen Chemie Anwendung zur katalytischen Hydrierung.

Rhodium Rh (Atomgewicht 103) und **Iridium Ir** (Atomgewicht 193) sind härter als Platin und werden auch von Königswasser nicht angegriffen. Sie ähneln in ihrem chemischen Charakter mehr dem Kobalt und Nickel. Iridiumplatinlegierungen sind höchst widerstandsfähig gegen chemische und mechanische Einflüsse (Normalmetermaß in Paris und Berlin aus 90% Platin und 10% Iridium).

Ruthenium Ru (Atomgewicht 102) und **Osmium Os** (Atomgewicht 191) stehen dem Eisen nahe, mit dem sie auch äußerlich Ähnlichkeit haben. Sie sind schwer schmelzbare Metalle (2000 bzw. 2500°), an der Luft unveränderlich. Osmium wird zur Herstellung von Glühlampen benutzt. Mit Sauerstoff bildet es Osmiumperoxyd (Osmiumsäure genannt), dessen durchdringend riechende Lösung zu histologischen Arbeiten benutzt wird (Flemmingsche Lösung). Durch organische Stoffe, besonders Fette, wird metallisches Osmium daraus schwarz ausgeschieden.

Bau der Materie.

Formarten. Der am deutlichsten in Erscheinung tretende Unterschied der Struktur der Stoffe zeigt sich in der „Formart". Durch verschiedene Aneinanderlagerung (Aggregation) der Moleküle entstehen die Formarten (Aggregatzustände) gasförmig, flüssig und fest. In allen befinden sich die Moleküle im Zustand der Bewegung. Beim festen Zustand der Materie werden sie durch die gegenseitige Teilchenanziehung (Kohäsion) innerhalb eines bestimmten Gleichgewichtszustandes festgehalten; jedes Molekül kann daher nur Schwingungen um einen festen Punkt ausführen. Bei Flüssigkeiten tritt die Kohäsion gegenüber der kinetischen Energie der sich bewegenden Moleküle zurück, so daß letztere nicht mehr in einer unveränderlichen Lage gegeneinander verharren, wohl aber noch in bestimmten Entfernungen voneinander gehalten werden. In Gasen ist die Kohäsionskraft gegenüber der Eigenbewegung der Gasmoleküle derart gering, daß diese sich frei im Raum bewegen können (s. kinetische Gastheorie S. 14).

Durch Druck- und Temperaturänderung läßt sich sowohl die Kohäsionskraft als auch die Bewegung der Moleküle beeinflussen; infolgedessen ist ein wechselseitiger Übergang in die verschiedenen Formarten möglich.

Neuerdings nimmt man meist folgende Einteilung der verschiedenen Formen der Materie vor:

    I. Isotrope Zustände:

        a) ohne Oberflächenentwicklung: Gase;

        b) mit Oberflächenentwicklung:

            α) mit geringer innerer Reibung: Flüssigkeiten;

            β) „ großer „ „ amorphe feste Stoffe.

    II. Anisotrope Zustände:

        a) Kristalle;

        b) kristallinische Flüssigkeiten.

Isotrope Zustände sind dadurch charakterisiert, daß eine von außen kommende physikalische Einwirkung (Wärme, Licht, Elektrizität) in dem betreffenden Stoff in jeder Richtung gleichmäßig fortgepflanzt wird (z. B. ein Lichtstrahl in der Flüssigkeit Wasser oder dem amorphen festen Stoff Glas). Bei anisotropen Körpern gibt es bestimmte bevorzugte Richtungen, z.B. bei vielen Kristallen durch die Kristallachsen gegeben (Doppelbrechung des Kalkspates).

Kristallstruktur. Über die Struktur fester Körper sind besonders bei Metallen schon früher eingehende Versuche und Erörterungen angestellt worden. S. 105 wurde bereits erwähnt, daß Metalldämpfe einatomig sind. Nun ergeben Messungen der Molekulargröße von Metallen, die in anderen Metallen gelöst sind (Legierungen), daß auch dort einatomige Moleküle vorhanden sind.

Den besten Einblick in die Struktur fester Materie gestatten die Kristalle, denn ihre Form und Eigenart ist eine Folge der gesetzmäßigen Gruppierung der Moleküle bzw. Atome. Pfeiffer wies durch Übertragung der Wernerschen Lehren über gesättigte komplexe Verbindungen höherer Ordnung (z. B. K_2PtCl_6) auf einfachere, kristallisierte Stoffe in festem Zustand nach, daß hier jeweils um ein Zentralatom eine bestimmte Anzahl anderer Atome symmetrisch angeordnet ist. Eine Nebeneinanderstellung von Kaliumplatinchlorid und kristallisiertem Kochsalz ergibt somit folgende Formulierungen:

$$\begin{bmatrix} Cl & Cl \\ Cl\,Pt\,Cl \\ Cl & Cl \end{bmatrix} \begin{matrix} K \\ K \end{matrix} \quad \text{und} \quad \begin{bmatrix} Cl & Cl \\ Cl\,Na\,Cl \\ Cl & Cl \end{bmatrix} \begin{bmatrix} Na & Na \\ Na\,Cl\,Na \\ Na & Na \end{bmatrix}.$$

Auf experimentellem Wege, nämlich mit Hilfe der Durchleuchtung von Kristallen mit Röntgenstrahlen, gelangte M. v. Laue zu gleichen Anschauungen. Nur die sehr kurzwelligen Röntgenstrahlen erleiden eine Beugung und Interferenz an den kleinsten Bestandteilen der Kristalle, den Molekülen und Atomen. Die entstehenden Beugungsbilder (Gitterspektren) erlauben einen Rückschluß auf die Lagerung dieser kleinsten Bausteine des Kristalls. Verbessert wurde dieses Verfahren durch die englischen Physiker Bragg, Vater und Sohn (Reflexion der Röntgenstrahlen an Kristallflächen) und durch Debye und Scherrer. Letztere verwenden zu Stäbchen gepreßtes Kristallpulver, das in eine Hohlzylinderkammer eingebracht wird, die innen mit einem lichtempfindlichen Film ausgestattet ist. Durch ein Fenster aus dünnem Aluminiumblech tritt das Röntgenstrahlbündel in die Kammer ein, erleidet eine Beugung und trifft dann auf den Film. Das entstehende Bild läßt einen Rückschluß auf die „Gitterkonstanten" der Kristalle, d. h. den Abstand zweier Gitterpunkte, und damit auf die Lage der Atome im Kristall zu.

Nach Debye (1918) ist das Zerstreuungsvermögen für Röntgenstrahlen abhängig von den Atombestandteilen, den Elektronen, und damit proportional der Kernladung (Ordnungszahl). Näheres über diese Begriffe siehe weiter unten.

Als Beispiel für ein solches Raumgitter sei das Gitter des Kochsalzkristalles angeführt. Jedes Natriumatom ist in ihm symmetrisch von sechs Chloratomen und jedes Chloratom von sechs Natriumatomen umgeben. Von bestimmten Molekülen kann im Chlornatriumgitter nicht mehr gesprochen werden. In beistehender Abbildung (Fig. 17) sind die Natriumatome weiß, die Chloratome schwarz gestrichelt.

Beim Flußspat CaF_2 ist jedes Calciumatom (im Mittelpunkt eines Würfels) von acht Fluoratomen und jedes Fluoratom von vier Calciumatomen eingeschlossen.

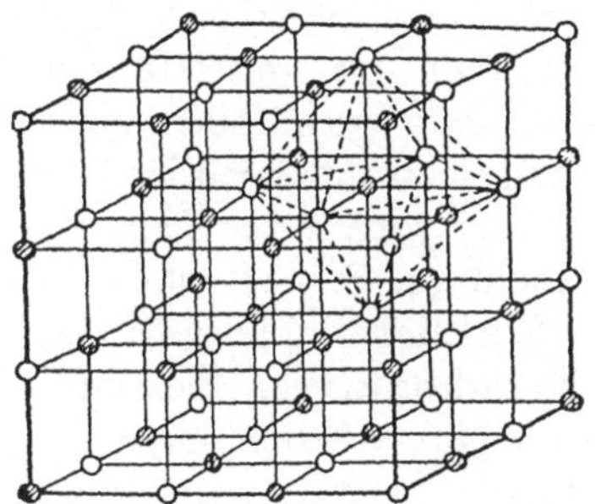

Fig. 17. Kristallgitter (Kochsalz).

Molekularstruktur. Die Moleküle chemischer Verbindungen setzen sich aus zwei oder mehreren Atomen zusammen. Bei einzelnen Elementen, z. B. den Edelgasen, den Metalldämpfen, dem hoch erhitzten Joddampf, ist das Molekül gleich dem Atom. Über die Größe der Moleküle und ihre Anzahl ist bereits früher gesprochen worden (S. 13). Ihre Anordnung im Kristall ist nicht mit Sicherheit festgestellt. Über komplexe und Doppelsalze s. S. 117.

Atomstruktur. Die Daltonsche Atomhypothese hat der chemischen Forschung reiche Früchte getragen. Die ursprüngliche Definition des Begriffes Atom bedeutet Unteilbarkeit. Diese Annahme war bis vor kurzem noch insofern berechtigt, als es nicht möglich war, willkürlich Atome in einfachere Bestandteile zu spalten. Seitdem es aber R u t h e r - f o r d gelungen ist, den Stickstoff zu zerlegen, kann der Begriff des Atoms in der früheren Form nicht mehr aufrecht erhalten werden.

Schon Prout (1815) stellte den Satz auf, daß alle Atomgewichte Vielfache des Atomgewichts des Wasserstoffs seien und man somit diesen als Urstoff aller Atome betrachten könne (siehe Tabelle S. 4).

Berechtigte Zweifel an der Unteilbarkeit der Atome ergab die S p e k - t r a l a n a l y s e. Alle Verbindungen eines Elementes geben das gleiche Spektrum; $NaCl$, $NaNO_3$, Na_2SO_4 usw. erzeugen gelbes Licht. Es muß also das A t o m der Träger der Lichterscheinung sein. Diese rührt her von in Schwingung versetzter Materie (Elektronen), deren Schwingungen eine Strahlung ergeben. Bei Atomen ist eine Schwingungserscheinung nur dann erklärlich, wenn sie noch kleinere Bestandteile enthalten. Darauf deutet auch die Beeinflussung der Spektren durch magnetische und elektrische Kräfte hin (Z e e m a n effekt und S t a r k effekt). Bestünde das Atom aus einem einheitlichen Ganzen, so wäre des weiteren nicht verständlich, daß viele Spektren sehr kompliziert zusammengesetzt sind; so enthält das Eisenspektrum Tausende von Linien, die sich durch ihre Wellenlänge und Schwingungszahl unterscheiden. Eine zahlenmäßige Beziehung zwischen in näherem Zusammenhang stehenden Linien eines Spektrums, sog. „Linienserien", hat B a l m e r (1885) gefunden. Aber erst die moderne Röntgenoptik, als deren Begründer v. Laue zu bezeichnen ist, gestattet einen genaueren Einblick. Sie hat nicht nur, wie oben geschildert, die Raumgitterstruktur der Kristalle bewiesen, sondern auch wichtige Beziehungen der Röntgenspektren zum periodischen System der Elemente, zur Ordnungszahl und Kernladungszahl erbracht (s. S. 138, 149).

Wirklich nachweisbare Spaltstücke von Atomen liefern in erster Linie die radioaktiven Elemente, die an dieser Stelle im Zusammenhang besprochen werden sollen.

Radium und radioaktive Elemente.

Im letzten Menschenalter sind Elemente entdeckt worden, deren Verhalten etwas vollkommen Neues darstellt und uns die Möglichkeit zu einem tieferen Einblick in den bisher noch gänzlich unbekannten Bau der Atome gibt. Es sind die radioaktiven Elemente. Ihr besonderes Verhalten liegt darin, daß sie Strahlen (radius Strahl) auszusenden vermögen und sich dabei in andere Elemente umwandeln.

Auf der Suche nach Stoffen, die Röntgenstrahlen erzeugen, beobachtete zuerst Becquerel, daß Uran und seine Verbindungen durch lichtdichtes Papier hindurch auf die photographische Platte wirken und ein geladenes Elektroskop entladen. Bei der Untersuchung der uranhaltigen Pechblende fand Frau Curie, daß dieses Mineral noch stärker radioaktiv ist als das Uran selbst. In mühevoller Arbeit isolierte sie den wirksamen Bestandteil in Gestalt eines neuen Elementes, das sie Radium taufte.

Das **Radium** (Zeichen Ra, Atomgewicht 226) schließt sich in seinen chemischen Eigenschaften an das Barium an. Es bildet ein im Wasser und verdünnten Säuren unlösliches Sulfat $RaSO_4$. Das Karbonat $RaCO_3$ ist gleichfalls wasserunlöslich, löst sich aber in Säuren. Das Chlorid $RaCl_2$ und das Bromid $RaBr_2$ sind wasserlöslich. Metallisches Radium kann man durch Elektrolyse erhalten. Die Gewinnung der Radiumverbindungen aus der Pechblende ist außerordentlich kostspielig; 7000 kg Erz enthalten nur ca. 1 g Radium.

Die vom Radium ausgehenden Strahlen sind dreifacher Art und werden in verschiedener Weise durch den Magneten beeinflußt. Man nennt sie α-, β- und γ-Strahlen.

Die α-Strahlen machen rund 94% der Gesamtstrahlungsenergie aus. Sie sind ihrer Natur nach mit zwei positiven elektrischen Ladungen versehene Heliumatome, deren Geschwindigkeit rund 15000 km in der Sekunde beträgt. Trotz dieser hohen Anfangsgeschwindigkeit werden sie ihrer verhältnismäßig großen Masse wegen

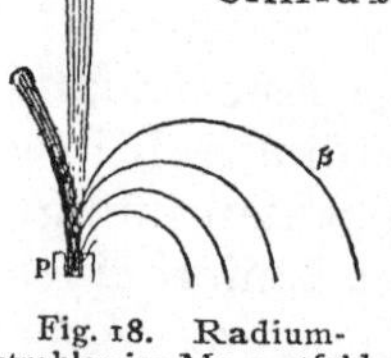

Fig. 18. Radiumstrahlen im Magnetfeld.

von stofflichen Hindernissen leicht aufgehalten. Luft von 3—4 cm Dicke absorbiert sie fast ganz.

Die β Strahlen, welche rund 2% der gesamten Strahlungsenergie betragen, sind negative Elektronen; sie besitzen eine Geschwindigkeit von mehr als 150000 km pro Sekunde. Ihr Durchdringungsvermögen ist erheblich größer al das der α-Strahlen.

Elektronenbegriff. Im Jahre 1881 stellte Helmholtz die Theorie auf, daß auch die Elektrizität atomistische Struktur hat. Diese Elementarteilchen bezeichnet die moderne Physik als Elektronen. Sie werden beim Durchgang von Elektrizität durch stark verdünnte Gase von der Kathode abgeschleudert und sind daher identisch mit den Kathodenstrahlen. Man kennt nur negative Elektronen, deren scheinbare Masse 1900mal kleiner ist als die des Wasserstoffatoms.

Die γ-Strahlen (4% der Gesamtenergie) sind Röntgenstrahlen von der ungefähren Wellenlänge 10^{-9} cm. Durchdringungsvermögen und Wirkung entspricht den Röntgenstrahlen. Sie werden durch den Magneten nicht beeinflußt, während α- und β-Strahlen entsprechend ihrer elektrischen Ladung in entgegengesetzten Richtungen abgelenkt werden (s. Fig. 18).

Unter dem Einfluß der Radiumstrahlen wird Luft, indem deren Moleküle in negative Elektronen und positive Molekülreste gespalten werden, ionisiert und damit leitend, was man am Zusammenfallen der Blättchen eines Elektroskops erkennt. Die zeitliche Abnahme der Spannung gibt uns ein Mittel an die Hand, die Größe der Radioaktivität zu messen. Sauerstoff wird durch Radiumstrahlen ozonisiert, Wasser in Knallgas zerlegt, die photographische Platte verändert, so daß sie sich beim Entwickeln schwärzt. Manche Kristalle leuchten im Dunkeln bei Bestrahlung mit Radium. Manganhaltige Gläser färben sich bei längerer Einwirkung violett, Kochsalz braun. Schirme, die mit Sidotscher Blende (Zinksulfid + Spuren von Kupfer) oder mit Bariumplatincyanür $(BaPt(CN)_4)$ angestrichen sind, leuchten grünlichgelb. Bei Vergrößerung sieht man das Aufblitzen vieler kleiner Funken (Szintillieren). Es sind die fortgeschleuderten Heliumatome, die beim Auftreffen auf den Schirm die Funken erzeugen. Man kann sie zählen und hat ermittelt, daß von 1 g Radium in der Sekunde $3,4 \cdot 10^{10}$ Heliumatome erzeugt werden.

Auf lebende Zellen wirken die Radiumstrahlen zerstörend ein. Die Erwartungen, die man auf das Radium bezüglich der Krebsbekämpfung setzte, haben sich nur in geringem Maße erfüllt. Man benutzt für medizinische Zwecke hauptsächlich die γ-Strahlen, während α-Strahlen durch eine das Präparat einschließende Glimmer- oder Glasplatte zurückgehalten werden. Ganz geringe Mengen von Radium scheinen auf den Stoffwechsel anregend zu wirken. In manchen Mineralquellen (Gastein), deren Heilwirkung man sich früher nicht zu erklären vermochte, ist Radium bzw. Radiumemanation nachgewiesen worden.

Was wird nun aus Radium, wenn Heliumatome und negative Elektronen ausgesandt werden? Die nähere Untersuchung ergibt, daß ein Gas übrig bleibt, Emanation genannt (ema are herausfließen, entstehen), das elementaren Charakter hat und zur Klasse der Edelgase gehört. Es wird mit Niton Nt bezeichnet. Aber auch dieses Element ist nicht beständig, sondern einem stufenweisen weiteren Zerfall unterworfen. Die einzelnen dabei entstehenden Abkömmlinge werden als Radium A, Radium B usw bezeichnet. Das Endglied ist das Radium G, welches sämtliche Reaktionen, auch die Spektrallinien, des Bleis gibt.

Charakteristisch für das Radium wie für sämtliche radioaktiven Elemente ist die Zerfallsgeschwindigkeit; denn nicht die ganze Masse zerfällt auf einmal, sondern in der Zeiteinheit ein konstanter Bruchteil der jeweils vorhandenen Menge.

Ein einfaches, rohes Beispiel möge zeigen, wie dies zu verstehen ist. Annahme: Es soll der zehnte Teil der vorhandenen radioaktiven Substanz (100 g) in einer Sekunde zerfallen, so haben wir nach einer Sekunde nur noch 90 g, nach der zweiten Sekunde nur noch 90 — 9 = 81 g, in der dritten Sekunde 81 — 8,1 = 72,9 g usw., wie folgende Tabelle zeigt.

Zeit	g Substanzmenge	g zerfallene Substanz
0	100,0	10
1	90,0	9
2	81,0	8,1
3	72,9	7,3
4	65,6	6,6
5	59,0	5,9
6	53,1	5,3
7	47,8	4,8
8	43,0	4,3
9	38,7	3,9
10	34,8	3,5
11	31,3	3,1
12	28,2	2,8
13	25,4	2,5
14	22,9	2,3
15	20,6	.
.	.	.
.	.	.
.	.	.

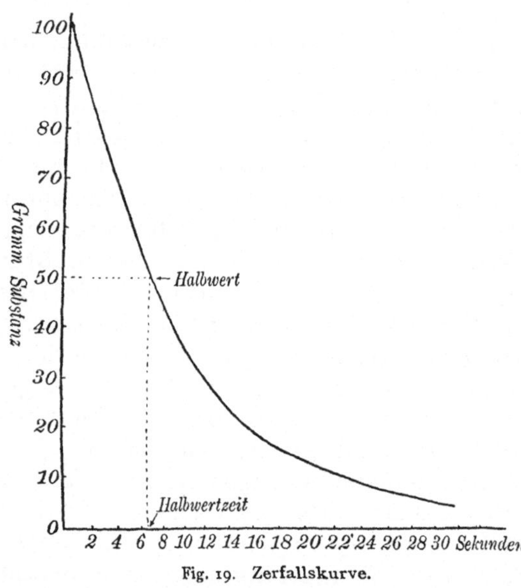

Fig. 19. Zerfallskurve.

In Fig. 19 ist der Verlauf graphisch in einer Kurve wiedergegeben, welche algebraisch durch eine Gleichung von der Form $N_t = N_o \cdot e^{-\lambda t}$ dargestellt wird. In unserem Falle ist N_o die bei Beginn der Rechnung vorhandene Menge von 100 g, die Zerfallskonstante $\lambda = {}^1/_{10}$; e ist die Basis der natürlichen Logarithmen = 2,71828 . . ., während N_t die zur Zeit t noch vorhandene Substanzmenge ist.

Anschaulicher als die Zerfallskonstante ist die sog. Halbierungszeit (Halbwertszeit), auch Periode genannt, die angibt, in welcher Zeit die Substanzmenge und damit die Strahlungsenergie auf die Hälfte herabgesunken ist. In unserem schematisch gehaltenen Beispiel wäre die Halbwertszeit ca. 6,7 Sekunden.

Wie die Verhältnisse beim Radium und seinen Abkömmlingen liegen, dar-über gibt folgende Tabelle Auskunft, die auch den Zerfall des Aktiniums und Thoriums, zweier anderer radioaktiver Stoffe, zeigt.

Uran-Radium-Familie	T	Strahlen	Aktiniumfamilie	T	Strahlen	Thoriumfamilie	T	Strahlen
Uran I	$5 \cdot 10^9$ a	α						
Uran X$_1$	23,5 d	β						
Uran X$_2$	66 s	βγ						
Uran II	ca. $2 \cdot 10^6$ a	α						
Uran Y	ca. 25,5 h	β				Thorium	ca. $1,8 \cdot 10^{10}$ a	α
Protakt.			→Protaktinium	?	α	Mesothorium 1	6,7 a	?
			Aktinium	ca. 20 a	?	Mesothorium 2	6,2 h	βγ
Ionium	ca. 10^5 a	α	Radioaktinium	18,9 d	αβγ	Radiothorium	1,9 a	αβ
Radium	1580 a	αβ	Aktinium X	11,4 d	α	Thorium X	3,64 d	α
Radiumemanation	3,85 d	α	Aktiniumemanation	3,9 s	α	Thoriumemanation	54,5 s	α
Radium A	3,05 m	α	Aktinium A	0,002 s	α	Thorium A	0,14 s	α
Radium B	26,8 m	βγ	Aktinium B	36,1 m	βγ	Thorium B	10,6 h	βγ
Radium C	19,6 m	αβγ	Aktinium C	2,15 m	αβ	Thorium C	60,4 m	αβ
Radium C''	1,38 m	β	Aktinium C''	4,71 m	βγ	Thorium C''	3,1 m	βγ
Radium C'	ca. 10^{-7} s	α	Aktinium C'	0,003 s	α	Thorium C'	10^{-11} s	α
Radium D	ca 16 a	βγ	Aktinium D			Thorium D		
Radium E	4,85 d	βγ						
Radium F (Polonium)	136 d	α						
Radium G (Blei)	—	—						

T = Halbwertszeit; a = Jahre; d = Tage; h = Stunden; m = Minuten; s = Sekunden.

Wie aus dieser Tabelle ersichtlich, ist das Radium selbst ein Abkömmling des Urans. Und das ist durchaus wahrscheinlich. Denn die Halbwertszeit des Radiums (1732 Jahre) ist im Vergleich zum mutmaßlichen Alter unserer Erde so gering, daß alles Radium schon zerfallen sein müßte, wenn es nicht immer von neuem entstünde. Die Muttersubstanz ist das Uran, wie aus der ständigen Vergesellschaftung Uran—Radium und ihrem konstanten Mengenverhältnis hervorgeht.

Das Endglied des Uranzerfalls ist Blei. Je älter ein Uranerz, desto höher muß sein Bleigehalt sein. Letzterer in Verbindung mit den Zerfallskonstanten des Urans und seiner Abkömmlinge gibt uns ein Mittel, das Alter des betreffenden Gesteines zu berechnen. Man ist hier zu Zahlen gekommen, die sich in der Größenordnung von 500 Millionen Jahren bewegen. Sie sind weit größer als die aus der Wärmestrahlung für das Alter unserer Erde berechneten, die auf sicherer Grundlage beruhen. Bei Zugrundelegung der aus dem Zerfall der radioaktiven Stoffe erhaltenen Zahlen müßte die Erde durch Wärmestrahlung bedeutend kälter geworden sein, als es der Fall ist. Nun aber werden beim Zerfall der Radioelemente große Energiemengen frei; entwickelt doch 1 g Radium in einer Stunde 138 g-Kalorien, d. h. in 1750 Jahren, in der Zeit, in der $\frac{1}{2}$ g Radium zerfällt, 2116000 kg-Kalorien. $\frac{1}{2}$ g Wasserstoff liefert vergleichsweise bei der Verbrennung nur 17,2 kg-Kalorien. Die beim Atomzerfall freiwerdenden Energiemengen ersetzen die Strahlungsverluste teilweise wieder.

Da, wie wir gesehen haben, beim Radiumzerfall als letztes Produkt das Blei, eines unserer lang bekannten Elemente, hinterbleibt, so könnte man einmal annehmen, alle unsere Elemente seien Endprodukte solcher Zerfallsreihen, oder sie seien Zwischenprodukte von so langer Lebensdauer, daß sie sich für uns nicht merklich ändern. Diese Fragen sind nicht sicher zu entscheiden. Schwache radioaktive Erscheinungen hat man bis jetzt nur noch am Kalium und Rubidium beobachtet.

Radiumchemie, Spektralanalyse, Röntgenoptik und moderne Elektronik beweisen, daß das Atom ein zusammengesetztes Gebilde ist. Auf Grund umfangreicher experimenteller und scharfsinniger theoretischer Forschung ist man zu folgenden Anschauungen über die Struktur des Atoms gekommen, die von Rutherford begründet, von Bohr u. a. weiter ausgebaut worden sind.

Das Rutherford-Bohrsche Atommodell vergleicht das Atom mit einem Sonnensystem. Um einen positiv geladenen Kern von kleinsten Dimensionen (Durchmesser des Wasserstoffkerns ca. 10^{-13} cm) kreisen auf kreisförmigen und elliptischen Bahnen negative Elektronen, ähnlich wie die Planeten die Sonne umlaufen, in einem Abstand von der

Größenordnung 10^{-8} cm (Wasserstoffatom $r = 0,53 \cdot 10^{-8}$). Die Art, wie sie um den Kern angeordnet sind, ist nur beim Wasserstoff- und Heliumatom mit einiger Sicherheit bekannt. Je größer die Anzahl der Elektronen, desto schwieriger wird die theoretische Erklärung. Anzunehmen ist, daß bei einer größeren Zahl von Elektronen sich die kreisförmige Bewegung auf mehreren konzentrischen Ringen oder Kugeloberflächen (Schalen, Kossel) abspielt, die in ganz bestimmten Abständen angeordnet sind.

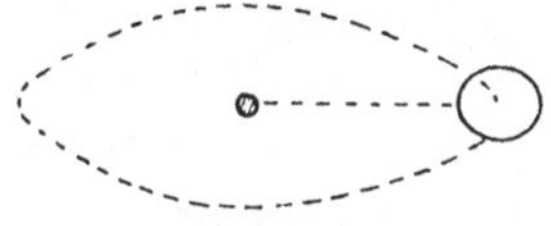

Fig. 20. Wasserstoffatom.

Für das Wasserstoffatom ergibt sich folgendes Bild (Fig. 20). Der positive Kern wird umkreist von einem Elektron, dessen Ladung die Kernladung neutralisiert. Wird das Elektron von dem Kern getrennt, z. B. bei der Elektrolyse von Säuren, so hat das

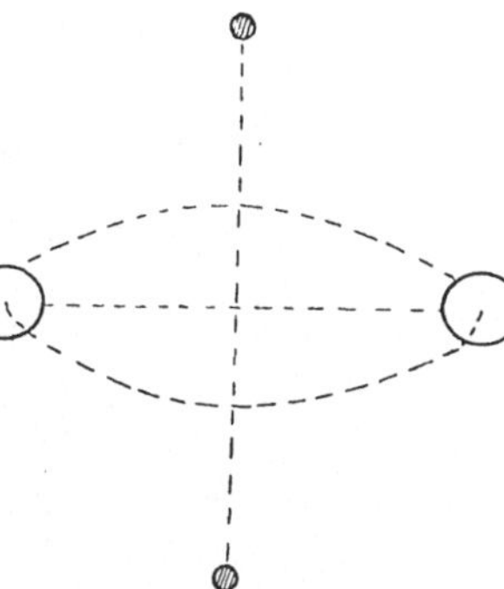

Fig. 21. Wasserstoffmolekül.

Atom eine freie positive Ladung, es ist zum Wasserstoffkation geworden. Das Wasserstoffmolekül besteht nach Bohr möglicherweise aus zwei Kernen und zwei Elektronen, wobei die letzteren in einer Bahn um die Achse, die durch die Verbindung der Kerne entsteht, rotieren (s. Fig. 21).

Die chemischen Eigenschaften der Atome hängen hauptsächlich von der Zahl und Anordnung der äußeren Elektronen ab. Auch physikalische, z. B. optische Erscheinungen stehen mit ihr im Zusammenhang, und zwar nimmt man an, daß beim Übergang eines Elektrons von einer Bahn in eine dem Kern näherliegende unter Abgabe von Energie Strahlungen bestimmter Schwingungszahl entstehen. An den Kern sind die radioaktiven Eigenschaften und die Masse des Atoms geknüpft. Bei den radioaktiven Stoffen zerfallen bei den schwersten Atomen die Kerne ohne äußere Beeinflussung und senden dabei α- und β-Strahlen aus. Die damit verbundene Änderung des Kernes bedingt ein neues Atom, d. h. ein neues Element. Somit ist jedes Element in erster Linie charakterisiert durch die positive Ladung seines Atomkernes, von dem naturgemäß auch die Zahl der im Gleichgewicht gehaltenen äußeren Elektronen abhängt, nicht aber durch die Masse des Atomkernes. Tritt z. B. aus letzterem ein α-Teilchen aus, so verliert er zwei positive Ladungen; das Atomgewicht ist demzufolge um das Gewicht eines Heliumatoms (4) kleiner, die positive Ladung um zwei Einheiten geringer. Treten nun durch β-Strahlung zwei negative Elektronen aus, so steigt die positive Ladung wieder um zwei Einheiten, d. h. sie erreicht den ursprünglichen Stand, wobei infolge der geringen Masse der Elektronen das Atomgewicht praktisch unverändert bleibt. Da die Kernladung das Charakteristikum eines Stoffes ist, so haben wir vor und nach Abgabe von einem α- und zwei β-Teilchen zwei Substanzen von chemisch vollkommen gleicher Natur, die sich nur durch ihr Atomgewicht unterscheiden. Derartige Elemente nennt man Isotope, weil sie an der gleichen Stelle des periodischen Systems (s. u.) stehen (Fajans und Soddy).

Periodisches System der Elemente.

Bei der Besprechung der Elemente wurde eine Zweiteilung in Metalle und Metalloide zugrunde gelegt. In der Tat zeigen die Metalle auf den ersten Blick ein einheitliches Gepräge und starke Unterschiede gegenüber den Nichtmetallen. Das gilt z. B. in bezug auf ihren Glanz, ihre Leitfähigkeit für Elektrizität und Wärme. Die Nichtmetalle oder Metalloide sind in ihren Eigenschaften wesentlich mannigfaltiger; sie sind teils Gase, teils Flüssigkeiten, teils feste Körper. Diese Zweiteilung stößt jedoch bei manchen Elementen auf Widersprüche. So ist der Phosphor normalerweise Metalloid, läßt sich aber in einer allotropen Modifikation darstellen, welche äußerlich metallische Eigenschaften zeigt. Auch Silicium, Arsen, Antimon und Bor ähneln stark den Metallen. Aus praktischen Gründen hat man jedoch bis zum heutigen Tage die Einteilung in Metalle und Metalloide beibehalten, ist sich aber dabei bewußt, daß damit keine scharfe Gruppierung gegeben ist.

Auch die Ionentheorie ist nicht imstande, einen Ausweg zu eröffnen. Metalle sind zwar in der Regel positiv ionisiert und wandern bei der Elektrolyse zur Kathode, zahlreiche Ausnahmen jedoch davon bieten die Metallhydroxyde, welche sauren Charakter haben können und infolgedessen Bestandteile des Anions eines Salzes sind, z. B. ZnO_2'', CrO_4'' und MnO_4'. Auch in den komplexen Salzen ist das Metall oft im Anion vorhanden, z. B. $Ag(CN)_2''$.

Eine Klassifikation der Elemente ergibt sich von einem ganz anderen Gesichtspunkte aus. In dem voranstehenden Kapitel über Atomstruktur wurde dargelegt, daß für jedes Element seine Kernladung und Elektronenanordnung bezeichnend ist. Erstere ist, wie erwähnt, experimentell zu ermitteln. Ordnet man sämtliche Elemente in der Reihenfolge der Zahl dieser Ladungen derart an, daß chemisch ähnliche Elemente untereinander stehen, so erhält man das sog. periodische oder natürliche System der Elemente. Aus ihm ist der Satz klar zu erkennen, daß die physikalischen und chemischen Eigenschaften der Elemente periodische Funktionen ihrer Kernladungen sind. Nach der Reihenfolge in diesem System werden die Elemente fortlaufend mit einer Zahl versehen, der sog. Ordnungszahl. Diese stimmt überein mit der Zahl der Ladung des Atomkernes. Folgende Tabelle gibt eine derartige Zusammenstellung:

Periodisches System der Elemente.[1]

	I	II	III	IV	V	VI	VII	VIII
	1 H 1,008							2 He 4,00
1	3 Li 6,94	4 Be 9,1	5 B 11,0	6 C 12,00	7 N 14,01	8 O 16,00	9 F 19,0	10 Ne 20,2
2	11 Na 23,00	12 Mg 24,32	13 Al 27,1	14 Si 28,3	15 P 31,04	16 S 32,06	17 Cl 35,46	18 A 39,88
3	19 K 39,10	20 Ca 40,07	21 Sc 44,1	22 Ti 48,1	23 V 51,0	24 Cr 52,0	25 Mn 54,93	26 Fe 55,84 21 Co 58,91 28 Ni 58,68
3	29 Cu 63.57	30 Zn 65,37	31 Ga 69,9	32 Ge 72,5	33 As 74,96	34 Se 79,2	35 Br 79,92	36 Kr 82,92
4	37 Rb 85,45	38 Sr 87,83	39 Y 88,7	40 Zr 90,6	41 Nb 93,5	42 Mo 96,0	43*	44 Ru 101,7 45 Rh 102,9 46 Pd 106,7
4	47 Ag 107,88	48 Cd 112,40	49 In 114,8	50 Sn 118,7	51 Sb 120,2	52 Te 127,5	53 J 126,92	54 X 130,2
5	55 Cs 132,81	56 Ba 137,37	Seltene Erden		73 Ta 181,5	74 W 184,0	75*	76 Os 130,9 77 Ir 193,1 78 Pt 195,2
5	79 Au 197,2	80 Hg 200,6	81 Tl 204,0	82 Pb 207,20	83 Bi 208,0	84 Po (210,0)	85*	86 Em (222,0)
6	87*	88 Ra 226,0	89 Ac (227)	90 Th 232,15	Pa (230)	92 U 238,2		

Die Zahlen vor den Symbolen der Elemente bedeuten die „Ordnungszahlen", die Zahlen darunter die Atomgewichte.

[1] Entnommen aus: Sommerfeld, Atom und Spektrallinien (1921).

Diese tabellarische Zusammenstellung sämtlicher Elemente ergibt zunächst acht Vertikalreihen, sog. Gruppen, von denen jede in eine Haupt- und Nebengruppe zerfällt. Erstere ist links angeordnet, während letztere rechts steht. Zum anderen haben wir in den Horizontalreihen sog. Perioden, und zwar zwei kleine Perioden und vier große Perioden. Die erste kleine Periode geht vom Lithium bis zum Neon, die zweite vom Natrium bis zum Argon. Die großen Perioden sind zu unterscheiden vom Kalium bis zum Krypton, vom Rubidium bis zum Xenon, vom Cäsium bis zur Emanation. Die sechste Periode bricht mit dem Uran ab.

Von der ersten bis zur achten Gruppe sehen wir ein Ansteigen der Wertigkeit, bezogen auf Sauerstoff. Gegenüber dem Wasserstoff steigt die Wertigkeit bis zur vierten Gruppe und fällt von da ab regelmäßig bis zur achten. Unverändert bleibt die Wertigkeit im allgemeinen innerhalb der Vertikalreihen. In der ersten stehen die einwertigen Alkalimetalle, weiterhin Kupfer, Silber und Gold. Allerdings können die drei letztgenannten Metalle auch teilweise mehrwertig auftreten. In der zweiten Gruppe finden sich die zweiwertigen Erdalkalimetalle, sowie Zn, Cd, Hg. Die dritte Gruppe ist meist aus dreiwertigen Elementen zusammengesetzt (Bor, Aluminium usw.); die vierte Gruppe hat vierwertige Elemente, z. B. Kohlenstoff und Silicium. In der fünften Gruppe sind die Elemente gegenüber Wasserstoff ausgesprochen dreiwertig (NH_3, PH_3, AsH_3 usw.), gegenüber Sauerstoff dagegen fünfwertig (N_2O_5, P_2O_5 und As_2O_5). Mit Halogenen verbinden sich die Elemente in beiden Wertigkeitsstufen. In der sechsten Gruppe befinden sich Elemente, die gegenüber Wasserstoff zweiwertig sind (H_2S), dagegen Sauerstoff gegenüber sechswertig (SO_3, CrO_3). Die Elemente der siebenten Gruppe sind Sauerstoff gegenüber siebenwertig (Cl_2O_7, Mn_2O_7) und dem Wasserstoff gegenüber einwertig (HF, HCl, HBr und HJ). Die Elemente der achten Gruppe sind (mit Ausnahme der Edelgase, die keine Verbindungen eingehen, also nullwertig sind) gegenüber Sauerstoff zum Teil achtwertig, gegenüber Wasserstoff nullwertig.

Die Gesetzmäßigkeiten des periodischen Systems erschöpfen sich jedoch nicht in dieser Wertigkeitsübereinstimmung innerhalb der Gruppen. Auch die Schmelzpunkte, die Atomvolumina, die Kompressibilität und zahlreiche andere Eigenschaften ändern sich periodisch.

Das periodische System hat eine praktische Bedeutung dadurch gewonnen, daß es zur Entdeckung neuer Elemente oft die Anregung gegeben hat. Es waren (und sind auch heute noch) in ihm Lücken vorhanden, und man konnte die Eigenschaften der fehlenden Elemente mit großer Genauigkeit aus ihrer Stellung im System voraussagen. So hat Mendelejeff die Existenz eines Homologen des Siliciums vorausgesagt, das Clemens Winkler später tatsächlich entdeckte (Germanium).

Schon früh fand man gewisse Gesetzmäßigkeiten zwischen einzelnen Elementen. So machte Döbereiner 1817 darauf aufmerksam, daß oft bei je rei ähnlichen Elementen das mittlere Element auch die mittleren Eigenschaften der beiden anderen zeigt, so z. B. sein Atomgewicht fast das arithmetische Mittel aus dem der beiden anderen ist (Gesetz der Triaden). Im Jahre 1863 fand Newlands, daß, wenn man die Elemente nach ihrem Atomgewicht ordnet, jeweils das achte ähnliche Eigenschaften mit dem ersten aufweist (Gesetz der Oktaven), z. B.:

Li	Be	B	C	N	O	F
Na	Mg	Al	Si	P	S	Cl

1869 ergänzten Mendelejeff und Lothar Meyer diese Anordnung durch Einführung der großen Perioden. In dieser Form und Auffassung hat das periodische System lange Zeit wichtige Dienste geleistet, trotzdem manche Unstimmigkeiten zwischen der Anordnung der Elemente nach steigendem Atomgewicht und der nach den chemischen Eigenschaften vorhanden waren (z. B. beim Tellur und Jod). Die besprochenen Forschungen über die Röntgenspektren klärten die Unstimmigkeiten auf, da die Reihenfolge der Kernladungszahlen (Te 52, J 53) eine Anordnung im periodischen System bedingt, die mit den chemischen Eigenschaften im Einklang steht.

Sach- und Namenregister.

Berichtigung.

S. 55, 4. Zeile von unten, statt 100fache lies **1000**fache,

S. 56, 19. Zeile von oben, statt Kaljium lies Kaljiu**n**,

S. 58, 7. Zeile von unten, lies:

$$K^{\cdot} + OH' + H^{\cdot} + NO_3' = K^{\cdot} + NO_3' + H_2O + 13\,600 \text{ cal.}$$